Buchenau/Thiele

# Stahlhochbau

**Teil 2**

Von Dipl.-Ing. Albrecht Thiele
Professor an der Fachhochschule Aachen

17., neubearbeitete und erweiterte Auflage
Mit 363 Bildern und 22 Tafeln

**B. G. Teubner Stuttgart 1985**

CIP-Kurztitelaufnahme der Deutschen Bibliothek

**Buchenau, Heinz :**
Stahlhochbau / Buchenau ; Thiele. Von Albrecht Thiele.
Stuttgart : Teubner

NE: Thiele, Albrecht (Bearb.)

Teil 2. − 17., neubearb. u. erw. Aufl. − 1985.
  ISBN 3-519-35208-7

Printed in Germany
Gesamtherstellung: Allgäuer Zeitungsverlag GmbH, Kempten
Umschlaggestaltung: W. Koch, Sindelfingen

# Vorwort

Die im Teil 1 begonnene Behandlung der konstruktiven Grundlagen des Stahlbaus wird im Teil 2 mit der Konstruktion der Vollwandträger, der Rahmen und der Fachwerke fortgesetzt. Es schließen sich die wichtigsten Anwendungen im Hochbau an: Stahlleichtbau, Dachkonstruktionen, Stahlskelettbau, Kranbahnen, Hallenbauten, Bauwerksteile im Hochbau sowie ein Abschnitt über Stahlbrückenbau. Da auch im Hochbau Brücken für verschiedenste Verwendungszwecke ausgeführt werden, wie z. B. Transport-, Rohr- und Verbindungsbrücken, werden die Grundsätze für ihren Entwurf und die Konstruktion am Beispiel der Eisenbahn- und Straßenbrücken erklärt.

Die seit Erscheinen der letzten Auflage eingeleitete Neuordnung der Stahlbaunormen, zahlreiche Änderungen der DIN-Normen und anderer Vorschriften sowie technische Neuerungen machten wiederum eine gründliche Überarbeitung aller Abschnitte des Buches notwendig. Insbesondere wurden die Abschnitte über Tragwerke aus Hohlprofilen, Kranbahnen und Eisenbahnbrücken weitgehend neu bearbeitet, um sie an die jetzt vorliegenden endgültigen Fassungen der Vorschriften anzupassen. Aber auch alle übrigen Abschnitte des Buches habe ich verbessert. Soweit neue Vorschriften noch nicht in ihrer endgültigen Fassung vorlagen, habe ich dabei die zukünftige Entwicklung bereits berücksichtigt, wobei es der Rahmen des Buches erlaubt, das Grundsätzliche zu erörtern, während die für die Konstruktionspraxis unentbehrlichen Einzelheiten ohnehin den jeweils gültigen Normen entnommen werden müssen.

Bei den Abbildungen hat die neue Norm DIN ISO 5261 für technische Zeichnungen im Metallbau noch keine Berücksichtigung finden können. In Anbetracht des Zwecks, dem das Buch dienen soll, scheint mir das aber nicht von Nachteil zu sein, weil es insbesondere die bisherige Darstellung der verschiedenen Schraubendurchmesser mit jeweils unterschiedlichen Sinnbildern besser erlaubt, den Zusammenhang einer Konstruktion zu erfassen als die neue Darstellungsform, die begreiflicherweise mehr den Erfordernissen der Fertigung Rechnung trägt.

Die Verbesserungen des Inhalts führten zu einer Vermehrung des Umfangs der einzelnen Abschnitte. Den dafür benötigten Raum konnte ich nur dadurch gewinnen, daß ich die mir weniger wichtig erscheinenden Abschnitte des Buches straffte und kürzte sowie veraltete Konstruktionen aussonderte. So sind die in der vorigen Auflage noch verbliebenen geringen Reste von Nietkonstruktionen, die mittlerweile keine Bedeutung mehr besitzen, ausgemerzt worden.

Ich habe mich bemüht, stets Sinn und Zweck der baulichen und konstruktiven Maßnahmen ausführlich zu erklären, damit der Studierende und der Praktiker bei ähnlichen Aufgaben selbständig die technisch richtige und wirtschaftliche Lösung finden kann. Die Grundlagen zur Berechnung der Bauteile und der Verbindungs-

mittel sind in Teil 1 gebracht worden; notwendige Hinweise auf Normen und Vorschriften sowie Literaturangaben habe ich an den entsprechenden Stellen im Text
gegeben. Da die lückenlose Bemaßung einer Zeichnung oft vom Wesentlichen der
Konstruktion selbst ablenken kann, wurden in vielen Bildern neben den Profilen
nur die notwendigsten Hauptmaße eingetragen.

Ich habe bei der Neubearbeitung des Buches versucht, allen Anregungen und Ver-
besserungsvorschlägen, die dankenswerterweise an mich herangetragen wurden, soweit wie möglich gerecht zu werden. Dank schulde ich auch den Stahlbaufirmen und
Verbänden, die mir Informationsmaterial zur Verfügung gestellt haben.

Ich hoffe, daß mich die Fachwelt auch in Zukunft durch Hinweise und sachliche
Kritik bei der Weiterentwicklung des Werkes unterstützen wird.

Aachen, im Frühjahr 1985                                         A. Thiele

# Inhalt

Für dieses Buch einschlägige Normen sind entsprechend dem Entwicklungsstand ausgewertet worden, den sie bei Abschluß des Manuskripts erreicht hatten. Maßgebend sind die jeweils neuesten Ausgaben der Normblätter des DIN Deutsches Institut für Normung e. V. im Format A 4, die durch den Beuth-Verlag GmbH, Berlin und Köln, zu beziehen sind.

Sinngemäß gilt das gleiche für alle sonstigen angezogenen amtlichen Richtlinien, Bestimmungen, Verordnungen usw.

# 1 Vollwandträger

## 1.1 Allgemeines

Vollwandträger werden aus Blechen, Breitflachstählen und anderen Walzprofilen zusammengesetzt. Gegenüber den Walzträgern haben sie den Vorteil, daß man die Querschnittsabmessungen nach statischen und konstruktiven Erfordernissen frei wählen kann und nicht eng an ein festliegendes Walzprogramm gebunden ist. Vollwandträger werden demgemäß verwendet, wenn

1. ausreichend tragfähige Walzträger nicht zur Verfügung stehen;
2. Walzträger bei großen Stützweiten mit Rücksicht auf Formänderungsbegrenzungen überdimensioniert werden müssen, während man Vollwandträger so entwerfen kann, daß die zulässigen Werte für Spannung und Formänderungen ausgenützt werden;
3. für die äußeren Maße des Trägers konstruktiv so enge Grenzen vorgeschrieben sind, daß diese mit Walzträgern nicht eingehalten werden können;
4. ein Vollwandträger billiger wird als ein Walzträger.

Ersparnisse erzielt man beim Vollwandträger durch kleinere Profilaufpreise bei den verwendeten Profilen, durch geringere Gewichte der dünneren Trägerstege und durch die Abstufung der Gurte entsprechend dem Momentenverlauf. Die langen Hals- und Verbindungsnähte werden lohnkostensparend automatisch geschweißt.

## 1.2 Querschnittsform

Typische Querschnitte von geschweißten Vollwandträgern zeigt Bild **1.**1. Die Gurte werden mit dem Stegblech durch Halsnähte unmittelbar verschweißt. Kastenträger (**1.**1b) vergrößern durch ihre Breite die Auflagerfläche beim Abfangen dicker Wände, haben bei allerdings meist höherem Stahlverbrauch besonders niedrige Bauhöhen, und schließlich können geschlossene Kastenprofile Verdrehungsbeanspruchungen gut aufnehmen. Verstärkte Walzträger (**1.**1c) sind in der Regel dann wirtschaftlich, wenn die Gurtplattenverstärkung nur auf kurzen Trägerabschnitten notwendig ist, wie z. B. zur Deckung großer Stützmomente.

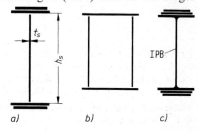

**1.**1
Querschnitte geschweißter Vollwandträger a) einwandig b) zweiwandig (Kastenträger) c) verstärkte Walzträger

**Gurtquerschnitte (2.**1)

Für die Anzahl der Gurtplatten (Lamellen) gilt i. allg. $n \leqq 3$, für ihre Dicke $t = 10 \cdots$ 30 mm; sie werden aus Breitflachstählen oder auch aus Blechen hergestellt. Liegen sie in der Zugzone und ist ihre Dicke $t > 25$ mm für St 52−3 bzw. $t > 30$ mm für St 37−2 oder St 37−3, so muß der Aufschweißbiegeversuch durchgeführt und durch ein Prüfzeugnis belegt werden. Gurtplatten von mehr als 50 mm Dicke dürfen nur verwendet werden, wenn ihre einwandfreie Verarbeitung durch entsprechende Maßnahmen sichergestellt ist. Zu diesen Maßnahmen gehört z. B. das Vorwärmen im Bereich der Schweißzonen, um zu große Abkühlungsgeschwindigkeiten beim Schweißen zu vermeiden. In jedem Fall sind die Stahlgütegruppen aller Teile wegen der Sprödbruchgefahr nach [6] sorgfältig zu wählen. − Abweichend von den vorstehenden Angaben werden die direkt befahrenen Obergurte von Kranbahnen im Hinblick auf die Betriebsfestigkeitsuntersuchung grundsätzlich einteilig ausgeführt, wobei Gurtplatten bis zu 80 mm Dicke verwendet werden, selbstverständlich unter besonderer Beachtung der Voraussetzungen hinsichtlich der Werkstoffwahl und der schweißtechnischen Maßnahmen.

Für die nur an ihren Rändern durch Schweißnähte durchlaufend gehaltenen Gurtplatten soll $b \leqq 30 \, t$ sein. Ist diese Bedingung bei sehr breiten Gurten nicht erfüllbar, müssen die Lamellen zwischen den Verbindungsnähten zusätzlich durch Heftschrauben miteinander verbunden werden. − Am Druckgurt wird man sich wegen der Beulgefahr bei der ersten, mit dem Steg verschweißten Gurtplatte nach dem Verhältnis $b/t \leqq 26$ richten; sie weist dann die Mindestdicke für dünnwandige Teile von Druckstäben nach DASt-Richtlinie 012 auf. Die Breitenabstufung zwischen zwei aufeinanderliegenden Gurtplatten muß mit Rücksicht auf die dicke Kehlnaht am Gurtplattenende $\Delta b \approx t + 10$ mm sein.

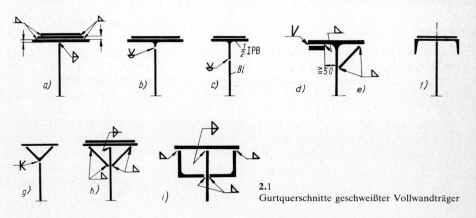

**2.**1
Gurtquerschnitte geschweißter Vollwandträger

Für die unmittelbar mit dem Stegblech verschweißte Grundlamelle kann man statt eines Breitflachstahles Nasenprofile, Krupp-St-Profile (**2.**1b) oder halbierte Walzträger (**2.**1c) verwenden. Die Halsnaht liegt dann von der großen Stahlmasse des Gurtes weiter entfernt; sie kühlt beim Schweißen nicht so rasch ab, wodurch ihre Güte verbessert wird. Außerdem liegt sie nicht mehr so nahe an der hochbeanspruchten Randzone.

Falls die von zusätzlichen Gurtplatten verursachte Änderung der Trägerhöhe unerwünscht ist, können Verstärkungsteile auch bei Walzträgern notfalls innen angebracht werden. Die an der Innenfläche des Flansches liegende Lamelle muß hierbei vom Steg einen Mindestabstand von etwa 50 mm aufweisen, damit die Verbindungsnaht ordnungsgemäß gezogen werden kann (**2.**1d); die schrägliegende Platte ist günstiger, sofern innerhalb ihrer Länge keine Träger anzuschließen sind (**2.**1e).

Bei großen freien Trägerlängen kann der Träger infolge seitlichen Ausknickens des Druckgurtes kippen (**3.**1). Um dieser Instabilität entgegenzuwirken, vergrößert man das Trägheitsmoment $I_z$ des Druckgurtes, indem man als Grundlamelle ∪- oder I-Profile verwendet (**2.**1f). Auch bei zusätzlicher Horizontalbelastung des Trägers ist diese Gurtgestaltung zweckmäßig. Die Kippsicherheit läßt sich auch dadurch verbessern, daß man die Torsionssteifigkeit des Trägers durch Bilden geschlossener Hohlquerschnitte vergrößert (2.1e, g, h, i). Ein weiterer Vorteil dieser Form des Gurtquerschnitts liegt in der Verringerung der freien Höhe des Stegblechs, was dessen Beulsicherheit zugute kommt.

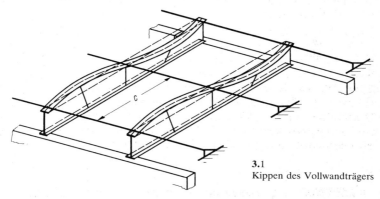

**3.**1
Kippen des Vollwandträgers

Wegen des Anschneidens der Seigerungszone in der Wurzel des Gurtwinkels durch die Halsnähte (**2.**1g) ist bei dynamisch beanspruchten Trägern der Querschnitt **2.**1h vorzuziehen, der auch bei Querbelastung des Gurtes, z.B. bei Kranbahnen und Rahmenecken (**32.**4), gut geeignet ist. Querschnitte wie **2.**1 e, g und h dienen ferner dem konstruktiven Rostschutz, da am Untergurt horizontale Flächen mit ihren Schmutz- und Feuchtigkeitsansammlungen vermieden werden. Die unzugänglichen Hohlräume müssen luftdicht verschweißt werden. Als Nachteil der genannten Gurtquerschnitte sind die größeren Schweißnahtlängen anzusehen, außerdem verursacht die Stoßverbindung konstruktive Schwierigkeiten. − Neben den Grundformen in Bild **2.**1 kann man noch andere, dem jeweiligen Zweck angepaßte Querschnitte entwickeln, so daß geschweißte Vollwandträger sehr vielgestaltig sein können.

## 1.3    Bemessung

Bei der Berechnung des Trägers ist sein Eigengewicht zunächst noch unbekannt. Unter der Voraussetzung eines wirtschaftlich bemessenen Querschnitts und bei „normalen" Lasten und Stützweiten kann man es vorab schätzen zu

$$g_{Tr} \approx 0,55 \sqrt[3]{\left( \frac{\max M}{\sigma} \right)^2} \qquad (4.1)$$

in kN/m mit dem Biegemoment max $M$ in kN m und der Randspannung $\sigma$ in $N/mm^2$.

Bei besonders hoch oder niedrig ausgeführten Trägern oder bei Kastenträgern wird $g_{Tr}$ in der Regel größer als nach Gl. (4.1).

Sind die Auflager- und Schnittgrößen des Vollwandträgers mit Berücksichtigung von $g_{Tr}$ endgültig bekannt, sind die Spannungs-, Stabilitäts- und Formänderungsnachweise nach den Regeln der Statik und Festigkeitslehre unter Beachtung der maßgebenden DIN-Vorschriften zu führen. Damit hierfür ausreichend bemessene Querschnitte verfügbar sind, müssen die Stegblechhöhe und -dicke sowie die Gurtquerschnitte entsprechend den folgenden Überlegungen gewählt werden.

**Stegblechhöhe $h_s$**

Sie soll folgenden Bedingungen genügen: Innerhalb der zulässigen Grenzen der Formänderungen (Durchbiegung) soll die zulässige Spannung voll ausgenutzt werden. Die Trägerhöhe soll möglichst so gewählt werden, daß der Baustoffaufwand für den Träger ein Minimum wird.

Der Formänderungsbegrenzung entsprechen bei etwa gleichmäßig verteilten Lasten beim frei drehbar gelagerten Balken auf 2 Stützen mit Stützweite $l$ die Steghöhen in Tafel **4.1**. Bei Durchlaufträgern genügt das $0,8 \cdots 0,9$fache dieser Werte. Muß man $h_s$ aus baulichen Gründen ausnahmsweise kleiner ausführen, darf man zul $\sigma$ nicht voll in Anspruch nehmen, weil andernfalls die Formänderungen zu groß werden; dadurch wächst der Stahlverbrauch sehr rasch an.

Tafel **4.1** Steghöhe frei aufliegender Vollwandträger

| Durchbiegung zul $f$ | $l/300$ | | $l/500$ | |
|---|---|---|---|---|
| Werkstoff | St 37 | St 52 | St 37 | St 52 |
| Steghöhe $h_s \approx$ | $l/21,8$ | $l/14,5$ | $l/13,1$ | $l/8,7$ |

Über die Berechnung der optimalen Trägerhöhe opt $h$, die den kleinsten Baustoffaufwand ergibt, sind genaue Verfahren[1]) veröffentlicht. Für Vollwandträger im Hochbau aus St 37 kann als Anhaltswert dienen:

$$\text{opt } h_s \approx 4,3 \cdots 5,3 \sqrt[3]{\frac{\max M}{\text{zul } \sigma}} \qquad (4.2)$$

mit 4,3 bei sehr guter, 4,7 bei mittlerer und 5,3 ohne Gurtplattenabstufung.

Bei Trägern aus St 52 wird opt $h_s$ etwa 6% kleiner als nach Gl. (4.2). Von opt $h_s$ etwas abweichend gewählte Steghöhen vergrößern das Trägergewicht nur geringfügig.

**Stegblechdicke $t_s$**

Da ein großer Teil des Stegblechs in der Nähe der Biegenullinie liegt und sich nur unvollkommen an der Aufnahme der Biegemomente beteiligt, ist es richtig, die

---

[1]) Vogel, R.: Optimale Querschnitte vollwandiger Brückenhauptträger. Der Stahlbau (1953) H. 2

Querschnittsflächen mit größerem Wirkungsgrad in den Gurten zu konzentrieren und den Steg so dünn wie möglich auszuführen. Dem sind jedoch wegen der Aufnahme der Querkräfte und wegen der Beulgefahr des Stegblechs Grenzen gesetzt.

Aus dem Allgemeinen Spannungsnachweis läßt sich ein erster, für St 37 und St 52 gültiger Wert für die Mindestdicke des Stegblechs herleiten. Aus dem Schubspannungsnachweis $\tau = \dfrac{\max Q}{h_s \cdot t_s} \leqq$ zul $\tau$ erhält man

$$t_s \geqq \frac{2{,}61}{\beta_S} \cdot \frac{\max Q}{h_s} \qquad (5.1)$$

und aus dem Nachweis der Vergleichsspannung $\sqrt{\sigma^2 + 3\,\tau^2} \leqq 1{,}1$ zul $\sigma$ ergibt sich

$$t_s \geqq \frac{Q}{h_s} \sqrt{\frac{3}{0{,}537\,\beta_S^2 - \sigma^2}} \qquad (5.2)$$

Hierin ist $\sigma$ der an der gleichen Trägerstelle $x$ mit $Q$ zusammentreffende Größtwert der Biegerandspannung des Steges. $\beta_S$ ist die für St 37 bzw. St 52 maßgebende Festigkeit an der Streckgrenze.

Die zur Erfüllung der Anforderungen an die Beulsicherheit notwendige Stegdikke läßt sich am zuverlässigsten vorausberechnen, wenn ein Rechenprogramm – z.B. auf einem programmierbaren Taschenrechner – verfügbar ist. Mit den Stegblechrandspannungen $\sigma_1$ und $\sigma_2$ sowie der Schubspannung $\tau$ gibt man dann so oft verschiedene Stegdicken $t_s$ ein, bis das Ergebnis befriedigt. – Die Auswertung derartiger Beulsicherheitsnachweise wurde zu Kurventafeln[1]) zusammengestellt, die statt eines Rechenprogramms zur Bestimmung von $t_s$ benutzt werden können.

Stehen beide Möglichkeiten nicht zur Verfügung, führt folgende Gleichung zu brauchbaren Ergebnissen, wenn die einschränkenden Bedingungen beachtet werden:

$$t_s \geqq \frac{\dfrac{h_s}{2} \cdot \dfrac{3 - \psi}{1 - \psi}\left(\dfrac{\beta_S \cdot \sigma_1}{36000} + \dfrac{\beta_S}{211} - 0{,}04166\right) + \dfrac{Q}{h_s}}{0{,}7008\,\beta_S - 0{,}312\,\sigma_1} \qquad (5.3)$$

Es bedeuten:

$h_s$  Steghöhe in cm
$\beta_S$  Festigkeit an der Streckgrenze in kN/cm²
$Q$  Für den Beulsicherheitsnachweis maßgebende Querkraft des Beulfeldes in kN
$\sigma_1$  Maßgebende Randdruckspannung des Steges in kN/cm²
  mit $\sigma_1 > 0{,}65$ zul $\sigma_D$ (positiv)
$\sigma_2$  Zugehörige Randzugspannung (negativ) in kN/cm²
$\psi$  Randspannungsverhältnis $\psi = \sigma_2/\sigma_1$
  mit $-1{,}15 \leqq \psi \leqq -0{,}85$
$t_s$  Stegdicke in cm

Maßgebend ist der größte Wert aus den Gleichungen (5.1), (5.2) und (5.3).

---

[1]) Lindner, J.: Kurventafeln für einen vereinfachten Beulsicherheitsnachweis. Der Stahlbau (1981) H. 10

Nur in Ausnahmefällen wählt man $t_s < 6$ mm. Führt der Beulsicherheitsnachweis bzw. Gl. (5.1) zu einem sehr dicken Stegblech, kann man einen dünneren Steg erreichen, wenn er durch zusätzliche Quer- und/oder Längssteifen in kleinere Beulfelder aufgeteilt wird. Wegen der hierfür anfallenden Lohnkosten ist diese Maßnahme jedoch im Hochbau bei den derzeitigen Preisverhältnissen selten wirtschaftlich.

**Gurtquerschnitt**

Nach Wahl der Stegblechabmessungen kann der Gurtquerschnitt Tabellen entnommen werden, die alle notwendigen Querschnittswerte enthalten [17]. Stehen Tafeln nicht zur Verfügung oder reichen sie nicht aus, wie z. B. bei unsymmetrischen Querschnitten, so erhält man die erforderlichen Gurtquerschnittsflächen näherungsweise wie folgt:

$$\text{Zuggurt} \qquad A_Z \approx \frac{\max M}{h_s\,\sigma_u}\, a - t_s \cdot h_s \cdot \beta \tag{6.1}$$

$$\text{Druckgurt} \quad A_D \approx A_Z \cdot \alpha + t_s \cdot h_s \cdot \gamma \tag{6.2}$$

$$\text{mit} \qquad \beta = 0{,}345 - \frac{0{,}19}{\alpha} \qquad \gamma = 0{,}53\,(\alpha - 1) \qquad \alpha = |\sigma_u/\sigma_o| \tag{6.3}\ \text{(6.4)}\ \text{(6.5)}$$

$$\sigma_o = \frac{1{,}14}{\omega}\ \text{zul}\ \sigma_D \leqq \text{zul}\ \sigma_D \qquad\qquad \sigma_u = \mu \cdot \text{zul}\ \sigma_Z \tag{6.6}\ \text{(6.7)}$$

Muß die Querschnittsschwächung der Zugzone infolge von Bohrungen berücksichtigt werden, ist $a \approx 1{,}05$ und $\mu = 0{,}9 \cdots 0{,}96$ zu setzen; sonst ist $a = \mu = 1$.

Gl. (6.6) ist die unter Berücksichtigung der Kippsicherheit des Trägers nach DIN 4114, 15.4, zulässige Biegedruckspannung. $\omega$ ist die dem Schlankheitsgrad $\lambda = c/i_{zg}$ des Druckgurtes zugeordnete Knickzahl. $i_{zg}$ kann bei Vorbemessungen für rechteckige Gurtquerschnitte nach Bild **18.**2 zwischen $b/4{,}2$ für große und $b/3{,}5$ für kleine Trägerhöhen geschätzt werden.

Zum D r u c k g u r t zählen beim Kippsicherheitsnachweis die Gurtplatten und ⅕ der Stegfläche. $c$ ist der Abstand der Punkte, in denen der Druckgurt seitlich unverschieblich festgehalten ist (**3.**1). Die sichernden Träger müssen dabei selbst in ihrer Längsrichtung unverschieblich festgehalten werden, z. B. durch Verbände oder Deckenscheiben. Ist der Schlankheitsgrad des Druckgurtes $\lambda \leqq 40$, darf der Nachweis der Kippsicherheit nach Gl. (5.7) entfallen; dann ist $\sigma_o = \text{zul}\ \sigma_D$. Um das zu erreichen, muß man die mittlere G u r t b r e i t e $b$ nach Bild **18.**2 $\geqq c/11{,}3$ bei niedrigen und $\geqq c/9{,}5$ bei hohen Trägern ausführen, je nach dem Anteil des Stegblech-Fünftels an der gesamten Gurtfläche $A_g$. − Mit einer Gurtform nach Bild (**2.**1f) erreicht man ausreichende Kippsicherheit schon bei kleinerer Gurtbreite.

# 1.4   Konstruktive Durchbildung

## 1.4.1   Gurtplatten

Die L ä n g e n a b s t u f u n g der Gurtplatten wird entweder rechnerisch oder einfacher zeichnerisch mit Hilfe der Momentenfläche bestimmt.

Bedeuten $W_0$ das Widerstandsmoment des Grundquerschnitts, $W_1$ bzw. $W_2$ das Widerstandsmoment dieses Querschnitts mit 1 bzw. 2 zusätzlichen Gurtplatten, zul $\sigma_D$ die unter Beachtung der Kippsicherheit zulässige Biegedruckspannung Gl. (6.6), so vermögen die einzelnen Querschnitte folgende Biegemomente aufzunehmen:

$$\text{zul } M_0 = W_{0d} \cdot \text{zul } \sigma_D \quad \text{bzw.} \quad W_{0z} \cdot \text{zul } \sigma \tag{7.1a}$$
$$\text{zul } M_1 = W_{1d} \cdot \text{zul } \sigma_D \quad \text{bzw.} \quad W_{1z} \cdot \text{zul } \sigma \tag{7.1b}$$
$$\text{zul } M_2 = W_{2d} \cdot \text{zul } \sigma_D \quad \text{bzw.} \quad W_{2z} \cdot \text{zul } \sigma \tag{7.1c}$$

Die Momentendeckungslinie (**7.**1) wird bei unsymmetrischem Trägerquerschnitt getrennt für den Druck- und Zuggurt gezeichnet. Will man die Gurtplatten an beiden Gurten gleich lang machen, dann ist der jeweils kleinere Wert der rechten Seite der Gl. (7.1) maßgebend. Die theoretischen Gurtplattenenden ergeben sich aus Bild **7.**1 links. Setzt man in Gl. (7.1) statt zul $\sigma$ die größte vorhandene Spannung max $\sigma$ ein, dann werden mit max $M_i <$ zul $M_i$ die Gurtplatten zwar etwas länger, jedoch hat der Träger an allen Lamellenenden die gleiche Tragfähigkeitsreserve, wenn der Auftraggeber es so wünscht (**7.**1 rechts). Über den theoretischen Endpunkt hinaus ist jede Gurtplatte mit dem Überstand $ü = b/2$ vorzubinden (**8.**2).

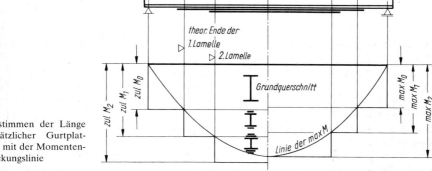

**7.**1
Bestimmen der Länge zusätzlicher Gurtplatten mit der Momentendeckungslinie

Wird die Verstärkung des geschweißten Querschnitts nicht durch Zulegen weiterer Gurtplatten, sondern durch Vergrößern der Dicke und/oder Breite des Gurtes mittels Stumpfschweißung vorgenommen, dann erfolgt die Bestimmung der Gurtplattenlängen in gleicher Weise sowohl am Druckgurt wie auch am Zuggurt, sofern im Zugbereich nachgewiesen wird, daß die Stumpfnaht frei von Rissen, Binde- und Wurzelfehlern ist (**7.**2 oben). Wird dieser Nachweis am Zuggurt nicht erbracht, ist die zulässige Stumpfnahtspannung zul $\sigma_w$ kleiner als die zulässige Werkstoffspannung zul $\sigma$; dadurch entsteht in der Momentendeckungslinie eine Einkerbung, die zur Folge hat, daß die dickere Gurtplatte länger wird (**7.**2 unten).

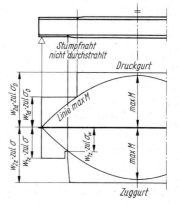

**7.**2
Momentendeckung mit Dickenwechsel der Gurtplatten

Ist die Trägerhöhe veränderlich, so verläuft die Momentendeckungslinie gekrümmt und muß durch Berechnen von zul $M$ mit verschiedenen Steghöhen konstruiert werden (**8.**1). Die Trägerhöhe entspricht einem Schnitt von der Trägerachse aus senkrecht zu den beiden Gurten. Die größte Biegespannung entsteht nicht bei max $M$, sondern an der Stelle $x$, an der die Momentendeckungslinie dem Momentenverlauf am nächsten kommt.

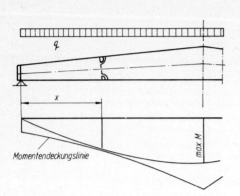

**8.**1 Momentendeckung bei veränderlicher Trägerhöhe

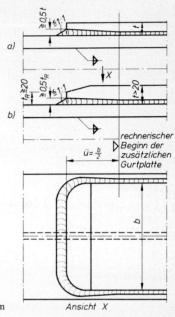

**8.**2
Schweißnähte am Gurtplattenende
a) bei Plattendicke $t \leqq 20$ mm
b) mögliche Ausführung bei $t > 20$ mm

Die rechtwinklig abzuschneidende Verstärkungslamelle erhält an ihrem Ende eine kräftige Stirnkehlnaht, deren Schenkelhöhe mindestens die halbe Plattendicke erfassen muß. Sehr dicke Gurtplatten dürfen aber am Ende flach abgeschrägt werden, um zu dicke Stirnkehlnähte zu vermeiden. Auf der Länge $b/2$ − entsprechend dem Plattenüberstand $ü$ über das theoretische Ende − vollzieht sich der Übergang von der Stirnkehlnaht zur dünneren Verbindungsnaht (**8.**2). Während im Hochbau die Stirnkehlnaht gleichschenklig sein darf, muß sie bei nicht vorwiegend ruhender Belastung ungleichschenklig und im Nahtbereich am Plattenende kerbfrei bearbeitet sein (**9.**1a).

In der Regel ist die Verstärkungslamelle schmaler als die darunter befindliche Gurtplatte. Muß man sie breiter ausführen, dann sollte sie sich zum Ende hin verjüngen, um den kontinuierlichen Übergang der Stirnkehlnaht in die Flankenkehlnaht zu ermöglichen; bei der Herstellung muß der Träger gedreht werden, um Schweißen in Zwangslage zu vermeiden (**9.**2).

Stumpfnähte müssen rechtwinklig zur Kraftrichtung liegen. Ihre Ausführung am Übergang zur dickeren Gurtplatte bzw. zum dickeren Stegblech ist vorgeschrieben (**9.**3). Übereinanderliegende Gurtplatten sollen nicht an der gleichen Stelle gemeinsam stumpf gestoßen werden; falls unvermeidlich, sind sie vor dem Schweißen an ihrer Stirnseite durch Nähte so zu verbinden, daß diese Nähte beim Schweißen des Stoßes erhalten bleiben.

Bei Blechträgern ist es weniger schwierig als bei Walzprofilen, die Verstärkung der Gurte nach innen zu legen (s. S. 2), weil sich das Stegblech durch Verkleinern seiner Höhe an die dickeren Gurte anpassen läßt (**9**.1).

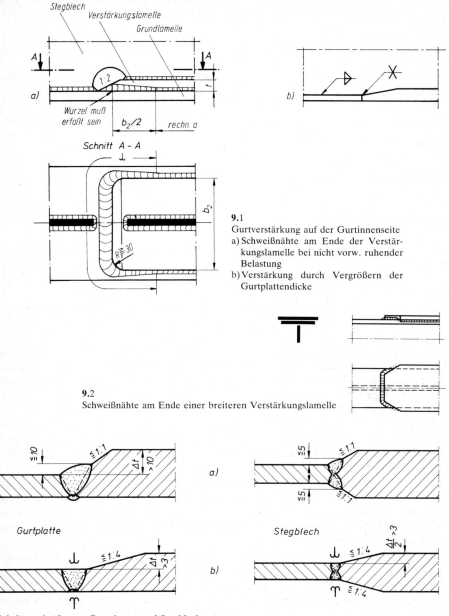

**9**.1
Gurtverstärkung auf der Gurtinnenseite
a) Schweißnähte am Ende der Verstärkungslamelle bei nicht vorw. ruhender Belastung
b) Verstärkung durch Vergrößern der Gurtplattendicke

**9**.2
Schweißnähte am Ende einer breiteren Verstärkungslamelle

**9**.3 Stumpfstöße von Gurtplatten und Stegblech
a) bei vorwiegend ruhender Belastung   b) bei nicht vorw. ruhender Belastung

## 1.4.2   Stegblechaussteifungen

Das dünne Stegblech versucht, unter den Biegedruck- und Schubspannungen auszubeulen. Es muß daher durch Quer- und ggf. auch Längssteifen in einzelne rechteckige, beulsichere Felder unterteilt werden, deren Beulsicherheit nach DASt-Richtlinie 012 nachzuweisen ist (**10.**1). An den Angriffsstellen von Einzelkräften sind stets Quersteifen vorzusehen; sie verbessern die Beulsicherheit bei vorwiegender Schubbeanspruchung, sind aber im Bereich von Biegedruckspannungen hinsichtlich der Beulsicherheit nahezu wirkungslos. Hier ordnet man besser zusätzliche Längssteifen in der Druckzone an, falls die Beulsicherheit zunächst nicht ausreicht. Längssteifen dürfen beim Trägerquerschnitt mitgerechnet werden, wenn sie an den Quersteifen ordnungsgemäß gestoßen werden.

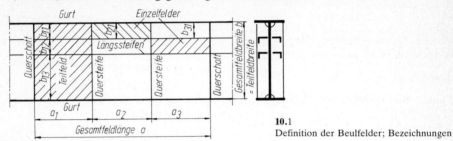

10.1
Definition der Beulfelder; Bezeichnungen

Bei Einwirkung von Schubspannungen oder von Biegedruckspannungen mit gleichzeitigen Biegezugspannungen kann sich nach dem Ausbeulen ein zweiter Tragzustand in der Art eines „Ersatzfachwerks" einstellen (**10.**2), vorausgesetzt, daß kräftige Quersteifen vorhanden sind. Es genügt daher in diesen Fällen ein relativ kleiner geforderter Sicherheitsfaktor, der jedoch zunehmend größer anzusetzen ist, wenn der Anteil der Druckspannungen im Beulfeld anwächst (Tafel **11.**1). Darüber hinaus muß die erforderliche Beulsicherheit noch höher gesetzt werden, wenn sich die Platte bei Biegedruckspannungen knickstabähnlich verhält; das ist bei kleinen Seitenverhältnissen $\alpha$ und/oder kräftigen Längssteifen der Fall. Ist außer dem Biegemoment noch eine Druckkraft vorhanden, können sich das Beulen und Knicken gegenseitig beeinflussen. Dann muß nach DASt-Ri 012 ggfs. die Beulknickspannung errechnet werden.

10.2
Ersatzfachwerk, nach dem Ausbeulen des Stegblechs infolge von Querkräften entstanden

**Nachweis der Beulsicherheit**

Nachfolgend ist der Rechnungsgang nach der DASt-Richtlinie 012 angegeben für Bauteile (z. B. Stäbe, Vollwand- und Kastenträger) mit Schnittgrößen ohne Druckkraft, ohne quergerichtete Normalspannungen $\sigma_z$ und ohne knickstabähnliches Verhalten des Beulfeldes. Bauteile mit Schnittgrößen einschl. Druckkraft, anderen Beanspruchungs- und Lagerungsfällen und Beulsteifen s. Richtlinie.

Für das betrachtete Beulfeld (Gesamtfeld, Teilfeld, Einzelfeld) sind zu berechnen:

$$\alpha = a/b \tag{10.1}$$

$\sigma_1$ = größte Drucknormalspannung am Rand des untersuchten Beulfeldes (positiv)
$\sigma_2$ = Normalspannung am anderen Beulfeldrand (als Zugspannung negativ)

$$\tau = Q/(b \cdot t)$$

Treten die Größtwerte von $\sigma_1$ und $\tau$ an den Querrändern auf, dürfen an ihrer Stelle die Spannungen in Feldmitte, aber nicht weniger als die Spannung im Abstand $b_{ik}/2$ vom jeweiligen Rand benutzt werden.

$$\psi = \sigma_2/\sigma_1$$

Mit $t$ = Plattendicke wird die Eulersche Knickspannung

$$\sigma_e = \frac{\pi^2 \cdot E}{12\,(1 - \mu^2)} \cdot \left(\frac{t}{b}\right)^2 = 18{,}98 \left(\frac{100\,t}{b}\right)^2 \text{ in N/mm}^2 \tag{11.1}$$

Mit den Beulwerten[1] $\nu_\sigma$ und $\nu_\tau$ (bisher $k_\sigma$ bzw. $k_\tau$) werden die maßgebenden idealen Einzelbeulspannungen berechnet

$$\sigma_{1,\,Ki} = \nu_\sigma \cdot \sigma_e \qquad (11.2) \qquad\qquad\qquad \tau_{Ki} = \nu_\tau \cdot \sigma_e \qquad (11.3)$$

Ideale Beulvergleichsspannung für ein unversteiftes Beulfeld:

$$\sigma_{V,\,Ki} = \frac{\sqrt{\sigma_1^2 + 3\,\tau^2}}{\dfrac{1 + \psi}{4} \cdot \dfrac{\sigma_1}{\sigma_{1,\,Ki}} + \sqrt{\left(\dfrac{3 - \psi}{4} \cdot \dfrac{\sigma_1}{\sigma_{1,\,Ki}}\right)^2 + \left(\dfrac{\tau}{\tau_{Ki}}\right)^2}} \tag{11.4}$$

Tafel **11**.1 Erforderliche rechnerische Beulsicherheiten erf $\gamma_B(\sigma_x)$, erf $\gamma_B(\sigma_z)$, erf $\gamma_B(\tau)$

| Spalte / Zeile | 1 | 2 | 3 | 4 |
|---|---|---|---|---|
| | Bean-spru-chung | Last-fall | erforderliche rechnerische Beulsicherheiten für Einzelfelder | für Teil- und Gesamtfelder |
| 1 | $\sigma_x$ | H<br>HZ | $1{,}32 + 0{,}09\,(1 + \psi_b)$<br>$1{,}16 + 0{,}08\,(1 + \psi_b)$ | $1{,}32 + 0{,}19\,(1 + \psi_b)$<br>$1{,}16 + 0{,}17\,(1 + \psi_b)$ |
| 2 | $\sigma_z$ | H<br>HZ | $1{,}50$<br>$1{,}32$ | $1{,}70$<br>$1{,}50$ |
| 3 | $\tau$ | H<br>HZ | $1{,}32$<br>$1{,}16$ | $1{,}32$<br>$1{,}16$ |

Es ist immer $\psi_b \gtreqless -1$ einzusetzen. $\psi_b$ ist
- bei Beuluntersuchungen von Einzelfeldern das Randspannungsverhältnis des Teilfeldes, in dem das Einzelfeld liegt;
- bei Beuluntersuchungen von Teil- oder Gesamtfeldern das Randspannungsverhältnis des untersuchten Teil- oder Gesamtfeldes.

---

[1] Beulwerte siehe z.B. Klöppel/Scheer und Klöppel/Möller: „Beulwerte ausgesteifter Rechteckplatten", I. u. II. Band, Verlag von Wilhelm Ernst & Sohn, Berlin, München

Im Sonderfall $\tau = 0$ wird $\sigma_{V,\,Ki} = \sigma_{1,\,Ki}$ und im Sonderfall $\sigma_1 = 0$ gilt $\sigma_{V,\,Ki} = \tau_{Ki} \cdot \sqrt{3}$.
Gl. (11.4) gilt für versteifte Beulfelder nur mit Einschränkungen (s. Richtlinie).

Zu $\sigma_{V,\,Ki}$ ist die Beulspannung $\sigma_{VK}$ zu bestimmen:

$$
\begin{aligned}
&\text{für} && \sigma_{V,\,Ki} \geqq 2{,}04\,\beta_S && \text{ist } \sigma_{VK} = \beta_S \\
&\text{für } 2{,}04\,\beta_S > \sigma_{V,\,Ki} > 0{,}6\,\beta_S && \text{ist } \sigma_{VK} = \beta_S\,(1{,}474 - 0{,}677\,\sqrt{\beta_S/\sigma_{V,\,Ki}}) \\
&\text{für}\;\;\; 0{,}6\,\beta_S \geqq \sigma_{V,\,Ki} && \text{ist } \sigma_{VK} = \sigma_{V,\,Ki}
\end{aligned}
\tag{12.1}
$$

Maßgebende Grenzspannung $\quad \sigma_G = \sigma_{VK}$  $\qquad\qquad\qquad\qquad\qquad\quad$ (12.2)

Vorhandene rechnerische B e u l s i c h e r h e i t

$$
\text{vorh } \gamma_B^* = \frac{\sigma_G}{\sqrt{\sigma_1^2 + 3\,\tau^2}} \geqq \text{erf } \gamma_B^*
\tag{12.3}
$$

Unter alleiniger Wirkung von Randspannungen $\sigma_x$ oder $\tau$ müssen die erforderlichen rechnerischen B e u l s i c h e r h e i t e n

erf $\gamma_B^* = $ erf $\gamma_B(\sigma_x)$ nach Zeile 1 bzw. erf $\gamma_B^* = $ erf $\gamma_B(\tau)$ nach Zeile 3 der Taf. **11.**1 eingehalten werden.

Bei gleichzeitiger Wirkung von $\sigma_x$ und $\tau$ ist

$$
\text{erf } \gamma_B^* = \sqrt{\dfrac{(\sigma_1/\sigma_{1,\,Ki})^2 + (\tau/\tau_{Ki})^2}{\left[\dfrac{\sigma_1/\sigma_{1,\,Ki}}{\text{erf } \gamma_B(\sigma_x)}\right]^2 + \left[\dfrac{\tau/\tau_{Ki}}{\text{erf } \gamma_B(\tau)}\right]^2}}
\tag{12.4}
$$

Vor Beginn der Berechnung sollte man stets überprüfen, ob die vorliegende Aufgabe nicht zu einem der in der Richtlinie 012 aufgeführten Fälle gehört, in denen ein Beulsicherheitsnachweis nicht erforderlich ist [7, 25].

Von der Steifigkeit der Steifen, die zur Unterteilung von Beulfeldern dienen, hängt die Größe des Beulwertes $\nu$ ab. Je höher und dicker das Stegblech ist, um so größer muß man das Trägheitsmoment der Steifen wählen. Die Steifen können auf beiden Seiten des Steges (12.1) oder auch nur einseitig angebracht werden. Mit den Querschnitten **12.**1 a, c, d vermeidet man, daß am Stegblech, wenn es dünner als etwa 6 mm ist, Kehlnähte gegenüberliegen.

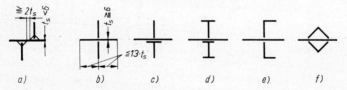

*a)*  $\qquad$ *b)*  $\qquad$ *c)*  $\qquad$ *d)*  $\qquad$ *e)*  $\qquad$ *f)*

**12.**1 Beispiele für Steifenquerschnitte

Beim Anschluß von Q u e r s t e i f e n kann man bei hohen S t e g e n durch unterbrochene Nähte, im Freien durch Ausschnittschweißung Nahtlänge einsparen (**13.**1 b).

Außer am Steg sind die Steifen auch am Druckgurt, an Einleitungsstellen von Einzelkräften und nach Möglichkeit auch am Zuggurt anzuschließen. Am D r u c k g u r t ruft der Anschluß mit endlos um die Kanten herumgeführten Nähten (**13.**2 b) geringere Kerbwirkung hervor als am Schrägschnitt endende Kehlnähte (**13.**2 a); er ist bei nicht vorwiegend ruhend belasteten Bauteilen unbedingt zu bevorzugen und für den Hochbau zu empfehlen. Während im Hochbau der Anschluß am Z u g g u r t wie beim Druckgurt ausgeführt werden kann, müssen die Anschlußnähte bei dynamischer Belastung mit Rücksicht auf die Dauerfestigkeit bereits am Steg in Zonen geringerer Zugspannung enden. Man kann die Steife ohne Schweißanschluß aus optischen Gründen herunterziehen und mit Erhaltungsspielraum vor dem Gurt enden lassen (**13.**1b), oder man paßt in die Lücke ein Blechstück ein (**13.**3a). Ggfs. kann man die Steife am Zuggurt anschrauben; der Querschnittsverlust durch die Bohrungen ist weniger einschneidend als die durch eine Schweißnaht verursachte Minderung der Dauerfestigkeit (**13.**3b).

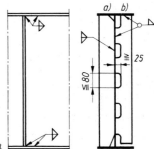

**13.**1
Schweißanschluß von Quersteifen
a) am Steg und an beiden Gurten angeschweißt
b) mit Ausschnittschweißung am Steg und Anschluß nur am Druckgurt

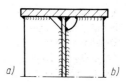

**13.**2
Anschluß der Steifen am Druckgurt
a) mit Schrägschnitt
b) mit kreisförmiger Ausrundung und endlosen Kehlnähten

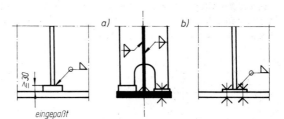

**13.**3
Anschluß der Steifen am Zuggurt eines nicht vorwiegend ruhend belasteten Trägers

Bei K a s t e n t r ä g e r n liegen die Aussteifungen innen. Wird der Träger überwiegend auf Biegung beansprucht, werden die als Querschotte ausgebildeten Aussteifungen nur an den Stegen und am Druckgurt angeschweißt. Der Zuggurt wird beim Zusammenbau zum Schluß aufgelegt und i. allg. nicht mit dem Schott verbunden, sofern der Kasten nicht groß genug ist, um ihn durch Mannlöcher zugänglich zu machen.

Bei Torsionsbeanspruchung des Kastenträgers müssen jedoch Schubkräfte zwischen dem Querschott und allen 4 Wänden des Querschnitts übertragen werden. Ist das Kasteninnere unzugänglich, wird die vierte Wand mit schweißtechnisch allerdings

wenig günstigen Loch- oder Schlitznähten von außen an das Schott angeschweißt
(**14.**1); andernfalls verwendet man für diese Verbindung besser HV-Schrauben.

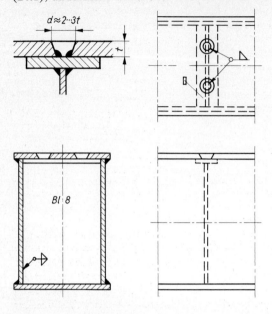

**14.**1
Verbindung der Außenwand eines Ka-
stenträgers mit dem Querschott durch
Lochschweißung

### 1.4.3   Stoßausbildung

Werkstattstöße kommen für Einzelteile des Querschnitts in Betracht, wenn die
Lieferlänge des Walzmaterials kürzer ist als die Bauteillänge (**22.**1), oder wenn ein
Querschnittswechsel vorzunehmen ist (**9.**3). Die zu stoßenden Bauteile (Stegblech,
Gurte) werden vor dem Zusammenbau rechtwinklig stumpf miteinander ver-
schweißt, wobei die Stoßstellen in der Regel gegeneinander versetzt werden (**14.**2).
Berechnung und Ausführung von Stoßverbindungen s. Teil 1. Bei Bauteilen mit
vorwiegend ruhender Belastung brauchen Stumpfnähte in Stegblechstößen nicht
berechnet zu werden.

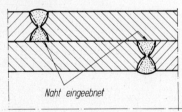

Naht eingeebnet

**14.**2
Versetzte Stumpfstöße in aufeinanderliegenden Gurtplatten

Baustellenstöße sind Gesamtstöße des Querschnitts. Man kann auch sie
schweißen, sofern die Verbindungsnähte so gestaltet werden können, daß man sie
ohne (meist unmögliches) Wenden einwandfrei herstellen kann (**15.**1); um hierfür
die von oben geschweißte Stumpfnaht des Untergurtes auf ganzer Länge zugänglich
zu halten, erhält der Steg eine Ausnehmung.

Soll der Stoß von Kastenträgern geschweißt werden, dann können die Stumpfnähte der Stoßverbindung nicht von der Wurzelseite gegengeschweißt werden, falls das Kasteninnere nicht zugänglich ist. Man versieht dann das Ende des einen Kastens mit einer ringsum laufenden Führungsleiste (**15**.2), die den Zusammenbau erleichtert und dazu beiträgt, daß die Wurzel von außen her durchgeschweißt werden kann.

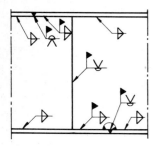

**15**.1
Geschweißter Baustellenstoß eines Vollwandträgers

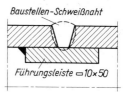

*Baustellen-Schweißnaht*

*Führungsleiste* ⊏ *10×50*

**15**.2
Stumpfnaht am Baustellenstoß eines Kastenträgers

Geschweißte Baustellenstöße bilden aus Kostengründen und wegen der Abhängigkeit der Schweißarbeiten von äußeren Bedingungen aber die Ausnahme. In der Regel werden Baustellenstöße mit ausreichend bemessener und angeschlossener Laschendeckung jedes einzelnen Querschnittsteils geschraubt. Der Trägersteg erhält auf beiden Seiten Steglaschen (**15**.3), die die Steghöhe möglichst ganz überdecken und deren Schraubenanschluß für den Momentenanteil des Steges und für die volle Querkraft nachzuweisen ist (Berechnung s. Teil 1). Bei der direkten

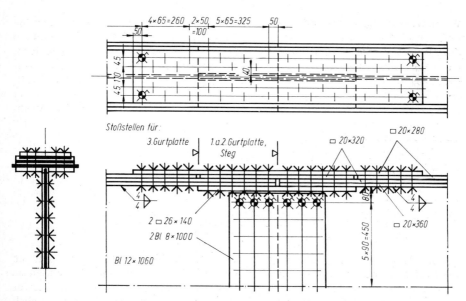

**15**.3 Gesamtstoß (Baustellenstoß) eines geschweißten Vollwandträgers mit Laschendeckung und HV-Schrauben in GV-Verbindung

Stoßdeckung der Gurtplatten kann die Stoßdeckung der 1. Lamelle zweiteilig auf der Unterseite angeordnet werden, die Stoßlasche der 2. Lamelle liegt in der Ebene der 3. Gurtplatte, die dafür nach Maßgabe der Anschlußlänge der Lasche vorher enden muß. Die Anschlußschrauben können sowohl die Kraft der 1. als auch der 2. Gurtplatte zugleich übernehmen, weil der Schraubenschaft die beiden Kräfte in zwei verschiedenen Querschnitten überträgt. Die obenauf liegende Stoßlasche übernimmt die Kraft der 3. Lamelle und leitet sie über die gesamte Stoßlänge hinweg.

Dem Nachteil der großen erforderlichen Schraubenzahl des direkten Stoßes steht der Vorteil des klaren Kraftflusses, des ungefährdeten Transports der Trägerteile und die einfache Montage gegenüber. Ein kürzerer Gurtplattenstoß mit weniger Baustellenschrauben ist der seltener ausgeführte indirekte Stoß (**16**.1). Im rechten Teil des Stoßes ist die Zahl $n$ der Anschlußschrauben wegen der indirekten Stoßdeckung auf $n'$ zu erhöhen, wobei $m$ die Zahl der Zwischenlagen zwischen Stoßlasche und dem zu stoßenden Teil ist.

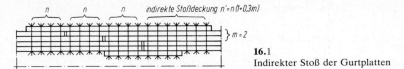

**16**.1
Indirekter Stoß der Gurtplatten

Bei nicht zu großen Gurtquerschnitten kann wie bei Walzträgern ein biegefester Stoß mit Stirnplatten und HV-Schrauben ausgeführt werden (**16**.2), doch ist zu beachten, daß man die bei Walzträgern üblichen Berechnungsverfahren für Schrauben und Stirnplatten wegen des großen Trägheitsmomentes des Steges hier nicht anwenden darf [9].

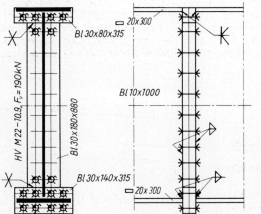

**16**.2
Baustellenstoß eines geschweißten Vollwandträgers mit Stirnplatten und HV-Schrauben

Beim geschraubten Stoß eines Kastenträgers (**17**.1) wird die Stoßstelle durch Handlöcher zugänglich gemacht, wobei die Querschnittsschwächung infolge dieser Öffnungen durch Verstärkungen ausgeglichen werden muß. Die beiden Kastenabschnitte werden beiderseits der Stoßstelle durch ringsum eingeschweißte Querschotte luftdicht verschlossen, um das Kasteninnere gegen Rost zu schützen.

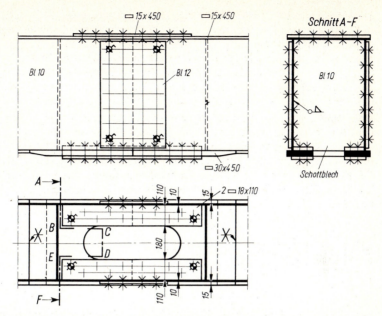

**17**.1 Geschraubter Baustellenstoß eines Kastenträgers

# 1.5 Beispiele

**Berechnungsbeispiel** (**18**.1): Der geschweißte Vollwandträger aus St 37 ist zu bemessen, anschließend sollen die wesentlichen Nachweise geführt werden. zul $\sigma$ = 160 N/mm², zul $\sigma_D$ = 140 N/mm². Der Druckgurt ist an den Einleitungsstellen der Einzellasten gegen seitliches Ausweichen unverschieblich gesichert. Aus besonderen Gründen soll die Durchbiegung auf zul $f$ = $l$/500 begrenzt werden. Die Einzellasten enthalten bereits das geschätzte Eigengewicht des Trägers.

**Bemessung**

Stegblechhöhe: opt $h_s$ = 4,7 $\sqrt[3]{\dfrac{277\,500}{16}}$ = 121,7 cm          nach Gl. (4.2);

$$h_s = \frac{1850}{13,1} = 141,2 \text{ cm}$$          nach Taf. **4**.1;

gewählt: $h_s$ = 140 cm

Stegblechdicke: Im Feld 2 (**18**.1) erhält man mit max $Q$ = 500 kN und der geschätzten Zugrandspannung des Steges $\sigma_Z \approx$ 15 kN/cm²

$$t_s \geqq \frac{2,61}{24,0} \cdot \frac{500}{140} = 0,39 \text{ cm}$$          nach Gl. (5.1)

$$t_s \geqq \frac{500}{140} \sqrt{\frac{3}{0,537 \cdot 24^2 - 15^2}} = 0,674 \text{ cm}$$          nach Gl. (5.2)

Im Beulfeld 2 ist die Querkraft $Q = 500$ kN; die für den Beulsicherheitsnachweis maßgebende Stegrandspannung wird geschätzt auf $\sigma_1 \approx 12$ kN/cm$^2$ bei einem Randspannungsverhältnis $\psi \approx -16/14 = -1,143$. Damit wird nach Gl. (5.3):

$$t_s \approx \frac{\dfrac{140}{2} \cdot \dfrac{3 + 1,143}{1 + 1,143}\left(\dfrac{24 \cdot 12}{36\,000} + \dfrac{24}{211} - 0,04166\right) + \dfrac{500}{140}}{0,7008 \cdot 24 - 0,312 \cdot 12} = 1,1 \text{ cm}$$

Im Feld 3 ist $Q = 250$ kN und $\sigma_1$ wird (in der Nähe von max $M$) angenommen zu $\sigma_1 \approx 13,5$ kN/cm$^2$. Hier ergibt Gl. (5.3): $t_s \approx 1,01$ cm.  Gewählt wird: $t_s = 1,0$ cm.

Bem.: Diese Stegdicke ist zwar kleiner als der berechnete Wert, doch ist dieser sicher zu groß, weil Gl. (5.3) für unendlich lange Beulfelder gilt, hier aber Querstreifen in engen Abständen angeordnet werden. Zudem hat man es später noch in der Hand, durch verlängern der Verstärkungslamelle im Feld 2 $\sigma_1$ auf einen genügend kleinen Wert herabzusetzen.

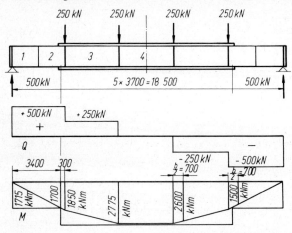

**18.**1
Lasten und Schnittgrößen zum Berechnungsbeispiel

Gurtquerschnitte: Für den Druckgurt wird zunächst ein Querschnitt nach Bild **18.**2 angenommen, für den bei der Knicklänge $c = 370$ cm geschätzt wird:

$$i_{zg} \approx b/3,8 = 31,5/3,8 = 8,29 \text{ cm} \qquad \lambda_z = \frac{c}{i_{zg}} = \frac{370}{8,29} = 44,6 \qquad \omega = 1,17$$

Nach Gl. (6.1−6.7) erhält man mit $\mu = 1$ und $\alpha = 1$

$$\sigma_o = \frac{1,14}{1,17} \cdot 14,0 = 13,6 \text{ kN/cm}^2 \qquad \sigma_u = 1 \cdot 16,0 = 16,0 \text{ kN/cm}^2$$

$$\alpha = \frac{16,0}{13,6} = 1,176 \qquad \beta = 0,345 - \frac{0,19}{1,176} = 0,184$$

$$\gamma = 0,53\,(1,176-1) = 0,093$$

$$A_Z \approx \frac{277\,500}{140 \cdot 16} - 1,0 \cdot 140 \cdot 0,184 = 98,1 \text{ cm}^2$$

$$A_D \approx 98,1 \cdot 1,176 + 1,0 \cdot 140 \cdot 0,093 = 128,4 \text{ cm}^2$$

**18.**2 Vorläufige Annahme des Druckgurts zum Beispiel

Es werden die Querschnitte nach Bild **19**.1 ausgeführt mit
$A_Z = 101{,}5 > 98{,}1$ cm$^2$ und
$A_D = 130{,}0 > 128{,}4$ cm$^2$.

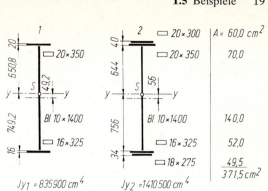

**19**.1
Querschnitte 1 und 2 zum Beispiel

**Allgemeiner Spannungsnachweis**

In der Trägermitte wird

$$\max |\sigma_D| = \frac{277\,500 \cdot 68{,}4}{1\,410\,500} = 13{,}46 < 16 \text{ kN/cm}^2$$

$$\max \sigma_Z = \frac{277\,500 \cdot 79{,}0}{1\,410\,500} = 15{,}54 < 16 \text{ kN/cm}^2$$

Am Auflager ist

$$A_Q = 1{,}0 \cdot \left( 140 + \frac{2{,}0 + 1{,}6}{2} \right) = 141{,}8 \text{ cm}^2$$

$$\tau_m = \frac{500}{141{,}8} = 3{,}53 < 9{,}2 \text{ kN/cm}^2$$

Offensichtlich erübrigt sich der Nachweis von max $\tau$. Auch der Nachweis von $\sigma_V$ ist nicht erforderlich, weil $\tau_m < 0{,}5$ zul $\tau$ ist.

**Kippsicherheitsnachweis** nach DIN 4114, 15.4

Querschnitt 1 (**19**.1): $I_{zg} = 2 \dfrac{35^3}{12} = 7146$ cm$^4$     $A_g = 70{,}0 + \dfrac{140}{5} = 98{,}0$ cm$^2$

$$i_{zg} = \sqrt{\frac{7146}{98{,}0}} = 8{,}54 \text{ cm} \qquad \lambda_z = \frac{370}{8{,}54} = 43{,}3 \qquad \omega = 1{,}16$$

Querschnitt 2: $I_{zg} = 7146 + 2 \dfrac{30^3}{12} = 11650$ cm$^4$     $A_g = 98{,}0 + 60{,}0 = 158$ cm$^2$

$$i_{zg} = \sqrt{\frac{11650}{158}} = 8{,}59 \text{ cm} \qquad \lambda_z = \frac{370}{8{,}59} = 43{,}1 \qquad \omega = 1{,}16$$

Für die gesamte Trägerlänge gilt

$$\text{zul } \sigma_D = \frac{1{,}14}{1{,}16} \, 14{,}0 = 13{,}76 > \text{vorh } \sigma_D = 13{,}46 \text{ kN/cm}^2$$

**Formänderungsnachweis**

$$f = \frac{5{,}5 \max M \cdot l^2}{48 \, E \cdot I} = \frac{5{,}5 \cdot 277\,500 \cdot 1850^2}{48 \cdot 21\,000 \cdot 1\,410\,500} = 3{,}67 \text{ cm} = \frac{l}{504} < \frac{l}{500}$$

**Gurtplattenlänge**

Für den Querschnitt 1 ist am Druckgurt

$$\text{zul } M_{1D} = \text{zul } \sigma_D \cdot W_{1D} = 13{,}76 \frac{835\,900}{67{,}08} = 171\,500 \text{ kNcm}$$

bzw. am Zuggurt zul $M_{1Z} = \text{zul } \sigma_Z \cdot W_{1Z} = 16{,}0 \frac{835\,900}{76{,}52} = 174\,800$ kNcm

Das rechnerische Ende der beiden Gurtplatten wird auf $x = 3{,}40$ m vom Auflager gelegt.

$$M_x = 500 \cdot 3{,}40 = 1700 \text{ kNm} < \text{zul } M_{1D}$$

**Halsnähte**

Das statische Moment des Obergurts für den Querschnitt 2 ist

$$S = 70{,}0 \cdot 65{,}4 + 60{,}0 \cdot 67{,}4 = 8622 \text{ cm}^3$$

Als Halsnahtdicke wird aus schweißtechnischen Gründen nach der Gurtplattendicke $t$ gewählt

$$a = \sqrt{\max t} - 0{,}5 = \sqrt{20} - 0{,}5 = 4 \text{ mm}$$

Damit wird am Gurtplattenende im Trägerfeld 2

$$\tau_w = \frac{Q\,S}{I \cdot 2a} = \frac{500 \cdot 8622}{1\,410\,500 \cdot 2 \cdot 0{,}4} = 3{,}82 < 13{,}5 \text{ kN/cm}^2$$

Am Untergurt reicht die Nahtdicke $a = 3{,}5$ mm.

**Beulsicherheitsnachweis** für das Stegblech im Feld 2 nach DASt-Ri 012

Die größte Druckspannung $\sigma_1$ am Stegrand tritt am Gurtplattenende nahe dem Feldende auf; es darf das Moment im Abstand $b/2$ ($= h_s/2$) von diesem Ende eingesetzt werden (**18.**1):

$$M = 500 \left( 3{,}70 - \frac{1{,}40}{2} \right) = 1500 \text{ kNm} \qquad Q = 500 \text{ kN}$$

Am Stegblechdruckrand     $\sigma_1 = \dfrac{150\,000 \cdot 65{,}08}{835\,900} = 11{,}68 \text{ kN/cm}^2$

Am Stegblechzugrand     $\sigma_2 = -\dfrac{150\,000 \cdot 74{,}92}{835\,900} = -13{,}44 \text{ kN/cm}^2$

Spannungsverhältnis     $\psi = \dfrac{\sigma_2}{\sigma_1} = -\dfrac{13{,}44}{11{,}68} = -1{,}151$

$$\tau = \frac{500}{1{,}0 \cdot 140} = 3{,}57 \text{ kN/cm}^2$$

Für die Beulwerte $\nu$ werden die Näherungswerte aus DIN 4114, Taf. 6 verwendet [25].

$b = h_s = 140$ cm     $b_i = 2 b_D = 2 \cdot 65{,}08 = 130{,}2$ cm

$\alpha_\tau = \dfrac{a}{b} = \dfrac{185}{140} = 1{,}32$     $\alpha_\sigma = \dfrac{a}{b_i} = \dfrac{185}{130{,}2} = 1{,}42$

$$\nu_\tau = 5{,}34 + \frac{4{,}00}{\alpha_\tau^2} = 5{,}34 + \frac{4{,}00}{1{,}32^2} = 7{,}63 \qquad \nu_\sigma = 23{,}9$$

$$\sigma_{e\tau} = 1{,}898 \left(\frac{100\ t}{b}\right)^2 = 1{,}898 \left(\frac{100 \cdot 1}{140}\right)^2 \qquad \sigma_{e\sigma} = 1{,}898 \left(\frac{100\ t}{b_i}\right)^2 = 1{,}898 \left(\frac{100 \cdot 1}{130{,}2}\right)^2$$

$$= 0{,}968\ \text{kN/cm}^2 \qquad\qquad\qquad = 1{,}12\ \text{kN/cm}^2$$

$$\tau_{Ki} = \nu_\tau \cdot \sigma_{e\tau} = 7{,}63 \cdot 0{,}968 = 7{,}39\ \text{kN/cm}^2 \qquad \sigma_{1,Ki} = \nu_\sigma \cdot \sigma_{e\sigma} = 23{,}9 \cdot 1{,}12 = 26{,}8\ \text{kN/cm}^2$$

Erforderliche Beulsicherheiten für das unversteifte Gesamtfeld mit $\psi_b = -1$ nach Taf. **11.**1, Spalte 4:

$$\text{erf } \gamma_B\ (\sigma_x) = 1{,}32 + 0{,}19\ (1 - 1) = 1{,}32 \qquad \text{erf } \gamma_B\ (\tau) = 1{,}32$$

Bei gleichzeitiger Wirkung von $\sigma_x$ und $\tau$ erhält man nach Gl. (10.7) ebenfalls erf $\gamma_B^* = 1{,}32$; somit braucht nur die maßgebende gleichzeitige Wirkung von $\sigma_x$ und $\tau$ nachgewiesen zu werden. Nach Gl. (11.4) wird

$$\sigma_{V,Ki} = \cfrac{\sqrt{11{,}68^2 + 3 \cdot 3{,}57^2}}{\cfrac{1 - 1{,}151}{4} \cdot \cfrac{11{,}68}{26{,}8} + \sqrt{\left(\cfrac{3 + 1{,}151}{4} \cdot \cfrac{11{,}68}{26{,}8}\right)^2 + \left(\cfrac{3{,}57}{7{,}39}\right)^2}} = \frac{13{,}22}{0{,}645} = 20{,}49\ \text{kN/cm}^2$$

und damit aus Gl. (12.1)

$$\sigma_{VK} = 24{,}0\ (1{,}474 - 0{,}677\ \sqrt{24/20{,}49}) = 17{,}79\ \text{kN/cm}^2$$

$$\gamma_B = \frac{\sigma_{VK}}{\sqrt{\sigma_1^2 + 3\ \tau^2}} = \frac{17{,}79}{13{,}22} = 1{,}346 > 1{,}32 = \text{erf } \gamma_B^*$$

Die Stegblechfelder 3 und 4 werden in gleicher Weise nachgewiesen.

### Auflageraussteifung (22.1)

Beim Knicknachweis wird das Stegblech in einer Breite mitgerechnet, wie sie entsprechend DASt-Ri 012 für dünnwandige Teile von Druckstäben mit einem freien Blechrand zulässig ist (**12.**1b, **21.**1a).

$$A = 26 \cdot 1{,}0 + 2 \cdot 15 \cdot 1{,}2 = 62{,}0\ \text{cm}^2 \qquad I = 1{,}2\ (2 \cdot 15 + 1{,}0)^3/12 = 2980\ \text{cm}^4$$

$$i = \sqrt{\frac{2980}{62}} = 6{,}93\ \text{cm; Knicklänge } s_K = h_s = 140\ \text{cm}$$

$$\lambda = \frac{140}{6{,}93} = 20{,}2 \qquad \omega = 1{,}04$$

$$\frac{1{,}04 \cdot 500}{62{,}0} = 8{,}39 < 14\ \text{kN/cm}^2$$

**21.**1
Stegblechaussteifung am Auflager
a) Steifenquerschnitt mit mitwirkendem Stegblechstreifen
b) wirksamer Querschnitt bei der Einleitung der Auflagerkraft

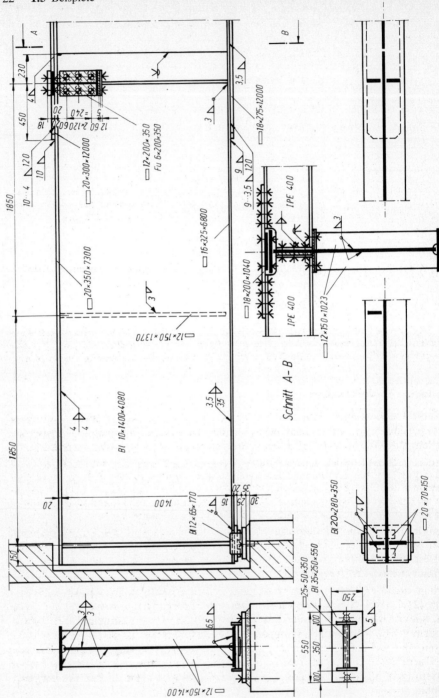

22.1 Geschweißter Vollwandträger

Die Auflagerkraft wird mit einer Kraftausbreitung unter 45° in den Steifenquerschnitt eingeleitet (**21.**1 b):

$$A = 7,2 \cdot 1,0 + 2 \cdot 1,2 \cdot 12,5 = 7,2 + 30,0 = 37,2 \text{ cm}^2$$

$$|\sigma_{\text{D}}| = \frac{500}{37,2} = 13,44 < 16 \text{ kN/cm}^2$$

Kraftanteil einer Steife Fl 12 × 150:      $F = 13,44 \cdot 12,5 \cdot 1,2 = 202$ kN

Spannung in der Anschlußschweißnaht mit $a_{\text{w}} = 6,5$ mm:

$$\sigma_{\text{w}} = \frac{202}{2 \cdot 0,65 \cdot 12,5} = 12,4 < 13,5 \text{ kN/cm}^2$$

An den übrigen Lasteinleitungsstellen wird der gleiche Steifenquerschnitt ausgeführt. Zur Unterteilung des ersten Feldes wird die Steife nur einseitig angeordnet (**22.**1). Zu diesem Zweck soll sie im hier vorliegenden Fall $a < \sqrt{2}\,b$ das Trägheitsmoment haben

$$\text{min } I = 0,75 \, b \cdot t^3 = 0,75 \cdot 140 \cdot 1,0^3 = 105 \text{ cm}^4$$

Vernachlässigt man zur Vereinfachung die Mitwirkung des Stegblechs, ist das vorhandene Trägheitsmoment der Steife

$$I = 1,2 \cdot 15^3/12 = 338 \text{ cm}^4 > 105 \text{ cm}^4.$$

Die Stegblech-Stumpfnaht befindet sich dicht hinter dem Beginn der Verstärkungslamelle an einer Trägerstelle mit geringer Ausnutzung der Spannungen und braucht nicht nachgewiesen zu werden. Die Stumpfnaht in der 1. Gurtplatte des Untergurts muß durchstrahlt werden.

### Besondere Konstruktionen

Sind die Deckenträger nicht am Druckgurt, sondern am Zuggurt des Vollwandträgers angeschlossen, dann kann Kippen des Unterzuges nur dadurch verhindert werden, daß der Anschluß der Deckenträger biegefest ausgebildet wird (**24.**1).

Für den durch solche Halbrahmen elastisch quergestützten Druckgurt ist die Kipplänge $c$ (s. Bild **3.**1) größer als der Abstand der Deckenträger; Nachweis s. DIN 4114, 11 und 12. Zusammen mit den sonstigen Horizontallasten ist $\approx \frac{1}{100}$ der Druckgurtkraft des Vollwandträgers als Knickseitenkraft anzusetzen. Das Einspannmoment am Trägeranschluß $M = H \cdot h$ wird in das Kräftepaar $Z$ und $D$ aufgelöst (**24.**1 b) und angeschlossen.

Das Futter auf dem Deckenträger gleicht Ungenauigkeiten beim Zusammenbau sowie Walztoleranzen aus und dient zur Montageerleichterung. Andere konstruktive Lösungen findet man durch sinngemäße Anwendung der Konstruktionen von Rahmenecken nach Abschn. 2.

Zerlegt man einen Walzträger mit einem Schrägschnitt durch den Steg in 2 Teile (**24.**2) und verschweißt diese wieder nach dem Verschwenken, dann erhält man einen Träger mit veränderlicher Höhe und größerem Trägheits- und Widerstandsmoment. Für den Spannungsnachweis ist die Momentendeckung (**8.**1) zu beachten. Die auf dem Oberflansch aufgeschweißten Fl 10 × 60 greifen in die Fugen der Dachplatten ein, durch ihre Schlitze werden Rundstähle gesteckt, die mit den Plattenfugen vergossen werden. Auf diese Weise sichert man den Träger gegen Kippen.

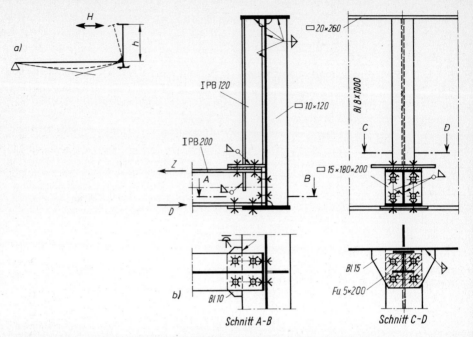

**24.**1 Kippsicherung des Vollwandträgers durch biegefesten Anschluß der Deckenträger

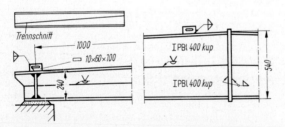

**24.**2 Aus Walzprofilen durch schrägen Trennschnitt herge-
stellter Träger mit veränderlicher Höhe

Führt man den Trennschnitt nach Bild **25.**1 a und verschiebt die beiden Trägerhälf-
ten um eine Zahnbreite, dann erhält man einen Wabenträger (**25.**1), dessen
Höhe durch Zwischensetzen von Blechen weiterhin vergrößert werden kann
(**25.**1 b). Bei kleinem Gewicht sind die statischen Querschnittswerte relativ groß; als
Unterzug im Skelettbau erleichtern die großen Stegöffnungen das Durchführen von
Leitungen aller Art. Statisch wirkt der Wabenträger wie ein Vierendeelträger
(**25.**2 d), dessen Schnittgrößen man jedoch mit guter Näherung in statisch bestimm-
ter Weise berechnen kann, wenn man in den Gurt- und Pfostenmitten Momenten-
Nullpunkte annimmt.

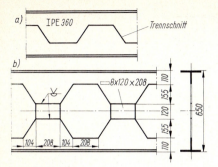

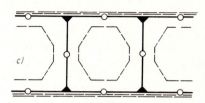

**25.**1  Wabenträger
  a) Schnittführung
  b) Wabenträger mit zusätzlichen Stegblechen
  c) zur Vereinfachung der Berechnung angenommenes statisches System

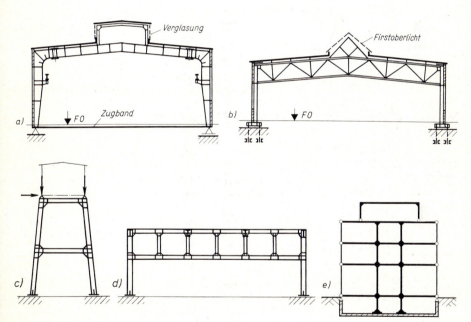

**25.**2  Beispiele von Rahmentragwerken
  a) Vollwandiger Zweigelenkrahmen mit Zugband
  b) Eingespannter Rahmen mit Fachwerkriegel und vollwandigen Stielen
  c) Stützrahmen für eine Bandbrücke
  d) Rahmenträger (Vierendeel-Träger) als Unterzug
  e) Statisches System eines Skelettbaues. Die Unterzüge (Riegel) sind an den Innenstützen biegesteif,
    an den Außenstützen gelenkig angeschlossen

# 2  Rahmen

## 2.1  Allgemeines, Berechnung

Rahmentragwerke sind dadurch gekennzeichnet, daß die horizontalen (oder schrägliegenden) Riegel mit den vertikal (oder geneigt) angeordneten Stielen biegefest
verbunden werden.

Durch diese biegefeste Verbindung werden die Riegel elastisch in die Stiele eingespannt. Damit verringern sich die Biegemomente in den Riegeln, so daß diese
schwächer und mit kleinerer Bauhöhe bemessen werden können. Die Durchbiegung
der Riegel ist wegen der entlastenden Wirkung der negativen Einspannmomente
ebenfalls geringer als bei gelenkigem Anschluß, wodurch größere Stützenabstände
als bei einfachen Trägerkonstruktionen wirtschaftlich ausgeführt werden können.

Allerdings muß die Einsparung bei den Riegeln mit dem Nachteil erkauft werden,
daß die Stützen zusätzlich zu den Druckkräften noch die Riegeleinspannmomente
weiterleiten müssen und daher größere Profilabmessungen erhalten als mittig belastete Stützen. Wenn nun etwa architektonische Gründe dünne Stützen erfordern −
wie z. B. bei den Außenstützen in Bild **25**.2 e −, dann kann man durch Einschalten
gelenkiger Anschlüsse die Riegeleinspannung wieder aufheben, um die Stütze momentenfrei zu machen, was natürlich nur auf Kosten der Riegel geht.

Im Gegensatz zu einfachen Stützen- und Trägerkonstruktionen sind Rahmen in der
Lage, in der Rahmenebene außer vertikalen Lasten auch horizontale Belastungen
aus Wind, Kranseitenschub usw. aufzunehmen. Die Standfestigkeit q u e r zur Rahmenebene muß jedoch in jedem Falle besonders geprüft und konstruktiv gesichert
werden, z. B. durch Längsverbände. Rahmen haben selbst bei nur lotrechten Lasten
außer vertikalen meistens auch horizontale Auflagerkräfte; bei Fußeinspannung
treten noch Einspannmomente hinzu. Dadurch können sich die Gründungskosten
verteuern, doch ist es möglich, bei gelenkiger Lagerung den Horizontalschub durch
ein Zugband aufzuheben und den Rahmen mit einem beweglichen Lager auszustat-
ten (**25**.2a). Lediglich beim einhüftigen Rahmen treten bei lotrechten Lasten und
lotrechten Pendelstützen keine horizontalen Lagerreaktionen auf (**189**.1a,b).

Beispiele von Rahmensystemen zeigen die Bilder **25**.2 und **189**.1 und 2.

Rahmenkonstruktionen kommen also in Frage, wenn

1. bei n u r lotrechten Lasten die Bauhöhe der Riegel klein gehalten werden soll,

2. lotrechte u n d horizontale Lasten aufzunehmen sind.

Der wesentliche konstruktive Unterschied zwischen Rahmen und einfachen Träger-
und Stützenkonstruktionen liegt in der biegefesten Gestaltung der Trägeranschlüsse
an die Stützen sowie in der Ausführung der gelenkigen oder eingespannten Stützenfüße.

Bei statisch bestimmten Rahmen (Dreigelenkrahmen, einhüftiger Rahmen) reichen
die Gleichgewichtsbedingungen zur Berechnung der Auflager- und Schnittgrößen

aus. Bei der Berechnung statisch unbestimmter Rahmen nach der Elastizitätstheorie stehen das Kraftgrößenverfahren und bei größerer Zahl der statisch überzähligen Größen Formänderungsgrößen-Verfahren in ihren verschiedenen Anwendungsformen zur Verfügung [24]; dabei muß noch unterschieden werden zwischen unverschieblichen Rahmen, die horizontal an Deckenscheiben oder Verbänden gelagert sind (**143**.1), und frei stehenden verschieblichen Rahmen (**25**.2). Zu berechnen ist das mit Imperfektionen (schiefgestellten Stützen) behaftete System unter Berechnungslasten ($\gamma$-fache Gebrauchslasten). Hinzutretende elastische Formänderungen vergrößern die Schnittgrößen und müssen in ihren Auswirkungen berücksichtigt werden (Theorie II. Ordnung). Die Vorschriften geben Kriterien an, ob ggfs. eine vereinfachte Berechnung durchgeführt werden darf (s. nachfolgendes Beispiel) oder ob eine Berechnung nach Theorie I. Ordnung noch zulässig ist.

Ein- und zweigeschossige Rahmen dürfen bei vorwiegend ruhenden Lasten auch nach dem Traglastverfahren berechnet werden. Die Ausschöpfung von Tragfähigkeitsreserven führt zu Werkstoffersparnissen, doch verlangt die Anwendung dieses Berechnungsverfahrens zusätzliche Kenntnisse.

**Beispiel (27**.1a): Für den Zweigelenkrahmen ist der Tragsicherheitsnachweis zu führen.

Entsprechend dem Entwurf der Stabilitätsnorm wird eine vereinfachte Berechnung nach Theorie II. Ordnung (mit Berücksichtigung des Einflusses der Verformungen auf die Schnittgrößen) durchgeführt. Die Lasten sind in $\gamma$-facher Größe anzusetzen ($\gamma_{HZ} = 1,3$) und der Rahmen erhält als geometrische Ersatzimperfektion eine Schiefstellung $\psi$ der insgesamt $n = 2$ Stützen (**27**.2a):

$$\psi_0 = \frac{1}{150} \cdot \frac{1}{2} \left(1 + \frac{1}{n}\right) = \frac{1}{150} \cdot \frac{1}{2} \left(1 + \frac{1}{2}\right) = 0,005$$

**27**.1
Zweigelenkrahmen zum Berechnungsbeispiel
a) Rahmenabmessungen, Gebrauchslasten
b) Biegemomente unter Gebrauchslasten nach Theorie I. Ordnung

**27**.2
a) Rahmen mit geometrischer Ersatzimperfektion $\psi$ unter Berechnungslasten
b) Rahmen mit Verzweigungslasten

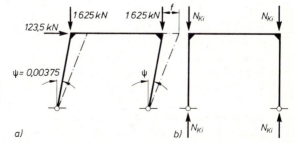

Bei Berechnung nach der Elastizitätstheorie darf $\psi_\mathrm{o}$ auf 75% abgemindert werden:

$$\psi = 0{,}75 \cdot 0{,}005 = 0{,}00375$$

Die Stockwerkquerkraft ergibt sich aus der Horizontallast $H$ zuzüglich den Abtriebskräften aus der Schiefstellung der mit $\Sigma V$ belasteten Stiele zu

$$Q = H + \psi \cdot \Sigma V = 123{,}5 + 0{,}00375 \cdot 2 \cdot 1625 = 135{,}7 \text{ kN.}$$

Zur näherungsweisen Berücksichtigung der Theorie II. Ordnung wird diese Stockwerkquerkraft mit dem Vergrößerungsfaktor $k = 1/\left(1 - \dfrac{1}{\eta}\right)$ multipliziert. Darin ist $\eta$ das Verhältnis der Verzweigungslast des Rahmens zur Summe der Vertikallasten. Die Verzweigungslast $N_{\mathrm{Ki}}$ läßt sich mit der Knicklänge der Rahmenstiele nach DIN 4114, Abschn. 14 berechnen (**27.**2b):
Mit $m = F_1/F = 1$ und dem Hilfswert

$$c = \frac{I_\mathrm{S} \cdot l}{I_\mathrm{R} \cdot h} = \frac{43190 \cdot 5{,}0}{33740 \cdot 4{,}0} = 1{,}600 \qquad \text{wird die Knicklänge}$$

$$s_\mathrm{K} = h \cdot \sqrt{4 + 1{,}4 \cdot c + 0{,}02\ c^2} = 4{,}0\ \sqrt{4 + 1{,}4 \cdot 1{,}60 + 0{,}02 \cdot 1{,}60^2} = 10{,}03 \text{ m}$$

$$N_{\mathrm{Ki}} = \frac{\pi^2 \cdot E \cdot I_\mathrm{S}}{s_\mathrm{K}^2} = \frac{\pi^2 \cdot 2{,}1 \cdot 10^8 \cdot 43190 \cdot 10^{-8}}{10{,}03^2} = 8898 \text{ kN}$$

$$\eta = \frac{2\ N_{\mathrm{Ki}}}{2\ F} = \frac{2 \cdot 8898}{2 \cdot 1625} = 5{,}476$$

Weil $\eta > 4$ ist, ist die vereinfachte Berechnung nach Theorie II. Ordnung zulässig.

$$k = \frac{1}{1 - \dfrac{1}{5{,}476}} = 1{,}223; \qquad k \cdot Q = 1{,}223 \cdot 135{,}7 = 166 \text{ kN}$$

Mit diesen vergrößerten Lasten erfolgt nunmehr die Berechnung wie nach Theorie I. Ordnung, wobei die üblichen Rahmenformeln verwendet werden können (**28.**1a). Mit den so gewonnenen Schnittgrößen nach Theorie II. Ordnung werden die Spannungsnachweise für die Rahmenstäbe geführt (**28.**1b).

Rechter Stiel: $\quad \sigma = \dfrac{1758}{181} + \dfrac{33200}{2400} = 23{,}55 \text{ kN/cm}^2 < \beta_\mathrm{S} = 24 \text{ kN/cm}^2$

Rahmenriegel: $\quad \sigma = \dfrac{83}{98{,}8} + \dfrac{33200}{1500} = 22{,}97 \text{ kN/cm}^2 < \beta_\mathrm{S} = 24 \text{ kN/cm}^2$

Anmerkung: Die früher übliche Rahmenberechnung nach Theorie I. Ordnung erfaßt lediglich für die Stiele im Rahmen des Stabilitätsnachweises nach dem $\omega$-Verfahren die von den Form-

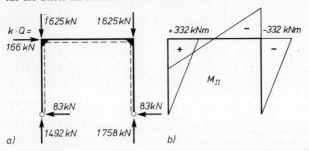

a)

b)

**28.**1
a) Berechnungslasten mit vergrößerter Stockwerk-Querkraft zur vereinfachten Berücksichtigung der Rahmenverformung $f$
b) Rahmenmomente nach Theorie II. Ordnung

änderungen verursachte Vergrößerung der Schnittgrößen, jedoch nicht für den Rahmenriegel. Für diesen hätte mit den Momenten $M_\mathrm{I}$ der Spannungsnachweis ergeben (**27**.1 b)

$$\sigma = \frac{47{,}5}{98{,}8} + \frac{19\,000}{1500} = 13{,}15 \text{ kN/cm}^2 < 16 \text{ kN/cm}^2$$

Nach dieser Rechnung scheint der Riegel noch Tragfähigkeitsreserven zu haben, während sein Querschnitt tatsächlich bereits fast voll ausgenutzt ist, wie die genauere Rechnung erwiesen hat. Aus Sicherheitsgründen ist daher die Berechnung von Rahmentragwerken nach Theorie II. Ordnung geboten.

## 2.2   Rahmenecken

### 2.2.1   Rahmenecken mit Gurtausrundung

Die von den Biegemomenten (**29**.1) und Normalkräften des Rahmens in den Gurtquerschnitten verursachten Gurtkräfte müssen im Bereich der Rahmenecken von den in der Rundung geführten Gurten, wie sie bei geschweißten Vollwandträgern ausgeführt werden können, von der vertikalen in die horizontale Richtung umgelenkt werden. Da der Krümmungshalbmesser des Innengurtes etwa in der Größenordnung der Trägerhöhe liegt, ist die Rahmenecke als Träger mit stark gekrümmter Stabachse zu behandeln. Das hat zur Folge, daß die Dehnung $\varepsilon$ und damit auch die Spannung $\sigma = \varepsilon \cdot E$, die bei Voraussetzung ebenbleibender Querschnitte bei dem geraden Träger linear über die Trägerhöhe verläuft, beim gekrümmten Träger hyperbolischen Charakter aufweist, weil sich die Verlängerung $\Delta l$ einer Faser nicht mehr auf eine konstante Elementlänge $\mathrm{d}x$ sondern auf eine variable Ausgangslänge $\mathrm{d}x \cdot r/r_\mathrm{S}$ bezieht (**29**.2):

$$\varepsilon = \frac{\Delta l \text{ (variabel)}}{\dfrac{\mathrm{d}x \cdot r}{r_\mathrm{S}} \text{ (variabel)}}$$

**29**.1
Biegemomente aus ständiger Last für einen Hallenrahmen

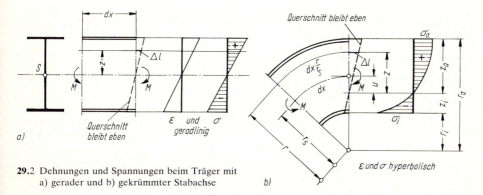

a)

**29**.2 Dehnungen und Spannungen beim Träger mit
a) gerader und b) gekrümmter Stabachse

b)

Das Gleichgewicht zwischen äußeren und inneren Schnittgrößen führt dazu, daß die Biegenullinie nicht mit dem Schwerpunkt des Querschnitts zusammenfällt. Folgende Formeln dienen dem Spannungsnachweis:

$$u = r_S - \frac{A}{\int\limits_{r_i}^{r_a} \dfrac{dA}{r}} \tag{30.1}$$

$$\sigma_a = \frac{N}{A} - \frac{M}{u \cdot A} \cdot \frac{z_a}{r_a} \qquad \sigma_i = \frac{N}{A} + \frac{M}{u \cdot A} \cdot \frac{z_i}{r_i} \tag{30.2} \ (30.3)$$

Berechnung des Integrals in Gl. (30.1):

Stahlprofile setzen sich aus einzelnen Rechtecken zusammen. Für ein einzelnes Rechteck wird nach Bild **30**.1:

$$dA = b \cdot dr$$

$$\int\limits_{r_u}^{r_o} \frac{dA}{r} = \int\limits_{r_u}^{r_o} \frac{b \cdot dr}{r} = b \int\limits_{r_u}^{r_o} \frac{dr}{r} = b \, (\ln r_o - \ln r_u) = b \cdot \ln \frac{r_o}{r_u}$$

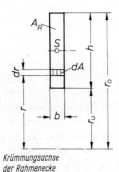

Gl. (30.1) kann damit wie folgt geschrieben werden:

$$u = r_S - \frac{A}{\sum\limits_R b \cdot \ln \dfrac{r_o}{r_u}} \tag{30.4}$$

Mit $\sum\limits_R$ = Summe über alle Rechtecke des Querschnitts

*Krümmungsachse der Rahmenecke*

**30**.1
Bezeichnungen am Rechteckquerschnitt im Rundungsbereich

**Beispiel (30**.2)

$A = 45 + 96 + 45 = 186 \ \text{cm}^2$

$$\sum b \cdot \ln \frac{r_o}{r_u} = 30 \ln \frac{36,5}{35,0} + 1,2 \ln \frac{116,5}{36,5} + 30 \ln \frac{118,0}{116,5}$$
$$= 1,2589 + 1,3927 + 0,3838 = 3,0354 \approx 3,04 \ \text{cm}$$

Nach Gl. (26.1) wird   $u = 76,5 - \dfrac{186}{3,04} = 76,5 - 61,2 = 15,3 \ \text{cm}$

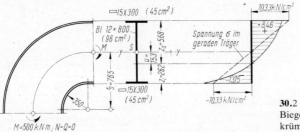

**30**.2
Biegespannungen des Trägers mit gekrümmter Stabachse

Nach Gl. (30.2 und 3) wird  $\sigma_a = \dfrac{-(-50000)}{15,3 \cdot 186} \cdot \dfrac{56,8}{118} = (+17,6) \cdot 0,481 = 8,46 \text{ kN/cm}^2$

$$\sigma_i = \dfrac{+(-50000)}{15,3 \cdot 186} \cdot \dfrac{26,2}{35,0} = (-17,6) \cdot 0,748 = -13,15 \text{ kN/cm}^2$$

In das Spannungsdiagramm des Bildes **30**.2 ist der lineare Spannungsverlauf eingetragen, der sich bei dem Träger mit gerader Stabachse ergeben würde. Die Spannung am Innenrand des gekrümmten Trägers ist um 27,3% größer als beim geraden Träger.

Die Spannungsspitze am In n e n r a n d der Krümmung ist um so stärker ausgeprägt, je kleiner der Krümmungsradius im Verhältnis zur Trägerhöhe ist. Um die zulässige Spannung an dieser Stelle nicht zu überschreiten, ist es bei scharfen Krümmungen u. U. notwendig, den Querschnitt innerhalb der Rahmenecke durch eine dickere Lamelle am Innengurt zu verstärken (**31**.1).

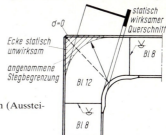

**31**.1
Verstärkung des Innengurtes im Krümmungsbereich (Aussteifungen sind im Bild weggelassen)

Aus konstruktiven Gründen (Auflagerung der Traufpfette und des Kopfriegels der Längswand) wird der Au ß e n g u r t oft nicht in der Krümmung mitgeführt. Aus Gleichgewichtsgründen muß an der sich so bildenden scharfen Ecke die Spannung im Gurt verschwinden, so daß der Außengurt hier nicht zum tragenden Querschnitt gerechnet werden darf (**31**.1). Der statisch wirksame Querschnitt besteht dann nur aus dem Innengurt und dem Stegblech, welches in der Regel dicker als im Normalquerschnitt ausgeführt wird, um ein ausreichendes Widerstandsmoment zu erzielen. Diese Stegverstärkung verbessert zugleich die Beulsicherheit. Der Außengurt kann jedoch statisch wirksam bleiben, wenn eine ausreichend angeschweißte diagonale Aussteifung seinen Zugkräften das Gleichgewicht hält (**32**.3).

Um den Verschnitt bei der Herstellung der Stegbleche klein zu halten, muß ohnehin vor und hinter der Rahmenecke ein Werkstattstoß im Steg vorgesehen werden, so daß für eine Stegverstärkung kein vermehrter Arbeitsaufwand entsteht. Wegen des Transportes der Rahmenteile liegt außerdem entweder unterhalb oder neben der Rahmenecke ein Baustellenstoß.

## 2.2.1.1   Die Umlenkkräfte

Bei jeder Richtungsänderung der Gurtkraft $N_G$ werden zur Erhaltung des Kräftegleichgewichts Umlenkkräfte geweckt. Bei der kontinuierlichen Gurtkrümmung in der Rahmenecke (**31**.2) ergibt sich aus dem Krafteck

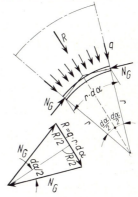

**31**.2
Umlenkkräfte am gekrümmten Gurt

$$\sin\frac{\mathrm{d}\alpha}{2} \approx \frac{\mathrm{d}\alpha}{2} = \frac{R/2}{N_\mathrm{G}} = \frac{q \cdot r \cdot \mathrm{d}\alpha}{2\,N_\mathrm{G}}$$

$$q = \frac{N_\mathrm{G}}{r} \tag{32.1}$$

Diese Umlenkkräfte $q$ beanspruchen den Trägergurt quer zur Stabachse auf Biegung. Hierdurch verformt er sich, und seine äußeren Querschnittsteile entziehen sich der Mitwirkung bei der Aufnahme der Biegemomente (**32.**1). Die infolgedessen gegenüber der vorhandenen Gurtbreite $b$ reduzierte wirksame Breite $b_\mathrm{r}$ hat eine Verminderung der Tragfähigkeit der Rahmenecke zur Folge und muß beim Spannungsnachweis berücksichtigt werden; sie läßt sich nach [20] berechnen. Besser ist es, diesen Nachteil nicht in Kauf zu nehmen und die Gurtverformung mit kurzen, dreieckförmigen Zwischenaussteifungen in engen Abständen zu verhindern (**32.**2). Die Belastung der Steifen kann mit Gl. (32.1) und dem Abstand $e$ errechnet werden.

Reicht bei schmalem, dickem Gurt die Biegesteifigkeit des Flanschquerschnitts in Querrichtung zur Aufnahme der Umlenkkraft $q$ aus (**32.**3) oder ist wegen der besonderen Querschnittsform ein Ausweichen der Flanschränder ausgeschlossen (**32.**4), so erübrigen sich zusätzliche konstruktive Maßnahmen.

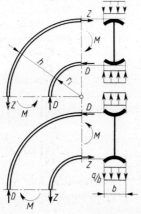

**32.**1
Verformung gekrümmter Gurte bei negativem bzw. positivem Biegemoment infolge Querbelastung durch die Umlenkkräfte

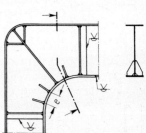

**32.**2 Zwischenaussteifungen zur Aufnahme der Umlenkkräfte in der Gurtkrümmung

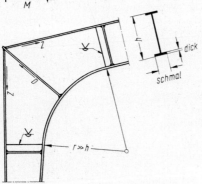

**32.**3 Bei kleiner Gurtkrümmung kann auf Zwischenaussteifungen verzichtet werden

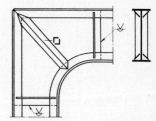

**32.**4 Bei steifem Gurtquerschnitt entfallen Zwischenaussteifungen

In jedem Fall ist zu beachten, daß die Umlenkkraft $q$ radial auf den Innenrand des Stegblechs einwirkt und in die Nachweise der Halsnaht und der Beulsicherheit des Steges einbezogen werden muß.

Die Durchbildung des geschweißten Vollwandrahmens nach Bild **33.**1 erfolgte entsprechend den oben erläuterten Grundsätzen.

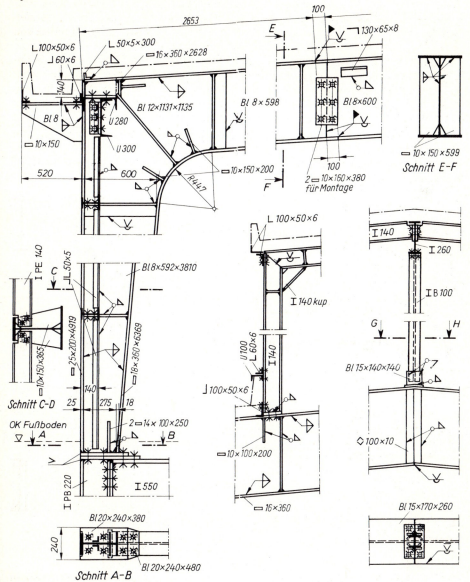

**33.**1 Geschweißter vollwandiger Rahmen

Zwar ist die ausgerundete Rahmenecke vornehmlich für zusammengesetzte, vollwandige Rahmenprofile geeignet, jedoch kann sie auch bei Walzprofilen ausgeführt werden (**34**.1).

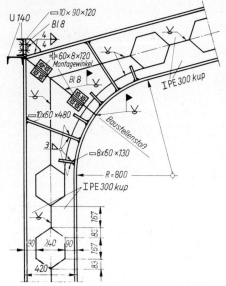

Die Profilspreizung der Wabenträger vergrößert nicht nur das Widerstandsmoment, sondern in noch stärkerem Maße das Trägheitsmoment, so daß die Durchbiegeempfindlichkeit des Rahmenriegels kleiner ist als bei unbearbeiteten Walzprofilen. Der auf der Baustelle geschweißte Stoß liegt in der Diagonalen der Rahmenecke.

Offensichtlich ist der Arbeitsaufwand für das Aufschlitzen und Biegen der Walzträger sowie die Schweißarbeit größer als für die Bearbeitung von Blechträgern; daher wird die runde Rahmenecke bei Walzprofilen selten ausgeführt.

**34**.1
Rahmenecke eines Hallenrahmens aus Wabenträgern

### 2.2.1.2  Kippsicherheit

Das Kippen des Rahmens infolge seitlichen Ausweichens der gedrückten Gurte muß durch bauliche Maßnahmen verhindert werden. Während der gedrückte Bereich des Obergurtes des Riegels durch die Pfetten im Zusammenwirken mit dem Dachverband und der Außengurt des Stieles durch die Wandkonstruktion am Ausweichen aus der Rahmenebene heraus gehindert werden (**25**.2a), ist der gedrückte Teil des Innengurtes jedoch zunächst nicht gegen Ausknicken gesichert. Er wird deshalb zweckmäßig seitlich gegen die Dachpfetten und Wandriegel abgestützt, indem man aus Pfetten und Stegblechquersteifen Halbrahmen bildet, die bei ausreichender Biegesteifigkeit (Trägheitsmoment der Pfetten) dem Ausknicken des Innengurtes genügend Widerstand entgegensetzen können (**34**.2 und **35**.1). Der Nachweis kann nach DIN 4114, 12, erfolgen. Bei Fachwerkrahmen werden an Stelle des biegefesten Pfettenanschlusses Kopfstreben angeordnet (Kopfstrebenpfetten s. Abschnitt Pfetten).

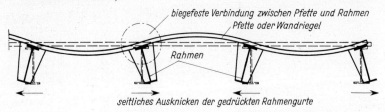

**34**.2  Halbrahmen zur elastischen Stützung der gedrückten Rahmengurte gegen seitliches Ausknicken

Da das Kippen mit einer Verdrehung des Querschnitts verbunden ist (**34**.2), sind torsionssteife Kastenquerschnitte und in begrenztem Maße auch Querschnitte ähnlich Bild **32**.4 auch ohne solche Maßnahmen nicht kippgefährdet.

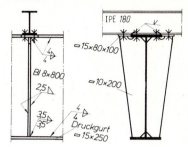

**35**.1
Biegefester Anschluß der Pfette (Wandriegel) am Rahmen

## 2.2.2  Rahmenecken ohne Gurtausrundung

Für die biegefeste Verbindung der Walzträger eignet sich anstelle der runden besser die polygonal geführte Rahmenecke, die auch bei geschweißten Vollwandträgern in zunehmendem Maß anstelle der gerundeten Rahmenecke zur Ausführung gelangt.

### Geschweißte Rahmenecke

Sie wird in der Werkstatt hergestellt; für die Berechnung der Schweißnähte ist nicht das Biegemoment im Systempunkt, sondern das abgeminderte Moment in der Anschlußebene maßgebend. Der meist geschraubte Baustellenstoß liegt unter Beachtung der transportfähigen Breite der Werkstücke im Riegel.

Bei der konstruktiven Lösung nach Bild **35**.2 wird das unbearbeitete Riegelende unmittelbar mit dem Stiel verschweißt. Die hohen zulässigen Schweißnahtspannungen ermöglichen den Anschluß des vollen Tragmoments des Riegelquerschnitts. Berechnungsbeispiele für den Anschluß und für die Rahmenecke siehe Teil 1.

Die Flanschkräfte des Riegels werden durch den Stützenflansch hindurchgeleitet, von Krafteinleitungsrippen aufgenommen und an den Stützensteg abgegeben. Z

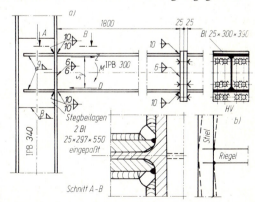

**35**.2
Geschweißte Rahmenecke im Stahlskelettbau

und $D$ sind wegen des kleinen Hebelarms $s_y$ sehr groß und erzeugen im Rahmenstiel innerhalb des Eckbereichs große Querkräfte. Der Stützensteg kann sie in den Grenzen der zulässigen Schubspannung in der Regel nicht allein aufnehmen und muß fast immer örtlich verstärkt werden. Die hier zugelegten Steglaschen werden der Ausrundung angepaßt und müssen am Flansch angeschweißt werden, weil die größte Vergleichsspannung am Beginn der Flanschausrundung auftritt und diese Stelle daher von den Laschen zu decken ist. Die Beilagen müssen dick genug sein, um die Schweißnaht aus dem Bereich der Seigerungszonen in der Ausrundung herauszuhalten (**35**.2, Schnitt A−B); als statisch wirksame Dicke der Beilagen darf ·jedoch nur die Dicke der Anschlußschweißnähte angesetzt werden.

Die Flanschzugkraft des Riegels beansprucht den Stützenflansch quer zu seiner Dicke; die dabei auftretende Gefahr der Bildung von Terrassenbrüchen kann verringert werden, wenn für den Riegelanschluß statt der an sich möglichen Stumpfnähte Kehlnähte ausgeführt werden [8]. Besser noch bringt man zur Entlastung der Anschlußnähte beiderseits des Stützenflansches Zuglaschen an, die am Riegelflansch und an den Krafteinleitungsrippen anzuschweißen sind.

Werden Riegel nur einseitig an die Stütze geschweißt, treten Winkelschrumpfungen auf, die sich von Geschoß zu Geschoß aufsummieren und ggfs. ein Nachrichten erforderlich machen (**35**.2b).

Bei Vollwandträgern sind die Stegbleche an den Aussteifungen bzw. durchgehenden Gurten mit Kreuzstoß gestoßen (**36**.1); die notwendige Verstärkung des Eckblechs kann mit einfachem Dickenwechsel ohne Vergrößerung des Herstellungsaufwandes vorgenommen werden. Für die Zusammenführung der Innengurte ist in Bild **36**.1b eine schweißtechnisch bessere Variante angegeben.

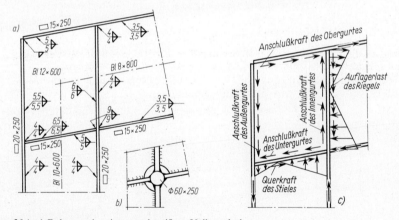

**36**.1 a) Rahmenecke eines geschweißten Vollwandrahmens
       b) Variante des inneren Eckpunkts
       c) Belastung des Eckblechs

Eine andere Möglichkeit, mit den großen Schubkräften in der Rahmenecke fertig zu werden, besteht darin, den Schubkraftanteil, der die zulässige Tragfähigkeit des Steges überschreitet, Schrägsteifen zuzuweisen, die mit den Trägerflanschen fachwerkartig zusammenwirken (**37**.1, **37**.2).

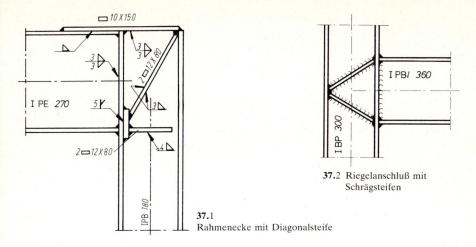

**37.1**
Rahmenecke mit Diagonalsteife

**37.2** Riegelanschluß mit
Schrägsteifen

**Beispiel** (**37.**1): Für die im Bild **37.**3a eingetragenen Schnittgrößen im Lastfall HZ ist die Aufnahme der Schubkräfte in der Rahmenecke nachzuweisen.

Normalspannung am unteren Rand der Ecke

$$\max |\sigma| = \frac{55,6}{65,3} + \frac{5990\,(18,0/2 - 1,4)}{3830} = 12,74 \text{ kN/cm}^2$$

Vergleichsspannung im Eckbereich

$$\sigma_V = \sqrt{\sigma^2 + 3\,\tau^2} \leqq \text{zul } \sigma$$

$$\sqrt{12,74^2 + 3 \cdot \tau^2} \leqq 18 \text{ kN/cm}^2$$

Daraus ergibt sich die für die Aufnahme von Schubkräften im Eckblech noch zur Verfügung stehende Schubspannung zu

$$\tau = \sqrt{\frac{18,0^2 - 12,74^2}{3}} = 7,34 < 10,4 \text{ kN/cm}^2 = \text{zul } \tau_{\text{HZ}}$$

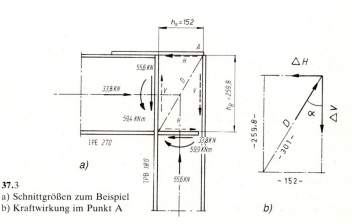

**37.3**
a) Schnittgrößen zum Beispiel
b) Kraftwirkung im Punkt A

Die Schnittgrößen werden näherungsweise bei Vernachlässigung der Mitwirkung der Stege als Schubkräfte auf die 4 Ränder des Eckblechs aufgeteilt:

$$H = \frac{5940}{25,98} - \frac{33,8}{2} = 212 \text{ kN} \qquad V = \frac{5990}{15,2} - \frac{55,6}{2} = 366 \text{ kN}$$

Mit der zulässigen Schubkraft im Steg  zul $H = \tau \cdot s \cdot h_s = 7,34 \cdot 0,85 \cdot 15,2 = 94,8$ kN erhält man die Differenzkraft  $\Delta H = H - $ zul $H = 212 - 94,8 = 117,2$ kN, die der Diagonalsteife zugewiesen wird (**37.**3b):

$$D = \frac{\Delta H}{\sin \alpha} = \frac{117,2 \cdot 30,1}{15,2} = 232 \text{ kN}$$

Für die Schrägsteife aus 2 Fl 12 × 80 wird unter Berücksichtigung der Ausnehmungen in den Ausrundungen des Stützenprofils

$$A_n = 2 \, (8,0 - 1,5) \cdot 1,2 = 15,6 \text{ cm}^2 \qquad \sigma = \frac{232}{15,6} = 14,9 < 16 \text{ kN/cm}^2$$

Die Zuglasche Fl 10 × 150 wird mit 2 Kehlnähten 3 × 150 für zul $H$ am Steg angeschlossen:

$$\tau_w = \frac{94,8}{2 \cdot 0,3 \cdot 15,0} = 10,5 < 15 \text{ kN/cm}^2$$

$\Delta H$ wird mit einer Stirnkehlnaht 6 × 150 an den Eckpunkt $A$ abgegeben:

$$\tau_w = \frac{117,2}{0,6 \cdot 15,0} = 13,0 < 15 \text{ kN/cm}^2$$

Die Schrägsteife ist als Druckstab vorgesehen, damit sie als Beulsteife wirksam ist.
Vergrößert man die Anschlußhöhe des Riegels durch Eckbleche mit Randverstärkungen, so kann die Querkraftbelastung des Stieles innerhalb der Ecke so weit verringert werden, daß eine Stegverstärkung unnötig ist (**38.**1). Nunmehr tritt aber eine Querkraftbelastung im Riegelsteg auf; sie läßt sich durch eine flache Neigung der Eckverstärkung auf die zulässige Größe begrenzen.

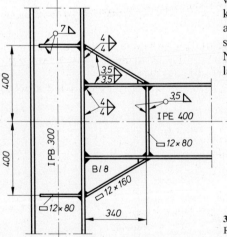

**38.**1
Riegelanschluß mit Eckschrägen

Um die Beanspruchung in der Rahmenecke abzuschätzen, wird das im Bild **39**.1 dargestellte Berechnungsmodell benutzt. Dabei wirken die Randverstärkungen der Ecke als Zug- bzw. Druckstreben, die dreieckförmigen Eckbleche werden zu deren Knicksicherheit herangezogen, im übrigen aber vernachlässigt. Der Riegel überträgt an seinem frei drehbar angenommenen Anschluß am Stiel die Riegelnormalkraft $N$ und einen Anteil $Q_R$ der Querkraft $Q$, die innerhalb der Länge $a$ der Rahmenecke konstant sei. Aus dem Bild können folgende Beziehungen hergeleitet werden (Index S für den Stiel, Index R für den Riegel in der Rahmenecke):

$$\tan \alpha = (z-h)/2a \tag{39.1}$$

$$H = M/z \tag{39.2}$$

$$D = \pm H/\cos \alpha \tag{39.3}$$

$$V = H \cdot \tan \alpha \tag{39.4}$$

$$Q_R = Q + 2V \tag{39.5}$$

**39**.1
Für die Berechnung angenommene Kraftwirkung in der Rahmenecke

$Q_R$ ergibt mit $A_{Q,R}$ die Schubspannung im Riegelquerschnitt innerhalb der Ecke, $H$ mit $A_{Q,S}$ diejenige des Stiels, zu der noch die Schubspannungen aus der Rahmenquerkraft zu addieren sind.

Die notwendige Anschlußhöhe erhält man aus Gl. (39.2) zu

$$z = \frac{|M|}{A_{Q,S} \cdot \tau'_S}$$

wobei $\tau'_S <$ zul $\tau$ die erforderlichen Reserven für die später zu führenden vollständigen Nachweise für $\tau$ und $\sigma_V$ berücksichtigt.

**Beispiel (38**.1): In der Anschlußebene der Rahmenecke im Lastfall H wirkende Schnittgrößen: $M = -165$ kNm, $Q = +41$ kN, $N = -60$ kN. Rahmenstiel IPB 300 ($A_{Q,S} = 30{,}9$ cm²), Riegel IPE 400 ($A = 84{,}5$ cm², $A_{Q,R} = 33{,}2$ cm², $W_y = 1160$ cm³). Baustahl St 37. Schätzt man für den Stiel $\tau'_S \approx 7$ kN/cm², erhält man als erforderliche Höhe der Rahmenecke

$$z \geqq \frac{16500}{30{,}9 \cdot 7} = 76{,}3 \text{ cm}.$$

Die gemäß Bild **38**.1 ausgeführten Maße sind $z = 80$ cm, $a = 34 + 1{,}2/2 = 34{,}6$ cm. Die Gleichungen (39.1 bis 5) ergeben

$$\tan \alpha = (80-40)/2 \cdot 34{,}6 = 0{,}578 \qquad \alpha = 30°$$

$$H = -16500/80 = -206{,}3 \text{ kN} \quad D = 206{,}3/\cos 30° = 238 \text{ kN}$$

$$V = -206{,}3 \cdot 0{,}578 = -119{,}2 \text{ kN} \quad Q_R = 41 - 2 \cdot 119{,}2 = -197{,}5 \text{ kN}$$

Schubspannung im Stiel:   $\tau_{m,S} = \dfrac{206,3}{30,9} = 6,67$ kN/cm²

Schubspannung im Riegel: $\tau_{m,R} = \dfrac{197,5}{33,2} = 5,95 < 9,2$ kN/cm²

Moment im Riegel bei $x < a$:

$$M_R = Q_R \cdot a = -197,5 \cdot 0,346 = -68,3 \text{ kNm}$$

$$|\sigma_D| = 60/84,5 + 6830/1160 = 6,60 < 16 \text{ kN/cm}^2$$

Im Riegel rechts neben der Rahmenecke ($x > a$) ist

$$M_T = M + Q \cdot a = -165 + 41 \cdot 0,346 = -150,8 \text{ kNm}$$

$$|\sigma_D| = 60/84,5 + 15080/1160 = 13,71 < 16 \text{ kN/cm}^2$$

Kontrolle: $M_T - M_R = H \cdot h$

$$-150,8 - (-68,3) = -82,5 = -206,3 \cdot 0,40$$

Spannung in den „Schrägstäben" BrFl 12 × 160:

$$\sigma = D/A = 238/1,2 \cdot 16 = 12,4 \text{ kN/cm}^2 < \text{zul } \sigma_w = 13,5 \text{ kN/cm}^2$$
(nicht durchstrahlte Stumpfnähte am Anschluß).

Mit $H$ sind die Krafteinleitungsrippen mit ihren Anschlüssen am Stiel und mit $2\,V$ die Rippen im Riegel nachzuweisen.

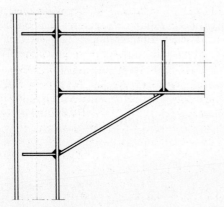

Wegen der Unsicherheiten bei den Berechnungsgrundlagen sollten die zulässigen Spannungen möglichst nicht voll ausgenutzt werden. – Dem Nachweis unsymmetrischer Rahmenecken kann man ggfs. ein ähnliches Modell zugrunde legen (**40.**1).

**40.**1
Rahmenecke mit einseitiger Eckschräge

Wird der Rahmen aus Hohlprofilen hergestellt, bildet eine in der Gehrung liegende Querplatte ausreichender Dicke eine wirksame Aussteifung (**41.**1a). Im allgemeinen Spannungsnachweis der Rahmenstäbe kann man die zulässige Spannung voll ausnutzen, weil die Umlenkkräfte unmittelbar von der Platte übernommen werden. Ferner ist der Nachweis der Schweißnähte zu führen.

Verzichtet man auf die Aussteifung (**41.**1b), lautet der allgemeine Spannungsnachweis

$$\frac{N}{A} \pm \frac{M}{W} \leqq \alpha \cdot \text{zul } \sigma$$

$\alpha$ ist ein von den Verhältniswerten $h/b$ und $b/t$ abhängiger Formfaktor, der zwischen 1 und 0,45 liegt; er kann Tafeln der DIN 18808 entnommen werden. Da bei dieser Konstruktion die Umlenkkräfte nicht von besonderen Bauteilen übernommen werden und infolgedessen Beulerscheinungen auftreten, läßt sich die Tragfähigkeit der Rahmenquerschnitte hier nicht voll ausschöpfen; diese müssen dementsprechend stärker dimensioniert werden.

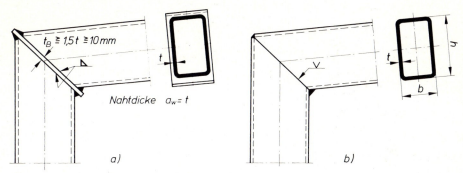

**41.**1 Rahmenecke aus Rechteck-Hohlprofilen
a) mit Blech versteift   b) unversteift

Die Aussteifungsrippen in den Rahmenecken sind oft nicht nur störend im Wege bei Trägeranschlüssen und beim Hochziehen von Leitungen entlang den Stützen, sondern sie verursachen auch großen Arbeitsaufwand. Könnte man auf sie verzichten, wären die Bauteile weitgehend auf automatischen Fertigungsanlagen mit erheblich geringeren Lohnkosten herstellbar. In Europäischen Empfehlungen [10] werden Berechnung und Konstruktion s t e i f e n l o s e r Stahlskeletttragwerke vorgeschlagen.

Bei den Festigkeitsnachweisen müssen danach zwei kritische Zonen untersucht werden: Nach Versuchsergebnissen nimmt man an, daß sich die bei Auflösung des Einspannmoments in ein Kräftepaar ergebende D r u c k k r a f t $D$ nach beiden Seiten mit der Neigung 2,5:1 ausbreitet (**41.**2). In der am Ausrundungsbeginn mitwirkenden Stegfläche mit der Breite $l$ darf dann die Beanspruchung unter Berücksichtigung der Schubspannungen nicht zu groß werden, damit örtliches Beulen des Steges (Stegquetschen) nicht auftreten kann. Bei der Einleitung der Z u g k r a f t $Z$ ist für die Tragfähigkeit entweder ebenfalls das Fließen des Steges oder aber das Fließen der Schweißnaht am Zugflansch entscheidend; wegen der kleinen Biegesteifigkeit des quer belasteten Stützenflansches darf die Schweißnaht nur mit der reduzierten Breite $b_m$ in Rechnung gestellt werden.

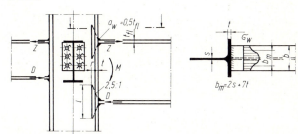

**41.**2
Rippenloser Rahmenknoten

Weitere in [10] angegebene Einschränkungen führen meist dazu, daß nicht das volle Tragmoment des Riegels an der Stütze angeschlossen werden kann.

Geschweißte rippenlose Rahmenecken dürfen vorerst bei uns noch nicht allgemein verwendet werden, wohl jedoch die weiter unten beschriebenen, nach [9] ausgeführten Stirnplattenverbindungen mit HV-Schrauben.

### Geschraubte Rahmenecken

Die Baustellenverbindung liegt in der Rahmenecke, der Stoß im Riegel entfällt. Dadurch werden Mehrkosten für den größeren konstruktiven Aufwand vielfach ausgeglichen.

Bei der Rahmenecke nach Bild **42.**1 wird das Einspannmoment in das horizontale Kräftepaar $Z$ und $D$ aufgelöst. $D$ wird durch Kontakt auf die Stegaussteifung der Stütze übertragen, $Z$ von Flachstahllaschen übernommen, die seitlich am Stützenflansch vorbeigeführt und auf der Baustelle angeschraubt werden. Die Zugkraft wirkt auf die weit aus dem Stützenprofil auskragenden Stegaussteifungen; um deren Schweißanschluß zu entlasten, werden die beiden Aussteifungen durch das „Zugband" $\square$ 10 × 80 verbunden. Die Querkraftbelastung der Stütze durch $Z$ und $D$ macht in der Regel eine Stegverstärkung unvermeidlich. Da ein Eckblech nicht vorhanden ist, kann diese Rahmenecke auch im Stahlskelettbau verwendet werden.

Steht Platz für eine Eckverstärkung zur Verfügung (**42.**2), kann der Hebelarm des hier vertikal wirkenden Kräftepaares so weit vergrößert werden, daß man auf eine Verstärkung des Stützen- und Riegelsteges verzichten kann; auch hier wird die Zugkraft von der Flanschlasche übernommen und die Druckkraft durch Kontaktwirkung übertragen. Die Schrauben in der Stützenkopfplatte wirken statisch an der Aufnahme des Anschlußmomentes kaum mit.

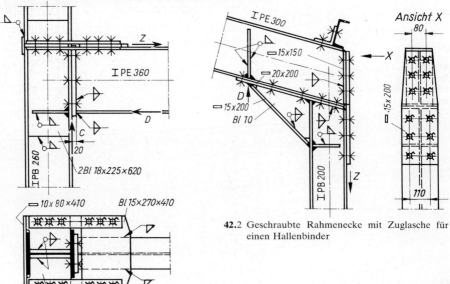

**42.**2 Geschraubte Rahmenecke mit Zuglasche für einen Hallenbinder

**42.**1
Geschraubte Rahmenecke im Stahlskelettbau

Anders in der Stirnplattenverbindung (**43**.1); hier werden die Schrauben vom Einspannmoment in Schaftrichtung auf Zug beansprucht. Bei der Berechnung der Schraubenzugkräfte (s. Teil 1) werden die Schrauben in der unteren Hälfte des Anschlusses vernachlässigt; in der oberen Hälfte wird man möglichst nur solche Schrauben anbringen und statisch in Rechnung stellen, die neben Aussteifungen sitzen und darum gleiche Steifigkeitsverhältnisse aufweisen. Man hält auf diese Weise die Biegebeanspruchung der Stirnplatte und des Stützenflansches klein. Einen Anhalt für die Wahl der Stirnplattendicke kann man aus dem Biegemoment max $Z \cdot e$ gewinnen. Hinsichtlich der Schubspannungen im Riegelsteg liegen ähnliche Verhältnisse wie im Bild **38**.1 vor.

Bei Verwendung von HV-Schrauben wird das Eckblech entbehrlich (**43**.2). Stirnplattenverbindungen für Walzträger sind typisiert; Berechnungsverfahren, Tragfähigkeitstafeln und Konstruktionsblätter siehe [9]. Danach müssen die Stirnplatten-

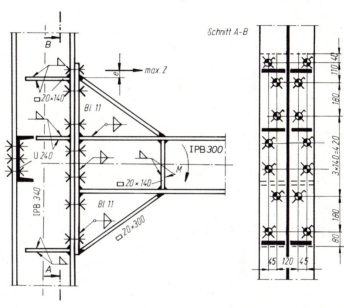

**43**.1
Geschraubte Rahmen-
ecke mit Stirnplatte
und Eckschrägen

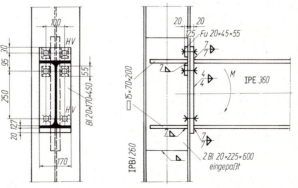

**43**.2
Rahmenecke mit HV-Schrau-
ben im Stahlskelettbau

und Flanschdicke Tafel **44.**2 entsprechen. Genügt die Flanschdicke $t$ dieser Forderung nicht, so sind bei rippenlosen Anschlüssen zunächst Rippen vorzusehen; reicht diese Maßnahme nicht aus, muß man zusätzliche Futter unter den Schrauben anbringen (**44.**1), die zwischen Profilausrundung und Schweißnähten so groß wie möglich zu machen sind. In diesem Fall ist der Stützenflansch außerdem im Schnitt C−D auf Abscheren infolge $Z/2$ zu untersuchen. Wegen des kleinen Hebelarms zwischen $Z$ und $D$ ist selbstverständlich wieder der Schubspannungsnachweis des Stützensteges zu erbringen.

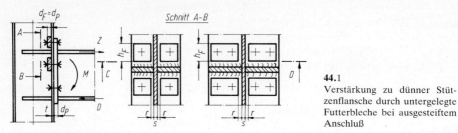

**44.**1
Verstärkung zu dünner Stützenflansche durch untergelegte Futterbleche bei ausgesteiftem Anschluß

Tafel **44.**2   Mindestdicke der Stirnplatte $d_P$ und des Stützenflansches $t$ bei Stirnplattenverbindungen mit HV-Schrauben

| Anschlußart | | Form der Stirnplatte | Anzahl der senkrechten Schraubenreihen im Anschluß | | | |
|---|---|---|---|---|---|---|
| | | | 2 | | 4 | |
| | | | $d_P \geqq$ | min $t$ | $d_P \geqq$ | min $t$ |
| Ausgesteifter Anschluß | | überstehend | $1{,}0\,d$ | $0{,}8\,d$ | $1{,}25\,d$ | $1{,}0\,d$ |
| | | bündig | $1{,}5\,d$ | $1{,}0\,d$ | $1{,}7\,d$ | $1{,}25\,d$ |
| Rippenloser Anschluß | | überstehend | $1{,}0\,d$ | $1{,}1\,d$ | $1{,}25\,d$ | $1{,}4\,d$ |
| | | bündig | $1{,}5\,d$ | $1{,}0\,d$ | $1{,}7\,d$ | $1{,}3\,d$ |

$d$ = Nenndurchmesser der Schrauben.

$d_P$ ist auf volle 5 mm aufzurunden; min $d_P$ = 15 mm.

Bei überstehenden Stirnplatten mit K-Nähten ist die Stirnplattendicke $d_P$ um jeweils 10 mm zu erhöhen. $t < 0{,}5\,d_P$ ist in jedem Fall zu vermeiden!

**Beispiel** (**43.**2): Die Rahmenecke mit HV-Schrauben ist im Lastfall H für das Anschlußmoment am Stützenrand $M$ = 126 kNm und für die Querkraft $Q$ = 110 kN nachzuweisen.

Riegel

Der Hebelarm $z$ des Kräftepaares $D$ und $Z$ (**44.**1) reicht von der Mitte des Druckflansches bis zum Schwerpunkt der Schrauben am Zugflansch:

$$z = 45 - 2,0 - \frac{1,27}{2} - 3,0 - \frac{9,5}{2} = 34,62 \text{ cm} \qquad Z = \frac{M}{z} = \frac{12\,600}{34,62} = 364 \text{ kN}$$

$$4 \text{ HV M 20} \quad \text{zul } Z = 4 \cdot 0,7\, F_v = 4 \cdot 0,7 \cdot 160 = 448 > 364 \text{ kN}$$

$Q$ wird nur von den 2 HV M 20 im Druckbereich in SL-Verbindung aufgenommen:

$$\text{zul } Q = 2\, Q_{SL} = 2 \cdot 75,5 = 151 > 110 \text{ kN}$$

Kehlnahtdicken für den Trägeranschluß $a_w \geqq 0,5\, t$:

Flansch  $a_w \geqq 0,5 \cdot 12,7 = 6,3$ mm, ausgeführt $a_w = 7$ mm

Steg     $a_w \geqq 0,5 \cdot 8,0 = 4$ mm

Stirnplatte: $d_p = 1,0 \cdot d = 1,0 \cdot 20 = 20$ mm

Stütze

Flanschdicke $t \geqq 0,8\, d = 0,8 \cdot 20 = 16$ mm $> 0,5\, d_P = 10$ mm.
Die vorhandene Flanschdicke des IPBl 260 ist mit 12,5 mm zu dünn, es werden Futter unter den Schrauben in der Zugzone angebracht:

$$d_F = d_P = 20 \text{ mm}; \text{ konstruktiv gewählt } h_F = 45 \text{ mm}$$

Abscheren des Flansches infolge $Z/2 = 364/2 = 182$ kN: Im Rechteckquerschnitt des Flansches ist

$$\max \tau = \frac{1,5 \cdot 182}{26.0 \cdot 1,25} = 8,4 < 1,1 \cdot 9,2 = 10,1 \text{ kN/cm}^2$$

Im unverstärkten Stützensteg würde $Z$ eine Schubspannung erzeugen von

$$\tau_m = \frac{364}{0,75\,(25,0 - 1,25)}$$
$$= 20,4 \gg 9,2 \text{ kN/cm}^2!$$

Der Steg wird deswegen ähnlich wie in Bild **35.**2 durch Beilagen verstärkt; der Spannungsnachweis muß mit Einbeziehung der Schnittgrößen der Stütze erfolgen.

Bei Hallenrahmen liegt die biegefeste HV-Verbindung oft im Gehrungsschnitt der Träger; die überstehenden Stirnplatten stören bei zweckmäßiger konstruktiver Gestaltung des Traufpunktes nicht (**45.**1). Bemessungsnomogramme sowie Details für Hallenrahmen aus IPE-Profilen s. [1].

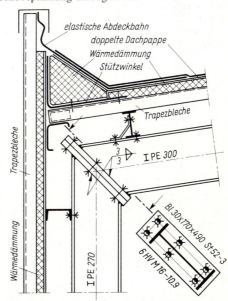

elastische Abdeckbahn
doppelte Dachpappe
Wärmedämmung
Stützwinkel

Trapezbleche

I PE 300

Bl 30×170×490 St 52-3

6 HV M 16-10.9

I PE 270

Wärmedämmung

Trapezbleche

**45.**1
Rahmenecke mit HV-Schrauben für einen Hallenbinder

An dieser Stelle sei nochmals auf die bei allen HV-geschraubten Stirnplattenverbindungen notwendige gegenseitige Abstimmung von Material und Schweißnähten hingewiesen, damit in der Stirnplatte Terrassenbrüche vermieden werden [8].

Die wirtschaftlichen Vorteile automatischer Säge- und Bohranlagen lassen sich voll nutzen, wenn auf Schweißverbindungen verzichtet und der Anschluß ganz mit HV-Schrauben hergestellt wird[1] (**46**.1).

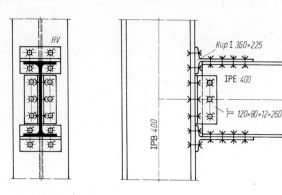

**46**.1
Für automatische Fertigung geeignete geschraubte Rahmenecke

## 2.3   Rahmenfüße

### 2.3.1   Fußgelenke

Gelenkige Rahmenlager werden durch die vertikalen und horizontalen Auflagerlasten des Rahmens beansprucht und führen bei jeder Änderung der Gebrauchslasten Drehbewegungen aus. Das Fußgelenk soll diese möglichst zwängungsfrei ermöglichen und ungewollte Einspannmomente verhindern, indem die Auflagerlast auch bei eintretenden Verdrehungen in der planmäßigen Auflagerlinie zentriert wird. Im Gegensatz zu mittig belasteten, seitlich unverschieblich gehaltenen Geschoßstützen, die im Gebrauchszustand keinerlei Biegeverformung erfahren und bei denen deswegen eine flächige Fußausbildung als quasi gelenkig angesehen werden darf, erfüllt ein mit Fußplatte auf das Fundament gesetzter Rahmenstiel die an ihn zu stellende Forderung auf freie Drehbarkeit nur unvollkommen (**47**.1). Bei einer Verdrehung $\varphi$ des Fußquerschnittes (**47**.2a) wird sich das Stützenprofil einseitig abheben und mit der anderen Kante ausmittig auf das Fundament abstützen. Die Auflagerpressung kann das Mehrfache der Mittelspannung $\sigma_m$ erreichen und entzieht sich einem genaueren Nachweis.

Diese einfache Ausführung wird man bei kleinen Gelenkverdrehungen dann wählen können, wenn mit einem plausiblen Rechenmodell, z. B. einer nach außen und innen vom aufsitzenden Flansch gleichmäßig auskragend angenommenen Fußplatte (**47**.2b), für alle Einzelteile – Betonpressung, Plattendicke $t$, Stützenflansch, der allein mit seinem Schweißanschluß die Auflagerlast $C$ aufnimmt – die Spannungsnachweise erbracht werden können.

---

[1]) Oxfort, J.: Eine Bemessungsmethode für die Zugseite von statisch beanspruchten geschraubten Trägeranschlüssen an Stützen. Der Stahlbau (1975), H. 6

Auch bei Auflagerung auf einer Stahlkonstruktion (**33**.1) wird man einseitiges Aufsitzen des Fußes infolge Verdrehung beachten und konstruktiv durch Aussteifungen unter den Flanschen berücksichtigen müssen.

Ein nahezu vollkommenes Gelenk stellt demgegenüber das Linienkipplager dar (**47**.3), bei dem die Auflagerkraft in der Berührungslinie zwischen einer zylindrisch gewölbten Fläche (Zentrierleiste) und der ebenen Lagerplatte übertragen wird.

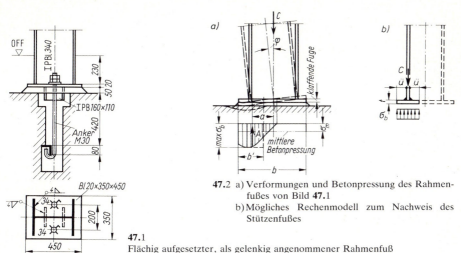

**47**.2 a) Verformungen und Betonpressung des Rahmen-
fußes von Bild **47**.1
b) Mögliches Rechenmodell zum Nachweis des
Stützenfußes

**47**.1
Flächig aufgesetzter, als gelenkig angenommener Rahmenfuß

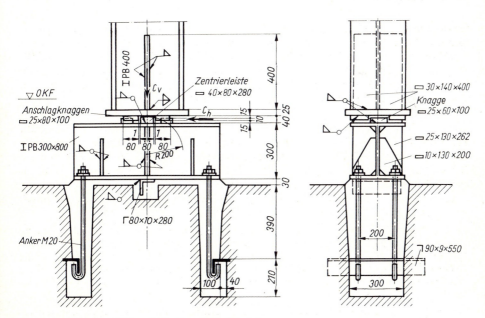

**47**.3 Fußgelenk eines Vollwandrahmens mit Zentrierleiste

Die Berührungsspannung nach den Formeln von Hertz errechnet sich aus

$$\sigma_{HE} = 0,418 \sqrt{\frac{E \cdot C_v}{b \cdot r}} \leqq \text{zul } \sigma_{HE} = \begin{array}{c|c|c|c} \multicolumn{2}{c|}{\text{St 37}} & \multicolumn{2}{c}{\text{St 52,\quad GS 52}} \\ \text{H} & \text{HZ} & \text{H} & \text{HZ} \\ \hline 650 & 800 & 850 & 1050 \text{ N/mm}^2 \end{array} \quad (48.1)$$

$E = 210000$ N/mm$^2$; $C_v$ Auflagerdruck in N; $b$ nutzbare Länge der Berührungslinie in mm; $r$ Krümmungsradius der Zentrierleiste in mm

Zur Bemessung der Zentrierleiste kann die Gleichung nach $b$ oder $r$ aufgelöst werden.

Da die in der Berührungslinie konzentrierte Last $C_v$ nur unter kleinem Winkel ausstrahlen kann, werden von ihr praktisch nur die Aussteifungen unterhalb und oberhalb der Zentrierleiste erfaßt. Diese A u s s t e i f u n g e n sind daher z w i n g e n d n o t w e n d i g, da sie fast die ganze Last $C$ übernehmen (ausreichende Querschnittsfläche der Aussteifungen) und mit ihren Schweißnähten weiterleiten müssen (**21.**1 b). Der Horizontalschub $C_h$ des Rahmens wird von der Fußplatte an Anschlagknaggen, von diesen durch Kontakt an die Zentrierleiste und von ihr an die untere Lagerplatte abgegeben. Da die Rundstahlanker der Lagerplatte nicht durch Horizontalkräfte belastet werden sollen, ist eine Verdübelung ($\llcorner$ 80 $\times$ 10) mit dem Fundament nötig. Alle durch $C_h$ beanspruchten Verbindungen und Berührungsflächen müssen statisch nachgewiesen werden.

Die untere Lagerkonstruktion wird durch ein IPB 300 gebildet. Beim Nachweis der Betonpressungen in der Lagerfuge ist das Moment infolge $C_h$ zu berücksichtigen. Für die Bemessung des Unterlagsträgers selbst ist weniger die Biegespannung als vielmehr die Schub- und Vergleichsspannung maßgebend; daher sind Träger mit ausreichender Stegfläche (z. B. IPBv) zu wählen, um Stegverstärkungen zu vermeiden (vgl. Berechnungsbeispiel im Teil 1).

Für s e h r große Stieldrücke können Stahlgußlager in Betracht kommen (**235.**1); Fußgelenke mit Gelenkbolzen sind möglich, werden aber selten ausgeführt.

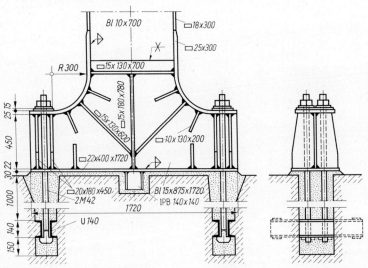

**48.**1 Eingespannter Rahmenfuß

## 2.3.2    Eingespannte Rahmenfüße

Eingespannte Stielfüße (**25**.2 b) müssen außer $C_v$ und $C_h$ noch das Einspannmoment vom Fuß auf das Fundament übertragen und werden wie eingespannte Stützenfüße durchgebildet. Berechnung und Konstruktion s. Teil 1. Da es sich hierbei um die biegefeste Verbindung zwischen Rahmenstiel und Fußkonstruktion handelt, können auch die verschiedenen Möglichkeiten der Gestaltung von Rahmenecken als Vorbilder für weitere Konstruktionen eingespannter Rahmenfüße dienen.

Für den einwandigen Fuß nach Bild **48**.1 wurden z. B. Konstruktionselemente der Rahmenecken mit Gurtausrundung benutzt. Die Stegverstärkung in der Rahmenecke dient zugleich der Aufnahme der großen Querkräfte in den Kragarmen des Fußes. Die Anker werden wieder selbstverständlich nicht an der Fußplatte, sondern oben auf der Fußkonstruktion verschraubt, damit ihre Kräfte über die beiderseitigen Aussteifungen einwandfrei in den Steg gelangen können. Diese Aussteifungen stützen zugleich die Fußplatte bei Druckbeanspruchung in der Auflagerfuge ebenso wie die benachbarten kurzen Aussteifungsbleche. Horizontalkräfte leitet der Dübel IPB 140 in das Fundament, damit die Anker von ihnen nicht belastet werden.

# 3 Fachwerke

Sie werden aus Stäben zusammengesetzt, die ein Netz bilden, indem von einem Grunddreieck ausgehend jeder neu hinzugefügte Knotenpunkt mit 2 neuen Stäben angeschlossen wird (Fachwerk 1. Art). Darüber hinaus vorgesehene Stäbe machen das Fachwerk innerlich statisch unbestimmt.

Die Netzlinien schneiden sich in der Regel in den Knotenpunkten, und die Fachwerkstäbe werden dort statisch als gelenkig verbunden angesehen. Bei Belastung nur in den Systemknoten erhalten die Stäbe unter diesen Voraussetzungen nur Zug- oder Druckkräfte.

Durch Verdrehungen der Knotenpunkte bei der Durchbiegung des belasteten Fachwerks erhalten die Stäbe Zusatzmomente, die auch durch Gelenke wegen der auftretenden Gelenkreibung nicht ganz ausgeschaltet würden. Weil diese Zusatzmomente gerade wegen der großen Schlankheit der Stäbe gering bleiben und an Knotenpunkten entstehende Spannungsspitzen sich bei vorwiegend ruhender Belastung plastisch abbauen, darf man die Fachwerkstäbe ohne Rücksicht auf diese Nebenspannungen bemessen und ihre Anschlüsse starr, also mit Schweißnähten oder Schrauben, herstellen. Bei nicht vorwiegend ruhender Belastung (Kranbahnträger, Brücken) sind diese Nebenspannungen jedoch in die Betriebsfestigkeitsuntersuchung einzubeziehen.

Fachwerke können in allen Stützweitenbereichen anstelle von Vollwandträgern verwendet werden. Der Baustoffverbrauch für Fachwerke ist kleiner als bei Vollwandkonstruktionen, doch ist der Arbeitsaufwand höher, so daß in jedem Falle untersucht werden muß, welche der beiden Bauweisen wirtschaftlicher ist. Bei der Entscheidung spielen aber auch ästhetische und bauliche Fragen mit: Vollwandträger wirken mit ihren großen Flächen ruhiger, das Filigran des Fachwerks erscheint hingegen leichter, lichtdurchlässiger und begünstigt das Durchführen von Rohrleitungen, Laufstegen usw. [1].

## 3.1 Fachwerksysteme

Fachwerke bestehen aus einem oberen und unteren Begrenzungsstab, dem Ober- und Untergurt, und aus Vertikal- und Diagonalstäben (Streben), den Füllstäben (51.1).

Zum Entwurf von Fachwerken können folgende Regeln dienen:

1. An den Lasteinleitungsstellen sollen Knotenpunkte des Fachwerknetzes angeordnet werden, da die Stäbe andernfalls querbelastet und dadurch zusätzlich auf Biegung beansprucht werden (z. B. Binderobergurte infolge unmittelbarer Auflagerung der Dachhaut oder durch Pfettenauflagerung zwischen den Knoten, Untergurte durch Deckenträger oder Kranbahnen).

2. Die Gurte sollen innerhalb der vorgefertigten Teilstücke des Fachwerks geradlinig sein; sonst unvermeidliche Werkstattstöße an den Knickstellen sind teuer (**51.**1d, e).

3. Engmaschige Systemnetze sind zu vermeiden, weil sie die Träger verteuern; ggf. kann von Punkt 1 abgewichen werden.

4. Druckstäbe sollen mit Rücksicht auf ihre Knicksicherheit möglichst kurz sein.

5. Fachwerkstäbe dürfen nicht unter zu spitzen Winkeln ($\gtrless 30°$) zusammentreffen, weil sonst die Schweißnähte der Stabanschlüsse schlecht zugänglich sind oder aber lange, häßliche Knotenbleche entstehen (**51.**1c).

6. Gekrümmte Stäbe sind wegen ihrer Biegebeanspruchung und teuren Herstellung zu vermeiden.

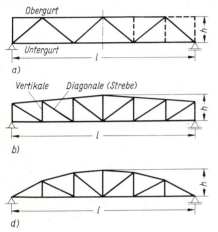

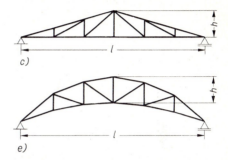

**51.**1 Grundformen der Fachwerke
a) Parallel-, b) Trapez-, c) Dreieckfachwerk,
d) Parabelträger (in umgekehrter Lage Fischbauchträger), e) Sichelträger

### Grundformen der Fachwerke

Sie werden nach dem Trägerumriß benannt (**51.**1).

Parallelfachwerke (**51.**1a) verwendet man im Hochbau als Pfetten, Deckenträger, Verbände und Windträger, als Binder für Pultdächer, als Kranbahnträger und als Unterzüge unter Bindern, Decken und Mauern.

Träger mit geneigten Obergurten sind ausschließlich Formen für Dachbinder.

Die Netzhöhe der Fachwerkträger wird wirtschaftlich zu $h \approx {}^l/_7 \cdots {}^l/_{10}$, i. M. ${}^l/_9$ angenommen, in Ausnahmefällen bis herab auf ${}^l/_{15}$ (große Durchbiegung). Bei Dreieckfachwerken muß $h$ jedoch wesentlich höher ausgeführt werden, weil sonst die Winkel zwischen den Stäben zu spitz werden (**51.**1c); Dreieckbinder kommen daher nur für steile Dachneigungen in Frage, doch führt dann die im Bild gezeigte schematische Anordnung der Füllstäbe zu Transportproblemen (s. unten).

Da das Fachwerknetz von den Stabschwerlinien gebildet wird, ist die Konstruktionshöhe des Fachwerks größer als die Netzhöhe $h$. Um das Fachwerk in möglichst großen Teilstücken in der Werkstatt vorfertigen und zur Baustelle befördern zu können, darf die Konstruktionshöhe die zulässigen Lademaße nicht überschreiten.

Diese richten sich nach der Transportmöglichkeit (Schiene oder Straße, Beschaffenheit des Fahrzeugs, Werkstücklänge, Sondertransport mit Lademaßüberschreitung). Bei normalem

Bahntransport mit $h \lesseqgtr 2{,}90$ m kommt man bei Fachwerken nach **51.**1a, b und d auf max $l \approx$ 28 ··· 30 m. Überschreitet die Konstruktionshöhe bei großen Stützweiten die Transportbreite, dann müssen die Füllstäbe lose geliefert und auf der Baustelle eingeschraubt werden.

Aus diesen Gründen wählt man bei Dreieckbindern das Bindersystem so, daß es sich leicht in 2 schmale, transportfähige Fachwerkscheiben zerlegen läßt, welche bei der Montage im Firstpunkt sowie durch ein Zugband miteinander verbunden werden (**52.**1a bis d). Die Höhenlage des Zugbandes kann sich der Form der Unterdecke anpassen. In ähnlicher Weise können auch Shedbinder entworfen werden (**52.**1f, g). Fachwerknetze nach Bild **52.**1c und d sind Fachwerke 2. Art; sollen die Stabkräfte graphisch ermittelt werden, ist es zweckmäßig, die Zugbandkraft vorab zu berechnen (z.B. nach dem Ritterschen Schnitt) und als bekannte Knotenlast in den Cremonaplan einzufügen.

Wird der Binderuntergurt stark geneigt (**52.**1e), kann auch eine herkömmliche Ausfachung gewählt werden. Bei diesem System stellt sich eine größere horizontale Auflagerverschiebung ein, auf die Rücksicht genommen werden muß.

Parabel- und Sichelträger (**51.**1d, e) sind veraltet und kommen heute nicht mehr in Betracht, weil die Knicke in den Gurten und in der Dacheindeckung ihre Ausführung zu teuer machen.

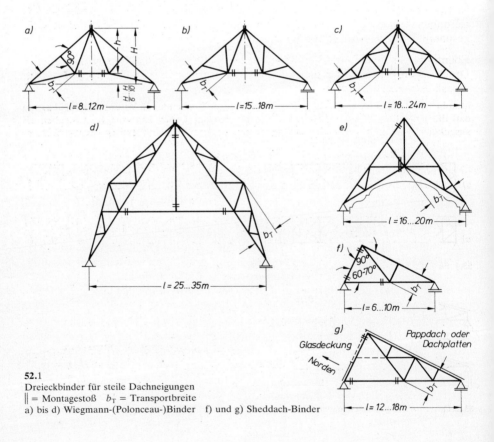

**52.**1
Dreieckbinder für steile Dachneigungen
‖ = Montagestoß   $b_T$ = Transportbreite
a) bis d) Wiegmann-(Polonceau-)Binder   f) und g) Sheddach-Binder

**Anordnung der Füllstäbe**

Bei Pfostenfachwerken (**51.**1b) läßt man die Diagonalen nach der Mitte zu fallen, weil so die langen Diagonalen Zug, die kurzen Vertikalen Druck erhalten. Bei Dreieck-Fachwerken müssen die Diagonalen zu gleichem Zweck zur Bindermitte hin ansteigen (**51.**1c).

Strebenfachwerke (**51.**1a) haben abwechselnd steigende und fallende Diagonalen. Zwar ist jede zweite Diagonale gedrückt und muß entsprechend kräftig bemessen werden, doch spart man gegenüber dem Pfostenfachwerk die stark auf Druck beanspruchten Vertikalstäbe und praktisch jeden zweiten Gurtknoten ein, so daß das Strebenfachwerk meist wirtschaftlicher als das Pfostenfachwerk ist. Sind am belasteten Gurt zwischen den Hauptknotenpunkten weitere Einzellasten aufzunehmen oder soll die Knicklänge des Druckgurtes verkleinert werden, kann man Zwischenpfosten oder Zwischenfachwerke einschalten (**51.**1a, **53.**1a, **53.**2c). Andernfalls erhält der Gurt nicht nur Normalkräfte, sondern auch Biegemomente, und muß als biegesteifer Querschnitt dimensioniert werden (**53.**2d); trotz des hierdurch verursachten größeren Stahlbedarfs für den Gurt ist diese Ausführung wegen der kleineren Zahl der Knotenpunkte in der Regel wirtschaftlicher.

Zwei sich kreuzende Strebenzüge bilden das Rautenfachwerk. Das System **53.**1b ist 1fach statisch unbestimmt, das System **53.**1a wäre ohne den (unschönen) Stabilisierungsstab in der Mitte labil. Rautenfachwerke werden als Haupttragwerke weitgespannter Brücken sowie für Windverbände verwendet.

Ebenfalls vornehmlich für Verbände werden das K-Fachwerk mit seinen kurzen Druckstäben (**53.**1c) oder die Ausfachung mit gekreuzten Diagonalen (Andreaskreuz, **53.**1d) gewählt.

Man bemißt die gekreuzten Diagonalen bei vorwiegend ruhender Belastung nur auf Zug, so daß die nach der Mitte zu steigenden und an sich auf Druck beanspruchten Streben als ausgeknickt und nicht vorhanden anzusehen sind; es entsteht dann statisch ein Pfostenfach-

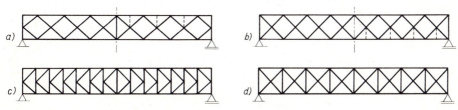

53.1 Für Fachwerkverbände besonders geeignete Anordnungen der Füllstäbe

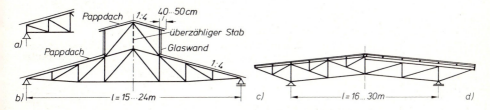

53.2 Dachbinder mit Pfostenfachwerk   c) mit Zwischenfachwerk,   d) mit biegefestem Obergurt

werk nach **51.**1b. Bei Umkehr der Lastrichtung werden die anderen Diagonalen wirksam. Bei raschem Wechsel der Lastrichtung, wie bei Verbänden im Kranbahnbau und Brückenbau, müssen die Diagonalen hingegen drucksteif gemacht werden, und es wird ihnen jeweils die halbe Feldquerkraft auf Zug und Druck zugewiesen.

**Beispiele für Dachbinder**

Bei den Bindern nach Bild **53.**2b und **55.**1 ist der Untergurt am Auflager heruntergezogen, um den spitzen Winkel zwischen den Gurten zu vergrößern. Man vermeidet diese unschöne Lösung besser durch Wahl eines Trapezbinders (**53.**1a).

Erhält der Binderuntergurt Druckkräfte, z.B. bei Kragarmen oder infolge Windsog, dann kann man ihn mit Kopfstreben schräg gegen die Pfetten abstützen, um seitliches Ausknicken zu verhindern. Da die Pfetten meist senkrecht zum Obergurt stehen, müssen die zur Befestigung der Kopfstreben dienenden Füllstäbe ebenfalls senkrecht zum Obergurt vorgesehen werden (**54.**1).

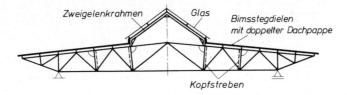

**54.**1
Anordnung der V-Stäbe bei Kopfstrebenpfetten

Laternen oder Firstoberlichter auf den Dachbindern dienen zum Belichten oder Entlüften der darunter befindlichen Räume. Die Glasflächen können in den Dachflächen der Laternen (**54.**2) oder in ihren Seitenwänden liegen (**53.**2b). Auch in den Seitenflächen der Dachbinder können Lichtbänder angeordnet werden (**54.**2). Feste oder bewegliche Lüftungsvorrichtungen (Jalousien) werden stets in den senkrechten Seitenflächen der Laterne eingebaut. Der Binderobergurt ist im Bereich der Firstlaterne auf deren Stützweite knicksicher auszubilden oder durch einen Verband seitlich abzustützen.

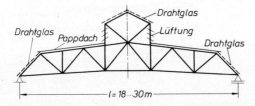

**54.**2
Trapezbinder mit Lüftungslaterne

Beim Entwurf des Dachaufbaues ist das Bildungsgesetz für Fachwerke zu beachten (s. S. 50), damit das System nicht durch überzählige Stäbe (wie z.B. der in Bild **53.**2b gestrichelte Vertikalstab) statisch unbestimmt wird. Man sollte es vermeiden, das Oberlicht in das Bindernetz einzubeziehen (**55.**1), da konstruktive Schwierigkeiten am Knick des Obergurtes entstehen. Als Tragkonstruktion für die Oberlichtpfetten können auch Rahmen vorgesehen werden (**54.**1).

Vordachbinder (**55.**2) werden an höher geführte Gebäude oder an Stützen angehängt. Der obere Lagerpunkt wird meist waagerecht in der Geschoßdecke verankert. Der untere Auflagerpunkt erhält ein Lager, das den schrägen Druck *D* aufnehmen muß. Falls der gedrückte Untergurt nicht seitlich durch Kopfstreben gegen die Pfetten abgestützt wird, ist seine Knicklänge senkrecht zur Binderebene gleich der ganzen Untergurtlänge. Bei größeren Ausladungen wird das freie Ende durch eine Säule oder Aufhängung unterstützt (**55.**2b); es entsteht ein Pultdachbinder.

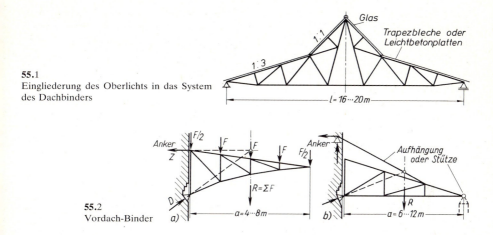

**55.**1
Eingliederung des Oberlichts in das System
des Dachbinders

**55.**2
Vordach-Binder

## Überhöhung

Bei Stützweiten $\geqq$ 20 m gleicht man die Durchbiegung der Fachwerke durch eine Überhöhung des Fachwerknetzes aus. Wenn Betriebseinrichtungen, wie Krananlagen, Förderanlagen, Wasserabfluß usw., von der Durchbiegung gefährdet werden, überhöht man für $g + p$, sonst genügt i. allg. Überhöhung für $g + p/2$. Die Ober- und Untergurtknoten werden um das jeweils gleiche Überhöhungsmaß nach oben lotrecht verschoben (**55.**3). Gegenüber dem nicht überhöhten Bindersystem ändern sich hierbei die Stablängen und die Winkel zwischen den Stäben. Die Nebenspannungen des Fachwerks (s. S. 50) werden durch diese im Hochbau übliche Überhöhung nicht vermindert.

**55.**3
Überhöhung des Fachwerknetzes

Konstruiert und in der Werkstatt hergestellt wird das überhöhte Fachwerk. Vor Beginn der Konstruktionsarbeit werden die Stablängen seines Fachwerknetzes auf 1 mm genau berechnet, da sie bei der werkstattfertigen Bemaßung der Zeichnung benötigt werden.

## 3.2 Fachwerkstäbe

### 3.2.1 Stabquerschnitte

Die Stabquerschnitte sollen zur Fachwerkebene symmetrisch sein. Bei Stäben, deren Schwerachse außerhalb der Fachwerkebene liegt (**56.**1b 3), muß die Ausmittigkeit der Stabkraft bei der Bemessung des Querschnitts entsprechend den Berechnungsvorschriften berücksichtigt werden. Stets muß man damit rechnen, daß ein unsymmetrischer Querschnitt größer als ein symmetrischer wird; er kann u. U. aber trotzdem wirtschaftlich sein, falls mit ihm Herstellungskosten eingespart werden können.

**56.**1 Auswahl üblicher Querschnittsformen für Fachwerkstäbe

Gurtprofile werden nach der größten Beanspruchung bemessen und über die ganze Trägerlänge in diesem Profil durchgeführt; am Baustellenstoß kann jedoch ggfs. ein Profilwechsel vorgenommen werden. Verstärkungen der Querschnitte sind wegen des Arbeitsaufwandes zu vermeiden oder auf kurze Strecken zu beschränken.

Füllstäbe werden jeder für sich für die jeweilige Stabkraft bemessen. Zugstäbe erhalten die gleiche steife Querschnittsform wie Druckstäbe, um sie bei Transport und Montage gegen Beschädigungen zu schützen. Schlaffe Querschnitte nach Bild **56.**1b, 5 und 19 sind auf Sonderfälle, wie z. B. R-Träger, zu beschränken.

Die Stäbe sollen nach Möglichkeit einteiligen Querschnitt aufweisen. Gegenüber mehrteiligen Stäben haben sie den Vorteil, daß sie von allen Seiten leicht zugänglich und darum leicht zu erhalten sind und daß ihre Anstrichflächen i. allg. kleiner sind. Außerdem verursacht ihre Herstellung geringere Lohnkosten, weil die bei mehrteiligen Stäben notwendigen Verbindungen zwischen den Knotenpunkten entfallen. Hinzu kommt, daß der Zwischenraum bei mehrteiligen Stäben wegen Erhaltungsmaßnahmen entweder ausreichend breit sein muß (**57.**1a, b) oder bei erhöhter Korrosionsgefahr mit einem durchgehenden Futter auszufüllen ist (**57.**1c).

Bei „einwandigen" Fachwerken (**56**.1) können die Füllstäbe mit Flankenkehlnähten oder Stumpfnähten entweder unmittelbar an die Stege der Gurtprofile oder aber an entsprechende Knotenbleche angeschweißt werden (z. B. **61**.2). Bei „zweiwandigen" Fachwerken sind zwei solcher Anschlußebenen vorhanden. Die Verdoppelung der Anschlußmöglichkeiten gegenüber einwandigen Fachwerken erlaubt den Anschluß großer Stabkräfte; im Hochbau kommen zweiwandige Fachwerke nur selten bei sehr weit gespannten oder sehr schwer belasteten Fachwerken vor, sie stellen aber im Brückenbau den Regelfall dar. Häufiger ausgeführt wird die unmittelbare Stabverbindung, bei der die Füllstäbe stumpf gegen die Gurte stoßen und mit Stumpfnähten oder umlaufenden Kehlnähten an die Gurte geschweißt werden (z. B. **69**.2).

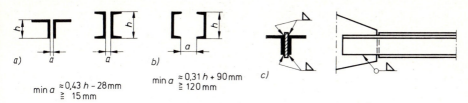

$$\min a \approx 0{,}43\,h - 28\,\text{mm}$$
$$\geqq\ 15\,\text{mm}$$

$$\min a \approx 0{,}31\,h + 90\,\text{mm}$$
$$\geqq 120\,\text{mm}$$

**57**.1 Konstruktive Maßnahmen zum Korrosionsschutz mehrteiliger Stäbe

Die im Bild **56**.1 dargestellten Querschnittsformen sind für geschweißte Fachwerke geeignet. Muß am Baustellenstoß ein Füllstab angeschraubt werden, so ist sein Profil zweckentsprechend zu wählen (**56**.1b 3, 4, 6, 7). Die gleichen Stabquerschnitte kommen für Gurte und Füllstäbe in Betracht, wenn ein Fachwerk nicht geschweißt, sondern geschraubt werden soll.

## 3.2.2  Bemessung und Gestaltung der Fachwerkstäbe

**Zugstäbe.** Bemessung und Spannungsnachweis s. Teil 1. Weil für die Dimensionierung lediglich die Größe der Querschnittsfläche maßgebend ist, kann die Wahl der Querschnittsform ausschließlich aufgrund konstruktiver Aspekte, wie z. B. günstige Anschlußmöglichkeiten, vorgenommen werden.

Läßt sich der Stab ohne Bearbeitung an die Knotenpunkte anschweißen, entsteht kein Querschnittsverlust; muß das Stabende jedoch geschlitzt oder ausgeklinkt werden, ist der geschwächte Querschnitt unter Berücksichtigung des Querschnittsverlustes $\Delta A$ nachzuweisen (**61**.2, **64**.3). Am geschraubten Baustellenstoß eines Zuggurts kann man den Lochabzug klein halten, indem man die Bohrungen gegeneinander versetzt (**62**.2).

Wenn ein Stab aus einem Einzelwinkel (**56**.1b 3) mit 2 hintereinanderliegenden Schrauben oder mit Schweißnähten, deren Länge mindestens der Schenkelbreite entspricht, angeschlossen ist, darf die Ausmittigkeit des Kraftangriffs unberücksichtigt bleiben, wenn $\sigma \leqq 0{,}8 \cdot$ zul $\sigma$ ist.

Zum Versteifen der Zugstäbe gegen Beschädigung bei Transport und Montage werden 2teilige Stäbe zwischen den Knotenpunkten durch eingeschweißte Futter in der Art der Bindebleche von Druckstäben in 1200 ⋯ 2000 mm Abstand miteinander verbunden. Je schwächer der Stab ist, um so enger werden die Verbindungen gesetzt. In schweren Fachwerken und bei Tragwerken mit nicht ruhender Belastung werden mehrteilige Zugstäbe wie Druckstäbe mit Bindeblechen an den Stabenden und in den Drittelpunkten versehen.

**Druckstäbe.** Bemessung und Stabilitätsnachweise s. Teil 1. Für die Querschnittswahl der Druckstäbe ist neben konstruktiven Gesichtspunkten besonders die ausreichende Knicksteifigkeit maßgebend.

Knicklängen $s_K$ beim Ausknicken in der Fachwerkebene:
Für Gurte sowie Endstreben von Trapezträgern (**54.**2) ist $s_{Ky}$ = Netzlänge $s$. Bei Eckstielen von Gittermasten und Fachwerkstützen hängt $s_K$ vom Profil und vom System der Ausfachung ab (s. DIN 4114, Teil 2). Bei Füllstäben ist $s_{Ky}$ = Abstand $s_o$ der nach der Zeichnung geschätzten Schwerpunkte der Schweißanschlüsse bzw. Anschlußschrauben (**59.**1); näherungsweise ist $s_{Ky} \approx 0{,}9\ s$. Es muß $s_K = s$ gesetzt werden, wenn bei einem Füllstab aus einem Einzelwinkel, der nur durch Zusatzkräfte belastet wird (bei Verbänden), die Ausmittigkeit des Kraftangriffs unberücksichtigt bleibt.

Ausknicken rechtwinklig zur Fachwerkebene:
Bei Füllstäben ist $s_{Kz}$ = Netzlänge $s$. Bei sich kreuzenden, gleich langen Stäben (**53.**1 d), von denen der eine Druck, der andere eine mindestens gleich große Zugkraft erhält, ist der Kreuzungspunkt als in der Fachwerkebene festgehalten anzunehmen, wenn der durchgehende Stab mit einem Viertel der zum Anschluß des gedrückten Stabes erforderlichen Schweißnähte (Schrauben) an die Kreuzungsstelle angeschlossen wird. Weitere Fälle s. DIN 4114, Teil 2. Bei Gurten ist $s_{Kz}$ = Abstand der seitlich unverschieblich festgehaltenen Knotenpunkte. Nur diejenigen Pfetten oder Wandriegel halten den Druckgurt unverschieblich seitlich fest, die an die Knotenpunkte von Verbänden angeschlossen sind. Sind die Punkte nur federnd quergestützt, z. B. von Halbrahmen oder Kopfstrebenpfetten, ist ausreichende Biegesteifigkeit der elastisch querstützenden Tragglieder nach DIN 4114 nachzuweisen; hierbei ist $s_{Kz} \geqq 1{,}2\ s$ anzunehmen.

Man strebt gleiche Knicksicherheit in beiden Knickachsen an. Für $s_{Ky} \approx s_{Kz}$ sind dann Querschnitte mit $i_y \approx i_z$ zweckmäßig (**56.**1 a 2, 3, 10, 11). Bei $s_{Ky} > s_{Kz}$ sind Querschnitte nach Bild **56.**1 a 5 oder ½ IPE-Profile günstig, für $s_{Kz} > s_{Ky}$ verwendet man Profile nach Bild **56.**1 a 4, 7, 12. Treten zu den Normalkräften (Zug oder Druck) noch Biegemomente aus exzentrischen Anschlüssen oder aus Querbelastung der Stäbe zwischen den Knotenpunkten hinzu, sind unsymmetrische Querschnitte äußerst unwirtschaftlich und es kommen nur Profile gem. Bild **56.**1 a 5, 13 oder b 7 in Betracht. Für sie ist neben dem allgemeinen Spannungsnachweis bei Druckstäben noch der Stabilitätsnachweis zu erbringen (s. Teil 1). Es sei daran erinnert, daß erforderlichenfalls, immer aber bei T-förmigen Querschnitten, der Biegedrillknicknachweis zu führen ist und daß die Wände der Druckstäbe die vorschriftsmäßigen Mindestdicken aufweisen müssen. So gilt z. B. für die abstehenden Teile T-förmiger Druckstäbe aus St 37 mit einem Schlankheitsgrad $\lambda$ die Bedingung

$$\max b/t = 0{,}0198\,\lambda + 12{,}5. \tag{58.1}$$

Sollte diese Forderung bei Stegen der ½ IPE- und IPBl-Profile nicht erfüllt sein, kann möglicherweise ein genauerer Beulsicherheitsnachweis [7] Erfolg bringen (s. Beispiel im Abschn. 3.3.3.4).

Zweiteilige Druckstäbe müssen durch Bindebleche mit statisch nachzuweisendem Mittenabstand $s_1$ wenigstens in den Drittelpunkten miteinander verbunden werden. Sie sind so zu verteilen, daß ihre Lichtabstände $w$ annähernd gleich groß werden (**59.**1). Ihr Schweißanschluß ist für die Wirkung der Schubkraft $T$ zu berechnen (s. Teil 1). Endbindebleche erhalten Schweißnähte mit etwa 50% größerer Tragfähigkeit. Sollen ausnahmsweise Paßschrauben für den Bindeblechanschluß verwendet werden, sind mindestens 2, bei Endbindeblechen 3 Paßschrauben in jeder Reihe hintereinander anzuordnen. Bei Stäben, deren Lichtabstand der Knotenblechdicke entspricht, erübrigen sich besondere Endbindebleche, da deren Aufgabe vom Knotenblech wahrgenommen wird. Erfolgt in diesem Falle der Stabanschluß mit rohen Schrauben, ist der Bindeblechabstand an den Stabenden auf $0,75\,s_1$ zu verringern (**59**.1c), um der größeren Nachgiebigkeit der Schrauben Rechnung zu tragen.

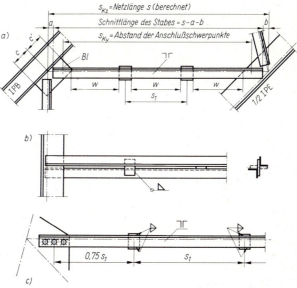

**59**.1 Knicklängen für Füllstäbe und Aufteilung der Bindebleche bei 2teiligen Druckstäben mit kleiner Spreizung
a) Knicklängen; Ermittlung der Schnittlänge des Stabes
b) Über Kreuz wechselnde Bindebleche bei diagonaler Stellung der Doppelwinkel
c) Verkleinerte Bindeblechabstände beim Stabanschluß mit Schrauben mit 1 mm Lochspiel

Bei 2 w a n d i g e n  F a c h w e r k e n haben die stets zwischen den beiden Knotenblechen anzuordnenden Endbindebleche und ihre Anschlüsse bei Zug- und bei Druckstäben das Exzentrizitätsmoment $M = \dfrac{N}{2} \cdot e$ aufzunehmen; bei Druckstäben summiert sich dieser Einfluß zur Belastung durch die Schubkraft $T$ (**59**.2).

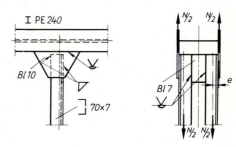

**59**.2
Endbindebleche bei zweiteiligen Stäben in zweiwandigen Fachwerken

## 3.3    Fachwerkkonstruktion

### 3.3.1    Allgemeines

Bei der Anfertigung der Werkstattzeichnung für ein Fachwerk sind in der Regel die folgenden Arbeitsgänge durchzuführen:

1. Berechnen der Netzlängen des Fachwerksystems.
2. Aufzeichnen des Fachwerknetzes im Zeichnungsmaßstab (1:10 oder bei großen Fachwerken 1:15) in schmalen Strichpunktlinien. Die Netzlinien schneiden sich im Knotenpunkt.
3. Einzeichnen der Fachwerkstäbe. Die Stabschwerlinien fallen mit den Netzlinien zusammen. Bei leichten, geschraubten Hochbaukonstruktionen aus Winkelstählen ist es auch üblich, die der Schwerlinie nächstliegende Nietrißlinie auf die Netzlinie zu legen.
4. Konstruktion sämtlicher Knotenpunkte im Maßstab 1:1. Diese Naturgrößen werden auf kräftigem (Pack-)Papier gezeichnet und dienen später in der Werkstatt ggfs. als Schablonen zum Vorzeichnen der Knotenbleche; dadurch erübrigt sich die Bemaßung der Knotenbleche auf der Werkstattzeichnung.

   Aus den Naturgrößen lassen sich die Maße zwischen Systempunkt und Stabende genau abmessen (Maße $a$ und $b$ **59.**1a); damit berechnet man die Schnittlänge des Stabes. Sofern es möglich ist, wird man sie — z. B. mittels des Maßes $b$ — auf 5 mm gerundet festlegen. Der Naturgröße lassen sich weiterhin nicht nur die Maße für Schrägschnitte und Ausklinkungen der Stabenden entnehmen, sondern auch die Anbindemaße $c$ und $c'$, die die Lage des Knotenblechs gegenüber dem Systempunkt bestimmen; dies ist wichtig, weil die Knotenbleche vor dem Zusammenbau des Fachwerks mit den Gurtstäben in der richtigen Position verschweißt werden.
5. Übertragen der Knotenpunkte von den Naturgrößen in die Werkstattzeichnung.
6. Einzeichnen der übrigen Einzelheiten, wie Pfetten- und Trägeranschlüsse, Stabverbindungen, Stöße usw.
7. Vollständige Bemaßung und Bezeichnung der Profile.

Auf jede Fachwerkzeichnung gehört eine Systemskizze in kleinem Maßstab mit Angabe der Netzlängen.

### 3.3.2    Fachwerke mit offenen Stabquerschnitten

#### 3.3.2.1    Beanspruchung der Fachwerkknoten

In den Knotenpunkten werden die Fachwerkstäbe zusammengeführt und für ihre Stabkraft angeschlossen. Die Kraft der im Knoten endenden Stäbe geht voll an den Knotenpunkt über; dessen Bauteile (Gurtstege, Knotenbleche) haben dann die Aufgabe, für die Weiterleitung und Verteilung der eingeleiteten Kräfte zu sorgen. Im Knoten durchlaufende Gurtstäbe beanspruchen den Knoten nur mit der größten Differenz zwischen ihrer rechten und linken Stabkraft (**61.**1b), z. B. $R = U_1 - U_2$. Trägt der Gurt unmittelbar die äußere Knotenlast, so ist sie bei der Bestimmung von $R$ zu berücksichtigen (**61.**1a, c).

Die größte Anschlußkraft max $R$ tritt in der Regel nicht bei Voll-, sondern bei Teilbelastung des Fachwerks auf, so daß nicht die maximalen Gurtstabkräfte für die Bildung der Differenz maßgebend werden: max $R \neq$ max $U_1$ − max $U_2$. Bei wechselnden Verkehrslasten (Kranbahnen, Brücken) muß die Einflußlinie für $R$ aufgestellt und ausgewertet werden; im Hochbau

begnügt man sich näherungsweise mit einem Zuschlag zur Differenz der maximalen Gurtkräfte:

$$\max R \approx 1{,}2 \cdots 1{,}5 \, (\max U_1 - \max U_2)$$

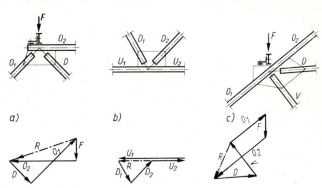

**61.**1 Resultierende Anschlußkräfte $R$ der Gurte an den Knotenpunkten

Für einen Knotenpunkt gibt es zwei Versagensmöglichkeiten: Einmal kann ein einzelner Stab mit einem Stück Knotenblech aus dem Knoten herausreißen, oder es
reißt der ganze Knoten durch. Beim Nachweis müssen beide Fälle untersucht werden. Da sich die Kraftwirkungen innerhalb des Knotens auf sehr engem Raum
abspielen, gilt hier an sich die technische Biegelehre nicht mehr, doch wird man sich
ihrer mangels besserer einfacher Methoden bedienen müssen, um die zu erwarten-
den Beanspruchungen wenigstens abschätzen zu können.

Im ersten Fall kann man auf Grund spannungsoptischer Untersuchungen annehmen,
men, daß sich im Knotenblech die Kraft eines endenden Stabes vom Beginn bis zum
Ende des Anschlusses unter einem Winkel von $\approx 30°$ nach beiden Seiten hin ausbreitet; die auf diese Weise gewonnene mitwirkende Knotenblech- bzw. Gurtsteg-
fläche muß die Stabkraft bei Einhaltung der zulässigen Spannung aufnehmen (**61.**2;
Beispiel 1).

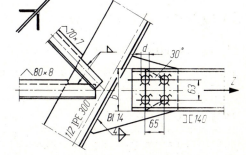

**61.**2
Fachwerkknoten mit Baustellen-Anschluß
des Zugbandes

Diese Annahme führt zur konstruktiven Regel, daß Knotenblechkanten mit der
Stabachse eines im Knoten endenden Stabes nach beiden Seiten einen Winkel von
$\gtrless 30°$ einschließen sollen.

**Beispiel 1** (**61.**2): Am Ende des Zugbandanschlusses ist der Spannungsnachweis für das Knotenblech zu führen. $Z_H = 185$ kN.

Es wird angenommen, daß sich die Stabkraft von der ersten Schraubenreihe nach beiden Seiten hin unter einem Winkel von 30° ausbreitet. Die mitwirkende Breite des Knotenblechs am Ende des Stabanschlusses ist dann

$$b = 6,3 + 2 \cdot 6,5 \cdot \tan 30° = 13,8 \text{ cm}$$

Damit lautet der Spannungsnachweis im 14 mm dicken Knotenblech

$$\sigma = \frac{Z}{A_n} = \frac{Z}{t\,(b - \Sigma d)} = \frac{185}{1,4\,(13,8 - 2 \cdot 2,1)} = 13,8 < 16 \text{ kN/cm}^2$$

Je kürzer der Stabanschluß ist, um so höher wird die Knotenblechbeanspruchung, weil eine kleine Anschlußlänge nur eine geringe Kraftausbreitung im Knotenblech mit kleiner mitwirkender Breite *b* zur Folge hat.

Für den zweiten Nachweis schneidet man an maßgebender Stelle durch den Knoten und führt für diesen Querschnitt den allgemeinen Spannungsnachweis infolge der Einwirkung der von links oder von rechts her angreifenden Stabkräfte. Die Durchführung einer solchen Berechnung siehe Beispiel im Abschn. 3.3.2.4.

Wird ein durchlaufender Gurt im Knotenpunkt gestoßen, darf das K n o t e n b l e c h nur dann zur S t o ß d e c k u n g herangezogen werden, wenn dafür der Spannungsnachweis erbracht wird; wegen der doppelten Aufgabe muß die Dicke des Knotenblechs gegenüber der Wanddicke des Gurtstabes fast immer vergrößert werden (**64.**1). Bei geschraubten Fachwerken ist die Verstärkung des Knotenblechs allerdings kaum möglich; hier verzichtet man in der Regel auf die Mitwirkung des Knotenblechs bei der Stoßdeckung, weil andernfalls der Spannungsnachweis in einem Schnitt durch den Knoten keine ausreichende Tragfähigkeit erweisen wird. Die einzelnen Querschnittsteile des Gurts erhalten volle Stoßdeckung mit angeschraubten Laschen (**62.**1, **62.**2). Die Bohrungen werden so gegeneinander versetzt, daß nur die Löcher im Flansch bzw. im abstehenden Winkelschenkel abzuziehen sind.

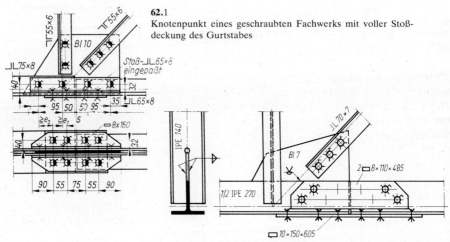

**62.**1
Knotenpunkt eines geschraubten Fachwerks mit voller Stoßdeckung des Gurtstabes

**62.**2 Geschweißter Fachwerkknoten mit geschraubten Anschlüssen am Baustellenstoß

## 3.3.2.2   Konstruktive Durchbildung

### Ein- und zweiwandige Fachwerke

Sofern es der statische Nachweis des Knotenpunkts erlaubt, ist man aus Kostengründen bestrebt, die Füllstäbe möglichst ohne Knotenbleche unmittelbar mit dem Steg des Gurtprofils zu verschweißen. Der Gurt erhält zu diesem Zweck einen T-förmigen Querschnitt mit einem so hohen Steg, daß die Schweißnähte für den Anschluß der Füllstäbe Platz finden (**61**.2). Weil sich meistens zu beiden Stegseiten Schweißnähte gegenüber liegen, soll die Stegdicke in diesen Fällen $t \geqq 6$ mm sein, damit zwischen dem Einbrand der Schweißnähte noch ausreichend dicker unversehrter Bauteilwerkstoff verbleibt.

Erfüllt der Steg alleine nicht die statischen und konstruktiven Anforderungen oder sind die Gurte nicht T-förmig, müssen K n o t e n b l e c h e angeordnet werden. Sie sind entweder mit Kehlnähten am Gurt angeschlossen (**68**.1) oder sie bilden, mit Stumpfnähten angeschweißt, die Verbreiterung des Gurtsteges (**62**.2). Man bemüht sich, den Knoten gut auszusteifen, indem man einen Füllstab, meist den Druckstab, über die Anschlußnaht des Knotenblechs hinweg möglichst weit in den Knoten hineinführt. Sich kreuzende Nähte sind hierbei zu unterbrechen. Hat der Füllstab einen Querschnitt aus Winkelstählen, dann muß die Anschlußnaht des Knotenblechs im Kreuzungsbereich blecheben bearbeitet werden. Der hohen Kosten wegen verzichtet man oft darauf und läßt den Füllstab doch vorher enden (**78**.1c). Besitzt der Gurt ein zusammengesetztes Profil, fügt man das Knotenblech grundsätzlich stumpf in die Wände des Querschnitts ein (**64**.1, **66**.1). Nahtkreuzungen bzw. die Bearbeitung von Nähten werden so vermieden, zudem sind die Nahtlängen kürzer.

Die Knotenbleche sollen eine einfache Form mit wenigen Ecken erhalten, am besten mit 2 parallelen Kanten; sie lassen sich dann aus einem Blechstreifen mit der Breite $b$ ohne Verschnitt zuschneiden (**63**.1).

**63.1**
Knotenbleche mit kleinem Verschnitt aus einem Blechstreifen geschnitten

Füllstäbe aus gerade abgeschnittenen E i n z e l w i n k e l n, die mit Kehlnähten abwechselnd vorn und hinten am Gurtsteg angeschweißt sind, verursachen kleine Herstellungskosten, doch führt die ausmittige Lage der Stabschwerachse außerhalb der Fachwerkebene wegen zusätzlicher Biegebeanspruchung der Diagonalen zu etwas schwereren Stabquerschnitten (**63**.2).

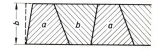

**63.2**
Füllstäbe mit Schwerachsenlage außerhalb der Fachwerkebene

Mittig wird die Beanspruchung der Füllstäbe, wenn sie aus parallel oder über Eck gestellten und darum leichter zu erhaltenden Doppelwinkeln bestehen (**64.**1, **78.**1b). Die Tragfähigkeit der Querschnitte ist gut, aber die Bindebleche zwischen den Knotenpunkten bringen zusätzliche Herstellungskosten mit sich. An den Enden der Winkel und in den Knotenpunkten angebrachte Bohrungen ermöglichen es, das Fachwerk in der Werkstatt vor dem Schweißen ohne besondere Vorrichtungen in der richtigen Form zusammenzuschrauben.

Ebenfalls mittig wird der über Eck gestellte Einzelwinkel beansprucht, jedoch ist seine Knicksicherheit sehr klein und die Schlitze an den Stabenden verursachen Lohnkosten sowie bei Zugstäben Querschnittsverlust (**61.**2, **78.**2e). Die Anschlußnaht liegt außerhalb der Systemlinie und erhält daher Biegemomente. Auch für Gurte läßt sich der Einzelwinkel verwenden (**64.**2, **65.**1). Am Druckgurt des dargestellten Dachbinders ist der Knotenpunktabstand halb so groß wie der Pfettenabstand; daraus resultiert für beide Knickachsen ein nahezu gleich großer Schlankheitsgrad und eine optimale Querschnittsausnutzung.

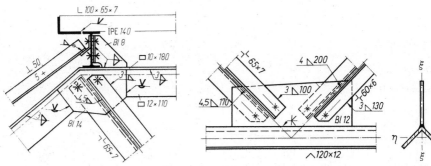

**64.**1 In den Steg des zusammengesetzten Gurtprofils eingesetztes Knotenblech

**64.**2 Knotenpunkt an einem Untergurt aus einem Einzelwinkel

Der T-Querschnitt hat eine bessere Knicksteifigkeit als der Einzelwinkel, aber die Bearbeitung der Stabenden durch Ausklinken des Steges und Schlitzen des Flansches ist noch lohnintensiver (**64.**3). Füllstäbe aus Formstählen müssen bei einwandigen Fachwerken für den Anschluß ebenfalls geschlitzt werden (**62.**2), sind bei zweiwandigen Fachwerken aber unbearbeitet anschließbar (**64.**4).

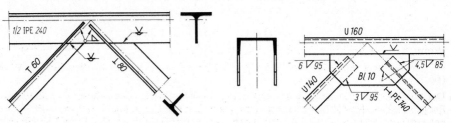

**64.**3 Knotenpunkt mit T-förmigen Stäben

**64.**4 Knotenpunkt eines zweiwandigen Fachwerks aus Formstählen

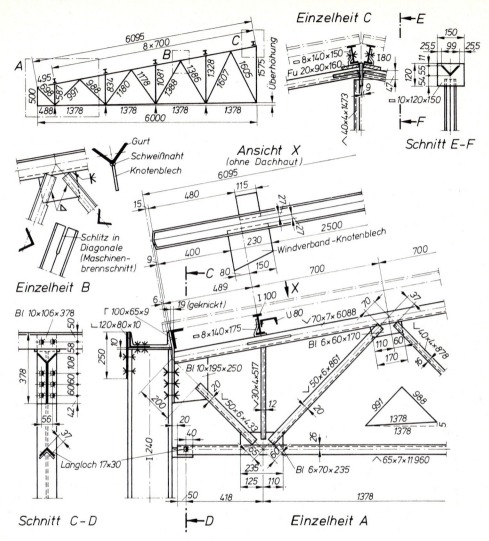

65.1 Dachbinder mit Gurten und Füllstäben aus Einzelwinkeln

Wenn die Konstruktionshöhe des Fachwerks für den Transport zu groß ist, können die Füllstäbe erst auf der Baustelle mit den Knotenblechen verschraubt werden (**66.**1).

Der Obergurt ist hier ein geschlossener Kastenquerschnitt; der neben dem Knoten befindliche Baustellenstoß ist durch eine Öffnung zwischen den Knotenblechen zugänglich. Der entstandene Querschnittsverlust wird durch eine Vergrößerung der Dicke des Bodenblechs ähnlich wie in Bild **17.**1 gedeckt. Beiderseits der Öffnung wird der Hohlquerschnitt durch

Schottbleche luftdicht verschlossen. Die Zugdiagonale hat einen geschweißten I-Querschnitt; der Lochabzug im geschraubten Anschluß wird von einem dickeren Flanschstück ausgeglichen, das mit einer Stumpfnaht 1. Güte angeschweißt ist.

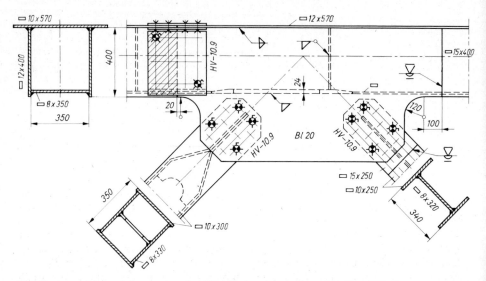

**66.**1 Knotenpunkt eines schweren, geschweißten Fachwerks mit eingeschraubten Füllstäben

Die Druckdiagonale ist wegen besserer Knicksicherheit wieder als Kastenquerschnitt ausgebildet. Die Seitenwände wurden zur einfacheren Herstellung des Schraubenanschlusses zu einem offenen I-Querschnitt zusammengezogen; die Umlenkkräfte an den Knickstellen werden von einem Längsschott aufgenommen, doch muß der Knickwinkel in jedem Fall möglichst klein gehalten werden[1]). Die Knotenbleche liegen in den Ebenen der Gurtseitenwände. Weil sie neben ihrer Funktion als Knotenblech zugleich noch Bestandteil des Gurts sind, werden sie ≈ 6 mm dicker als die Gurtseitenwände ausgeführt. Bei nicht vorwiegend ruhender Belastung muß der Übergang der Knotenblechkante zum Gurt mit besonders großem Radius ausgerundet werden, weil hier durch Kerbwirkung Spannungserhöhungen entstehen, die die Dauerfestigkeit erheblich herabsetzen können. Damit nicht noch die Eigenspannungen der Stumpfnaht hinzukommen, ist diese um $\geqq$ 100 mm seitlich versetzt.

Hohe Stabquerschnitte und spitze Anschlußwinkel führen oft zu sehr langen Knotenblechen (**67.**1). Der Biegespannungsnachweis für das Knotenblech im Schnitt A−B für das Moment $M = C \cdot a$ macht eine Verstärkung des unteren Blechrandes mit einem Gurt BrFl 15 × 300 erforderlich; er ist seiner Kraft entsprechend vorzubinden.

---

[1]) Hutter, G.: Zwängungsspannungen bei neueren geschweißten Stahlbrücken. Der Stahlbau (1963), H. 9

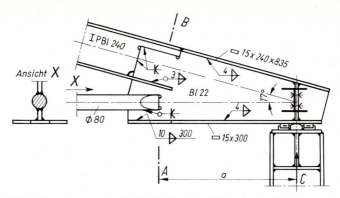

**67.**1 Auflagerknoten eines Dreieckfachwerks mit biegefestem Obergurt und zentrischen Stabanschlüssen

Knotenbleche lassen sich jedoch klein halten, indem man auf mittige Zusammenführung der Netzlinien in einem Punkt verzichtet. Der Vorteil dieser Lösung wird beim Vergleich der Bilder **67.**2 a und b offensichtlich. Dieser Weg ist aber nur dann zu empfehlen, wenn der Gurt wegen Querbelastung zwischen den Knotenpunkten ohnehin auf Biegung beansprucht und als biegesteifer Querschnitt bemessen ist; denn das bei der Lösung b entstehende E x z e n t r i z i t ä t s m o m e n t $M = R_h \cdot h/2$ wirkt auf den G u r t ein und muß bei der Berechnung seiner Biegemomente berücksichtigt werden. Andererseits ist zu beachten, daß auch bei der mittigen Lösung a das gleiche Moment entsteht, welches nun aber in der A n s c h l u ß n a h t des Knotenblechs zusammen mit $R_v$ eine Spannung $\sigma_w$ erzeugt, die mit der Schubspannung $\tau_w$ den Vergleichswert $\sigma_V$ liefert. Demgegenüber bleibt der Schweißanschluß des Knotenblechs in Bild **67.**2 b momentenfrei.

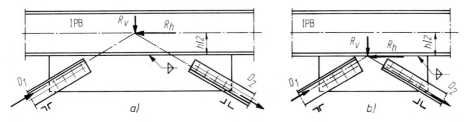

**67.**2  a) Mittige Stabanschlüsse
　　b) Exzentrische Stabanschlüsse mit kürzerem Knotenblech

Von der Möglichkeit, am biegesteifen Gurt auf mittige Zusammenführung der Systemlinien zu verzichten und mit dieser Maßnahme kleine Knotenpunkte zu schaffen, ist bei dem Binder in Bild **68.**1 und bei dem Vertikalverband für einen Skelettbau Gebrauch gemacht worden (**69.**1). In den Punkten A und C geht die Systemlinie der Diagonalen durch den Schnittpunkt der Anschlußnähte der Knotenbleche. Die bei Zerlegung der Stabkraft $D$ entstehenden Komponenten $D_v$ und $D_h$ wirken genau in Längsrichtung der Schweißnähte, die auf diese Weise momentenfrei bleiben. Das Trägerstück IPB 120 verdübelt den Stützenfuß mit dem Fundament, um die Komponente $D_{1h}$ anzuschließen.

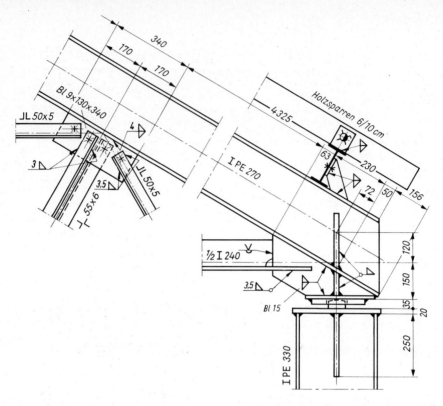

**68.**1 Dachbinder mit biegefestem Obergurt; die Systemlinien schneiden sich nicht in einem Punkt

## Unmittelbare Stabanschlüsse

Die Füllstäbe schließen ohne Knotenblech unmittelbar am Gurtflansch an. Die quer zum Gurt wirkende vertikale Kraftkomponente $D_v$ kann vom Flansch nur bei kleinen Kräften ohne größere, die Tragfähigkeit der Verbindung beeinträchtigende Verformungen aufgenommen werden (**78.**1d). In der Regel wird $D_v$ mittels Krafteinleitungsrippen an den Gurtsteg abgegeben, der allein zur Aufnahme von Querkräften geeignet ist und zwischen den Stabanschlüssen von $D_v$ auf Schub beansprucht wird (**69.**2). Ein Spannungsnachweis s. Berechnungsbeispiel. Die Form der Krafteinleitungsrippen muß dem Füllstabquerschnitt so gut wie möglich angepaßt werden (**70.**1, **70.**2).

Bei einem flach liegenden Gurtprofil kann $D_v$ von dem dünnen Steg praktisch überhaupt nicht getragen werden (**70.**3). Hier muß man die Füllstäbe vor Erreichen des Gurts derart direkt miteinander verbinden, daß sich die Vertikalkomponenten $D_{1v}$ und $D_{2v}$ in der vertikalen Stumpfnaht ausgleichen, ohne den Gurt zu belasten; die horizontale Verbindungsnaht leitet dann nur noch die Summe der horizontalen Kraftkomponenten tangential in den Gurt ein.

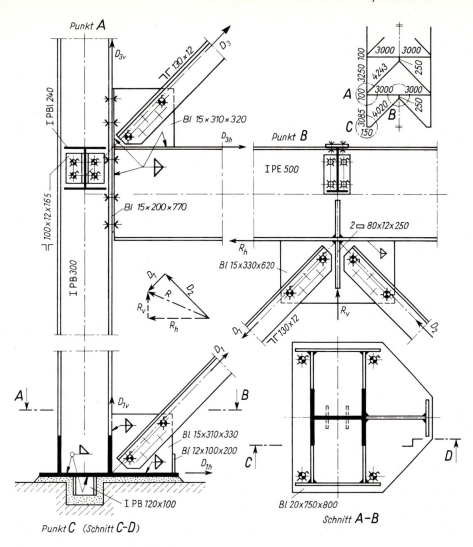

**69**.1  Vertikalverband eines Stahlskelettbaues

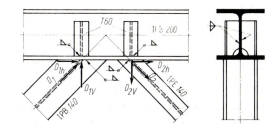

**69**.2
Unmittelbarer Anschluß von I-förmigen
Diagonalen mit Krafteinleitungsrippen im
Obergurt

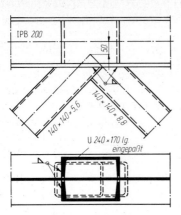

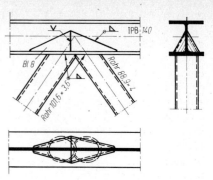

**70.**2 Direkter Anschluß von Rohrdiagonalen
am biegefesten Obergurt

**70.**1 Knotenpunkt mit Hohlprofil-Diagonalen

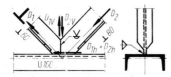

**70.**3
Notwendige Durchdringung der Füllstäbe beim unmittelbaren
Anschluß an der Stegfläche des Gurtprofils

## Besondere Bauweisen

Beim parallelgurtigen R-Träger (**70.**4) bestehen die Gurte aus T-Profilen, die durch eine angeschweißte Rundstahlschlange verbunden sind. Da Rundstahl nur sehr wenig knicksteif ist, muß die Knicklänge $s_K$ der Diagonalen durch niedrige Netzhöhe ($h \approx l/15$) klein gehalten werden (Durchbiegung!). $s_K$ kann bei beson-

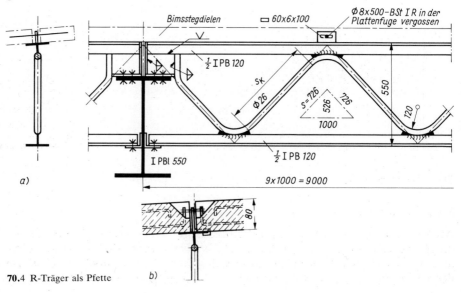

**70.**4  R-Träger als Pfette

derem Nachweis [1] nach Vereinbarung mit der Prüfstelle kleiner als die Netzlänge angesetzt werden, weil die Zugdiagonalen in der biege- und torsionssteif durchlaufenden Rundstahlschlange die Druckdiagonalen elastisch einspannen. In die Fugen der Bimsstegdielen einbindende Flach- und Rundstähle sichern den Obergurt gegen seitliches Ausknicken (**70**.4a oder b). R-Träger sind nur für leichte Lasten geeignet, z. B. als weit gespannte Pfetten und Deckenträger. Zur wirtschaftlichen Herstellung ist eine weitgehende werksseitige Typisierung der Träger zweckmäßig.

Das vorgefertigte Deckenelement nach Bild **71**.1 besteht aus 2 parallelen R-Trägern, deren Obergurt von der Stahlbetonplatte gebildet wird, in die sie einbetoniert sind; Verbundanker stellen die schubfeste Verbindung her. Der Rundstahlobergurt ⌀ 10 dient nur zur Fertigung.

Wird je ein Diagonalenpaar von einem gebogenen Vierkant- oder Flachstahl gebildet, kann man im Gegensatz zur Rundstahlschlange die Füllstabquerschnitte den Stabkräften anpassen (**71**.2). Bei Deckenträgern erleichtert die Fachwerkbauweise das Verlegen von Rohrleitungen aller Art.

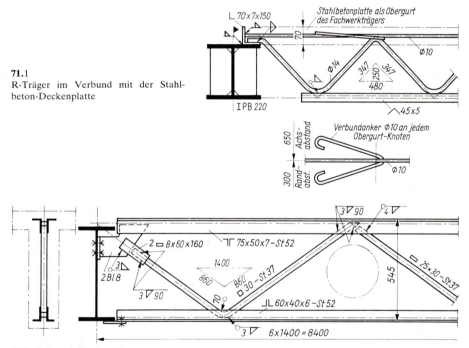

**71**.1
R-Träger im Verbund mit der Stahlbeton-Deckenplatte

**71**.2 Fachwerk-Deckenträger

### 3.3.2.3  Auflager

Als Balken gelagerte Fachwerke erhalten ein festes und ein bewegliches Lager, die in der Regel als Linienkipplager ausgebildet werden. Flächenlager kommen nur bei kleinen Auflagerkräften in Betracht, weil die elastische Verformung des Fachwerks zur Folge hat, daß sich die Wirkungslinie der Auflagerkraft zur

Vorderkante der Lagerplatte verschiebt. Während bei vollwandigen Tragwerken davon nur die stützenden Bauteile betroffen werden, wirkt bei Fachwerken die Auflagerkraft auch exzentrisch auf den Knotenpunkt ein und verursacht in den Fachwerkstäben unplanmäßige Biegebeanspruchungen, die möglichst vermieden werden müssen.

### Festlager

Das Flächenlager besteht aus der mit dem Binder verschweißten Lagerplatte, die mit Mörtelfuge auf der Auflagerbank ruht und mit ihr konstruktiv verankert wird; der Schwerpunkt der Lagerplatte muß senkrecht unter dem Systempunkt des Auflagers liegen.

Bei offenen Gebäuden sowie bei hohen Dächern erhalten die Auflager der Dachbinder zur Sicherung gegen Abheben durch Wind Zuganker, die in ausreichend tief eingebaute Ankerwinkel oder -barren eingehängt werden (**72.**1); die Ankerkanäle werden zusammen mit der Lagerfuge vergossen. Solche statisch notwendigen Zuganker sind selbstverständlich mit ihrer Verankerung nachzuweisen. − Sind die Horizontalkräfte klein, können sie den Ankern zugewiesen werden, andernfalls ist das Lager mit der Auflagerbank zu verdübeln (**69.**1).

Bei Linienkipplagern, die in der bekannten Weise aus Zentrierleisten gebildet werden, übernehmen Anschlagknaggen die Horizontalkraft $C_h$ (**67.**1, **68.**1, **72.**2). Diese wirkt mit dem zwischen Anschlag und Systempunkt gemessenen Hebelarm $a$ auf den Knoten ein; das Moment $M = C_h \cdot a$ wird auf die Stäbe des Knotens proportional zu ihrer Stabsteifigkeit $k = I/l$ verteilt. Wegen des kleinen Widerstandsmoments einfachsymmetrischer Stabquerschnitte sind die auftretenden Biegespannungen relativ groß; $a$ sollte daher möglichst klein gehalten werden, wobei jedoch die Mindesthöhe vom Schweißanschluß der Krafteinleitungsrippen bestimmt wird.

Sind $C_v$ und $C_h$ von gleicher Größenordnung, kann man entweder jeder der beiden Komponenten eine eigene waagerechte bzw. senkrechte Lagerfläche zuordnen,

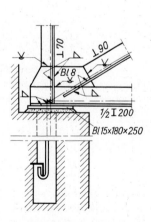

**72.**1 Flächenlager (Festlager)
   mit Verankerung

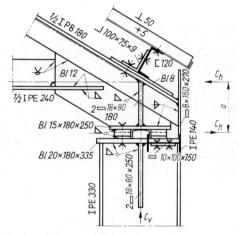

**72.**2 Zentrische Lagerung eines Fachwerkbinders
   auf einem Stützenkopf

oder man legt die Lagerfuge senkrecht zur Wirkungslinie der Auflagerkraft. Am oberen Lager B des Kragbinders (**73.**1) werden die Vertikallast $B_v$ durch ein Flächenlager, die Zugkraft $B_h$ durch Rundstahlanker übernommen, die durch die Mauer hindurch an einem Ankerwinkel ∟ 80 × 10 befestigt sind, der seinerseits durch angeschweißte und einbetonierte Flach- oder Rundstähle in der Decke zu verankern ist. Am Punkt A steht das Flächenlager senkrecht auf der Wirkungslinie von A. Auch hier muß das Lager mit Rücksicht auf Zugkräfte infolge Unterwind verankert werden; durch eine in die Deckenscheibe einbindende Rundstahlbewehrung ist der Auflagerquader gegen Herausreißen zu sichern.

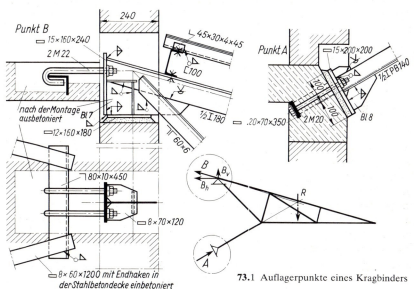

**73.**1  Auflagerpunkte eines Kragbinders

### Bewegliche Lager

Bei den oft geringen Auflagerlasten und mäßigen Stützweiten der Hochbaukonstruktionen genügt es i. allg., die beweglichen Lager als Gleitlager auszubilden.

Beim Flächenlager (**73.**2) ist die am Binder angeschweißte obere Lagerplatte in Langlöchern so geführt, daß sie auf der unteren, in Rundlöchern verankerten Lagerplatte gleiten kann.

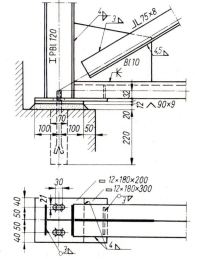

**73.**2
Flächenlager als längsbewegliches Gleitlager

Wegen des hohen Reibungsbeiwertes $\mu = 0{,}2$ wirken große horizontale Reibungskräfte auf die unterstützenden Konstruktionen. Durch einen Schmierfilm zwischen den beiden Platten − z.B. Gleitlack mit Molybdän-Disulfid (Molykote) − kann die Reibung vermindert und die Gleitfläche gegen Korrosion geschützt werden.

Bei Teflonplatten, die mit Spezialkleber auf die beiden Lagerplatten geklebt werden, sinkt die Gleitreibung fast bis auf die Größe der Rollreibung herab (**74.**1a). Da ferner ihr Reibungsbeiwert mit wachsender Flächenbelastung sinkt, kann man die zulässige Druckspannung von $\approx 7$ auf $\approx 40$ N/mm² erhöhen, wenn man graphit- oder glasfasergefülltes Teflon verwendet und mittels einer Einfassung verhindert, daß der paraffinartige Kunststoff seitlich ausweicht (**74.**1b).

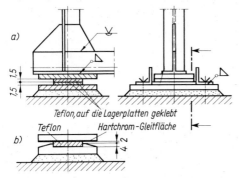

Teflon, auf die Lagerplatten geklebt
Teflon    Hartchrom-Gleitfläche

**74.**1
Flächenlager mit Teflon-Gleitschichten
a) Teflonplatten eingeklebt
b) Teflonplatte in Nut eingelassen

Kipplager als Gleitlager entstehen aus Festlagern durch Fortlassen der die Längsverschiebung verhindernden Anschlagknaggen.

Bewehrte Gummilager mit rechteckiger Grundfläche (150/200, 200/300 mm ...) bestehen aus mehreren waagerechten, 5 mm dicken Schichten des Kunstgummis Neoprene mit dazwischen einvulkanisierten 2 mm dicken Stahlblechen aus St 50, die die Querdehnung des Kunststoffs verhindern und dadurch die lineare Zusammendrückung des Lagerkörpers unterbinden. Mittlere Lagerpressung zul $\sigma =$ 15 N/mm². Elastische Verdrehungen und Horizontalverschiebungen des Auflagers um jeweils 2 Achsen sind jedoch möglich, wobei die horizontale Steifigkeit zur Aufnahme von Horizontallasten (Wind) ausreicht. Die bewehrten Gummilager nehmen demzufolge eine Stellung zwischen festen und beweglichen Linienkipplagern ein und werden meist unter beiden Auflagern des Trägers angeordnet. Seitenführungen können die Bewegung in einer Richtung begrenzen (**90.**1).

Bei besonders großen und schweren Hochbaukonstruktionen, deren Abmessungen, Lasten und Formänderungen den Brücken vergleichbar sind, werden die festen und beweglichen Lager wie im Brückenbau durchgebildet. Für bewegliche Lager kommen bei Stützweiten $> 25$ m neben Kunststoff-Gleitlagern auch Rollenlager in Betracht, weil wegen ihrer niedrigen Rollreibung ($\mu = 0{,}03$) die Horizontalbelastung der Stützkonstruktionen durch Reibungskräfte gering bleibt. Lagerkonstruktionen s. Abschn. 10.2.6.

### 3.3.2.4  Berechnungsbeispiel

Der symmetrische Dachbinder nach Bild **75.**1a wird berechnet. Bei 3 m Knotenpunktabstand am Obergurt belasten die mit 2 m Abstand verlegten Pfetten die Obergurtstäbe zum Teil zwischen den Knoten. Die Überhöhung der Knotenpunkte liegt angenähert auf einer Parabel.

Binderabstand = 6,00 m. Ständige Last $g$ = 0,85 kN/m² Grd.fläche; Regelschneelast $s_o$ = 0,75 kN/m² Grd.fl. Wegen der flachen Dachneigung ist die Beanspruchung aus Wind so gering, daß für alle Fachwerkstäbe die Bemessung nach Lastfall H maßgebend ist.

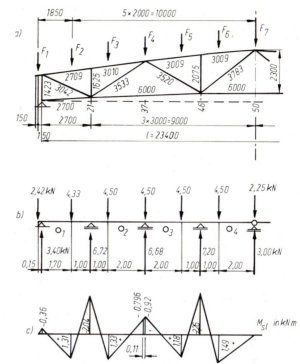

**75.1**
a) Fachwerknetz mit Stablängen und Überhöhung; Pfettenlasten
b) Belastung und Auflagerkräfte des biegefest durchlaufenden Obergurts infolge einseitig verminderter Schneelast links
c) Zugehörige Biegemomente $M$ des Obergurts in kNm

**Berechnung der Schnittgrößen**

Die Biegemomente des Obergurts und die Stabkräfte werden zunächst für einseitig verminderte Schneelast links berechnet ($N_{sl}$); durch Vertauschen der Stäbe in der linken und rechten Binderhälfte erhält man daraus die Stabkräfte für verminderte Schneelast rechts ($N_{sr} = N'_{sl}$). Die Stabkräfte für Vollbelastung mit Schnee ergeben sich dann zu $N_s = 2 (N_{sl} + N_{sr})$. Aus $N_s$ lassen sich durch Umrechnung mit $g/s_o$ die Stabkräfte aus ständiger Last errechnen: $N_g = N_s \cdot 0,85/0,75 = 1,133 \, N_s$.

Die maximalen Biegemomente erhält man aus $M_{sl}$ (**75.1**c) zu

$$\max M = M_s + M_g = M_s + M_s \cdot 0,85/0,75 = 2,133 \, M_s = 2,133 \cdot 2 \, M_{sl} = 4,27 \, M_{sl}$$

Mit der Belastungsbreite $b$ = 6,00 m entfällt auf einen Binder die verminderte Schneelast $s$ = 6,00 · 0,75/2 = 2,25 kN/m.

Pfettenlasten am Binderobergurt infolge einseitig verminderter Schneelast:

$$S_1 \approx \left(0,15 + \frac{1,85}{2}\right) \cdot 2,25 = 2,42 \text{ kN} \qquad S_2 = \frac{1,85 + 2,00}{2} \, 2,25 = 4,33 \text{ kN}$$

$$S_3 \cdots S_6 = 2,00 \cdot 2,25 = 4,50 \text{ kN} \qquad S_7 = S_6/2 = 2,25 \text{ kN}$$

Der Obergurt wird näherungsweise als Durchlaufträger über starren Stützen mit einem Gelenk im Binderfirst behandelt (**75.**1 b). Die Berechnung nach einem üblichen Verfahren liefert die Momentenverteilung nach c) und die in b) eingetragenen Auflagerkräfte, die als Knotenlasten auf das Fachwerk einwirken (**76.**1 a). In Tafel **77.**1 sind die aus dem Cremona-Plan (b) abgemessenen Stabkräfte $N_{sl}$ und die übrigen daraus berechneten Stabkräfte zusammengestellt.

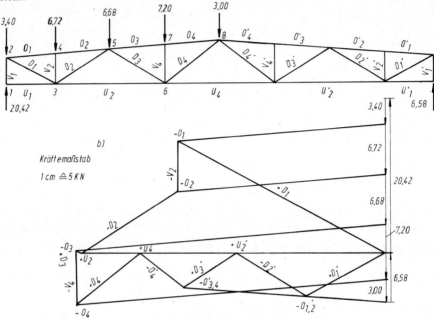

**76.**1 a) Bindernetz mit Knotenlasten, Stab- und Knotenbezeichnungen
b) Cremonaplan für linksseitige verminderte Schneelast

## Bemessung der Fachwerkstäbe

Da die Berechnung der Schweißnähte im Teil 1 behandelt wurde, werden nur exemplarisch einige Stabanschlüsse nachgewiesen.

Obergurt: Maßgebend ist $O_3 = O_4 = -299$ kN; IPBl 160.

$$\max M = 4{,}27 \cdot 2{,}26 = 9{,}65 \text{ kNm}$$

Allg. Spannungsnachweis: $|\sigma_D| = \dfrac{299}{38{,}8} + \dfrac{965}{220} = 7{,}71 + 4{,}39 = 12{,}10 < 16 \text{ kN/cm}^2$

Stabilitätsnachweis: Knicken in der Momentenebene; maßgebend ist das Feldmoment oder, weil das größte Moment am Stabende auftritt, der Mittelwert der Endmomente:

$$M_{\text{Feld}} = 4{,}27 \cdot 1{,}49 = 6{,}36 \text{ kNm} \quad \text{bzw.} \quad M = 4{,}27 \frac{2{,}26 + 0{,}92}{2} = 6{,}79 \text{ kNm (maßgebend)}$$

$$\lambda_y = \frac{301}{6{,}57} = 46 \quad \omega = 1{,}18$$

$$\frac{1{,}18 \cdot 299}{38{,}8} + 0{,}9 \frac{679}{220} = 9{,}09 + 2{,}78 = 11{,}87 < 14 \text{ kN/cm}^2$$

Tafel **77**.1   Zusammenstellung der Stabkräfte

| Stab | Stabkräfte $N$ in kN | | | | |
|------|------|------|------|------|------|
| | $N_{sl}$ | $N_{sr}$ $(= N'_{sl})$ | $N_s$ | $N_g \left(= N_s \cdot \dfrac{0,85}{0,75}\right)$ | max $N_H$ |
| $O_{1,2}$ | $-28,4$ | $-11,0$ | $-78,8$ | $-89,3$ | $-168,1$ |
| $O_{3,4}$ | $-42,4$ | $-27,7$ | $-140,2$ | $-158,9$ | $-299,1$ |
| $U_2$ | $+41,5$ | $+20,3$ | $+123,6$ | $+140,1$ | $+263,7$ |
| $U_4$ | $+33,5$ | $+33,5$ | $+134,0$ | $+151,9$ | $+285,9$ |
| $D_1$ | $+31,9$ | $+12,4$ | $+88,6$ | $+100,4$ | $+189,0$ |
| $D_2$ | $-15,6$ | $-10,9$ | $-53,0$ | $-60,1$ | $-113,1$ |
| $D_3$ | $+0,8$ | $+8,6$ | $+18,8$ | $+21,3$ | $+40,1$ |
| $D_4$ | $+11,0$ | $-7,4$ | $+7,2$ | $+8,2$ | $+19,2$ $+0,8$ |
| $V_1$ | $-20,4$ | $-6,6$ | $-54,0$ | $-61,2$ | $-115,2$ |
| $V_2$ | $-6,7$ | $0$ | $-13,4$ | $-15,2$ | $-28,6$ |
| $V_4$ | $-7,2$ | $0$ | $-14,4$ | $-16,3$ | $-30,7$ |

Knicken senkrecht zur Momentenebene

$$\lambda_z = \frac{201}{3,98} = 51 \qquad \omega = 1,22 \qquad \frac{1,22 \cdot 299}{38,8} = 9,40 < 14 \text{ kN/cm}^2$$

Untergurt: $U_4 = +286$ kN; 1/2 IPE 270.
Maßgebend ist der Nettoquerschnitt am geschraubten Baustellenstoß (Ausführung wie im Bild **62**.2).

$$A = 45,9/2 \qquad\qquad\qquad\qquad\qquad\qquad = 22,95 \text{ cm}^2$$
$$\text{Bei Schrauben M 20 im Flansch} \qquad \Delta A = 2 \cdot 2,1 \cdot 1,02 = 4,28 \text{ cm}^2$$
$$A_n = 18,67 \text{ cm}^2$$

$$\sigma_Z = \frac{286}{18,67} = 15,32 < 16 \text{ kN/cm}^2$$

Berechnung der Stoßverbindung s. Teil 1.

Diagonalstäbe

$$D_1 = +189 \text{ kN}; \; \llcorner\!\llcorner\, 55 \times 6 \quad (\mathbf{78}.1\,b,c) \qquad \sigma_Z = \frac{189}{2 \cdot 6,31} = 14,98 < 16 \text{ kN/cm}^2$$

$$A_w = 2 \cdot 0,3\,(16,5 + 8,0) = 14,7 \text{ cm}^2 \qquad \tau_w = \frac{189}{14,7} = 12,86 < 13,5 \text{ kN/cm}^2$$

$$D_2 = -113,1 \text{ kN}; \; 1/2 \text{ IPE } 270 \quad (\mathbf{78}.1\,c,d); \quad s_{Kz} = 3,53 \text{ m} \qquad A = 23,0 \text{ cm}^2$$

$$I_z = 210 \text{ cm}^4 \quad I_T = 7,99 \text{ cm}^4 \quad i_z = 3,02 \text{ cm} \quad i_p = 4,92 \text{ cm} \quad i_M = 5,50 \text{ cm} \quad C_M = 0$$

Biegeknicken: $\lambda_z = \dfrac{353}{3,02} = 117$

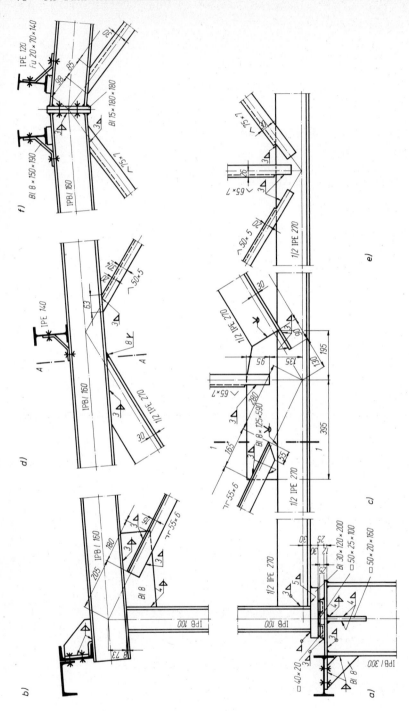

**78.1** Konstruktive Durchbildung der Knotenpunkte des Binders nach Bild **75.1a**
a) Knoten 1  b) Knoten 2
c) Knoten 3  d) Knoten 5
e) Knoten 6  f) Knoten 8

Biegedrillknicken (s. Teil 1):

$$c^2 = \frac{0{,}039 \cdot 353^2 \cdot 7{,}99}{210} = 184{,}9 \text{ cm}^2$$

$$\lambda_{Vi} = \frac{1 \cdot 353}{3{,}02} \sqrt{\frac{184{,}9 + 5{,}5^2}{2 \cdot 184{,}9} \left[1 + \sqrt{1 - \frac{4 \cdot 184{,}9 \cdot 4{,}92^2}{(184{,}9 + 30{,}3)^2}}\right]} = 119 \qquad \omega = 2{,}39$$

$$\frac{2{,}39 \cdot 113{,}1}{23{,}0} = 11{,}75 < 14 \text{ kN/cm}^2$$

Die vom Beginn der Ausrundung ab frei auskragende Breite $b$ des 6,6 mm dicken Steges ist $b = 135 - 10{,}2 - 15 = 109{,}8$ mm. Für das Verhältnis

$$b/s = 109{,}8/6{,}6 = 16{,}64$$

ist nach Gl. (52.1) zulässig

$$\max b/s = 0{,}0198 \cdot 119 + 12{,}5 = 14{,}86 < 16{,}64$$

Demnach ist für den Steg des ½ IPE 270 der Beulsicherheitsnachweis erforderlich, der nach [7] durchgeführt wird.

$$\sigma_1 = \sigma_2 = 113{,}1/23{,}0 = 4{,}92 \text{ kN/cm}^2 \quad \psi = \sigma_2/\sigma_1 = +1 \quad \tau = 0 \quad \sigma_V = 4{,}92 \text{ kN/cm}^2$$

Bezugsspannung nach Gl. (11.1)  $\sigma_e = 1{,}898 \left(\frac{100 \cdot 6{,}6}{109{,}8}\right)^2 = 68{,}6 \text{ kN/cm}^2$

Beulwert $\nu_\sigma = 0{,}426$
Ideale Beulvergleichsspannung n. Gl. (11.2) $\sigma_{VKi} = \sigma_{Ki} = \nu_\sigma \cdot \sigma_e = 0{,}426 \cdot 68{,}6 = 29{,}2 \text{ kN/cm}^2$

Bezogener Schlankheitsgrad des Druckstabes  $\bar{\lambda}_K = \lambda/\lambda_S = 119/92{,}93 = 1{,}281 > 0{,}2$

Bezogener Vergleichsschlankheitsgrad des Beulfeldes  $\bar{\lambda}_V = \sqrt{\beta_S/\sigma_{VKi}} = \sqrt{24/29{,}2} = 0{,}907$

$$\bar{\lambda}_V' = 0{,}1 \, \bar{\lambda}_K + 0{,}68 = 0{,}1281 + 0{,}68 = 0{,}808 < \bar{\lambda}_V$$

Bezogener maßgebender Schlankheitsgrad im Falle des Beulknickens

$$\bar{\lambda}_m = \bar{\lambda}_K + \frac{(3{,}8 - \bar{\lambda}_K)(\bar{\lambda}_V - \bar{\lambda}_V')}{3{,}4 + \bar{\lambda}_V - 0{,}1 \, \bar{\lambda}_K} = 1{,}281 + \frac{(3{,}8 - 1{,}281)(0{,}907 - 0{,}808)}{3{,}4 + 0{,}907 - 0{,}1 \cdot 1{,}281} = 1{,}341$$

Bezogene Beulknickspannung  $\bar{\sigma}_{BK} = (1 + \bar{\lambda}_m^{2{,}8})^{-0{,}75} = (1 + 1{,}341^{2{,}8})^{-0{,}75} = 0{,}411$

Grenzspannung  $\sigma_G = \sigma_{BK} = \bar{\sigma}_{BK} \cdot \beta_S = 0{,}411 \cdot 24 = 9{,}86 \text{ kN/cm}^2$

Vorhandene Beulsicherheit nach Gl. (12.3)  vorh $\gamma_B^* = \sigma_G/\sigma_V = 9{,}86/4{,}92 = 2{,}00$

Erforderliche Beulsicherheit bei Beanspruchung durch $\sigma_x$ nach Tafel **11.**1

$$\text{erf } \gamma_B^* = 1{,}32 + 0{,}19 (1 + 1) = 1{,}70 < 2{,}00$$

Der Flansch wird am Binderuntergurt für die anteilige Kraft angeschlossen (**78.**1c):

$$F_{Flansch} = 113{,}1 \frac{13{,}5 \cdot 1{,}02}{23{,}0} = 67{,}7 \text{ kN} \qquad A_w = 4 \cdot 0{,}3 \cdot 9{,}0 = 10{,}8 \text{ cm}^2$$

$$\tau_w = \frac{67{,}7}{10{,}8} = 6{,}27 < 13{,}5 \text{ kN/cm}^2$$

Schubspannung im 6,6 mm dicken Steg des Untergurts neben den Schweißnähten

$$\tau = \frac{67{,}7}{2 \cdot 0{,}66 \cdot 9{,}0} = 5{,}70 < 9{,}2 \text{ kN/cm}^2$$

Die übrigen Schweißanschlüsse des Stabes sind offensichtlich reichlich.

$$D_3 = +40{,}1 \text{ kN}; \; \wedge 50 \times 5 \quad (\textbf{78.}1\text{d}) \qquad A_n \approx 2 \cdot 0{,}5 \, (5{,}0 - 1{,}3) = 3{,}7 \text{ cm}^2$$

$$\sigma_Z = \frac{40{,}1}{3{,}7} = 10{,}84 < 16 \text{ kN/cm}^2$$

Der Anschluß am Obergurt mit Kehlnähten $a_w = 3$ mm wird nur außen geschweißt; mit dem Profilmaß $w = 3{,}54$ cm wird die Nahtlänge $l_w = 2\sqrt{6{,}3^2 + 3{,}54^2} = 14{,}45$ cm

$$A_w = 0{,}3 \cdot 14{,}45 = 4{,}34 \text{ cm}^2 \qquad \sigma_V = \frac{40{,}1}{4{,}34} = 9{,}24 < 13{,}5 \text{ kN/cm}^2$$

Beim Anschluß am Untergurt liegt die Schweißnaht exzentrisch neben der Stabachse und erhält das Moment  (**78.**1e)  $M \approx 40{,}1 \cdot 1{,}5 = 60{,}2$ kNcm

$$A_w = 2 \cdot 0{,}3 \cdot 8{,}5 = 5{,}1 \text{ cm}^2 \qquad W_w = 5{,}1 \frac{8{,}5}{6} = 7{,}22 \text{ cm}^3$$

$$\left. \begin{aligned} \tau_w &= \frac{40{,}1}{5{,}1} = 7{,}86 \text{ kN/cm}^2 \\[2mm] \sigma_w &= \frac{60{,}2}{7{,}22} = 8{,}34 \text{ kN/cm}^2 \end{aligned} \right\} < 9{,}5 \text{ kN/cm}^2; \quad \sigma_V \text{ braucht nicht berechnet zu werden.}$$

$$D_4 = +19{,}2 \, (+0{,}8) \text{ kN}; \; \wedge 75 \times 7 \quad (\textbf{78.}1\text{e, f})$$

Wegen geringer Zugkraft wird der Stab als Druckstab durchgebildet mit $s_{K\zeta} \approx 3{,}55$ m (= Abstand der Anschlußschwerpunkte).

$$\lambda_\zeta = \frac{355}{1{,}45} = 245 < \text{zul } \lambda = 250$$

Vertikalstäbe

$$V_1 = -115{,}2 \text{ kN}; \quad \text{IPB 100 konstruktiv}$$

$$V_{2,4} = -30{,}7 \text{ kN}; \; \wedge 65 \times 7, \qquad s_{K\zeta} \approx 193 \text{ cm} \qquad \lambda = \frac{193}{1{,}26} = 153$$

$$\frac{3{,}95 \cdot 30{,}7}{8{,}70} = 13{,}94 < 14 \text{ kN/cm}^2$$

**Nachweis der Knotenpunkte**

Knotenpunkt 3

Es wird zunächst die konstruktiv einfache Lösung nach Bild **81**.1 untersucht. Am Ende des Schweißanschlusses der Diagonale ist die Kraft $D_1$ voll in den Untergurt eingeleitet; auf den Querschnitt A−A wirkt von links her nur $D_1$ ein, da $U_1 = 0$ ist. Die Vertikalkomponente $D_{1v}$ verursacht als Querkraft im Untergurtsteg Schubspannungen, $D_{1h}$ wirkt als Zugkraft mit $e =$ 2,3 cm exzentrisch auf den Querschnitt ein.

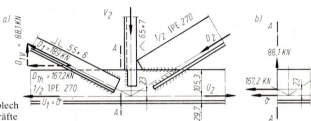

**81**.1
a) Knotenpunkt 3 ohne Knotenblech
b) Im Schnitt A−A wirkende Kräfte

Statisches Moment des 6,6 mm dicken Steges oberhalb der Schwerachse:

$$S_y = 0,66 \frac{10,53^2}{2} = 36,6 \text{ cm}^3; \quad I_y = 346 \text{ cm}^4$$

$$\max \tau = \frac{D_{1v} \cdot S}{I \cdot t_s} = \frac{88,1 \cdot 36,6}{346 \cdot 0,66} = 14,12 \gg 9,2 \text{ kN/cm}^2!$$

Da der Gurtquerschnitt nicht ausreicht, wird seine Stegfläche durch ein Knotenblech vergrößert (**78**.1 c). Im Schnitt 1−1 am Ende des Diagonalstabs $D_1$ wird der allgemeine Spannungsnachweis für die einwirkenden Kräfte geführt (**81**.2). Die Querschnittswerte sind

$$A = 33,0 \text{ cm}^2 \quad I_y = 2439 \text{ cm}^4 \quad W_o = 135,9 \text{ cm}^3 \quad S_y = 126,8 \text{ cm}^3$$

$$M = 167,2 \, (15,0 - 8,05) = 1162 \text{ kNcm}$$

$$\sigma_o = \frac{167,2}{33,0} + \frac{1162}{135,9} = 5,07 + 8,55 = 13,62 < 16 \text{ kN/cm}^2$$

$$\tau = \frac{88,1 \cdot 126,8}{2439 \cdot 0,66} = 6,94 < 9,2 \text{ kN/cm}^2$$

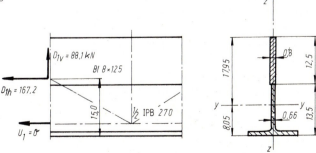

**81**.2 Kraftwirkungen und Querschnitt des Knotens 3 mit Knotenblech

Knotenpunkt 5 (**78.**1d)

Im Schnitt A−A, 11 cm links vom Knoten, hat der Obergurt aus der Pfettenlast die Schnittgrößen (**75.**1c)

$$M_o = 4,27 \, (-0,796) = -3,40 \text{ kNm und } Q_o = -4,27 \, \frac{0,92 + 1,33}{2} = -4,80 \text{ kN}$$

Zusammen mit der Gurtkraft $O_2$ und den Komponenten der Diagonalkraft $D_2$ erhält der Obergurtquerschnitt die Schnittgrößen (**82.**1)

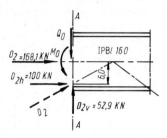

**82.**1
Kraftwirkung auf den Knoten 5

$$N = -168,1 - 100,0 = -268,1 \text{ kN} \quad M = -3,40 - 100 \cdot 0,06 = -9,40 \text{ kNm}$$
$$Q = 52,9 - 4,8 = 48,1 \text{ kN}$$

und damit die Spannungen

$$|\sigma_D| = \frac{268,1}{38,8} + \frac{940}{220} = 6,91 + 4,27 = 11,18 < 16 \text{ kN/cm}^2$$

$$\tau_m = \frac{Q}{A_Q} = \frac{48,1}{8,58} = 5,61 < 9,2 \text{ kN/cm}^2$$

Die Nachweise für die übrigen Knotenpunkte können sinngemäß geführt werden.

### 3.3.3  Fachwerke aus Rohren und Hohlprofilen

#### 3.3.3.1  Allgemeines

Wegen der günstigen Querschnittsform lassen sich bei Druckstäben gegenüber offenen Querschnittsformen Gewichtsersparnisse erzielen. In der Regel reichen diese jedoch nicht aus, um die erheblich höheren Materialkosten auszugleichen; auch die Fertigungskosten sind im allgemeinen nicht kleiner. Erst die Berücksichtigung der übrigen Kosten macht die Hohlprofile wirtschaftlich, wie z.B. kleinere Anstrichflächen, geringere Transport- und Montagekosten sowie die Verwendung von St 52, der aus Gründen der Materialbeschaffung bei Hohlprofilen eher einsetzbar ist als bei sonstigen Profilen.

Die in den vorigen Abschnitten besprochenen Grundsätze zur Konstruktion der Fachwerke gelten selbstverständlich auch für Fachwerke aus Hohlprofilen mit rundem, rechteckigem oder quadratischem Querschnitt. Die Regelungen der DIN

18808 haben innerhalb folgender Grenzwerte für die Querschnittsabmessungen (Klammerwerte für St 52) Gültigkeit:

$d \leqq 500$ mm, $h$ und $b \leqq 400$ mm, $0,5 \leqq h/b \leqq 2,0$; $1,5$ mm $\leqq t \leqq 30$ (25) mm; bei Druckstäben $d/t \leqq 100$ (67) und $b/t \leqq 43$ (36).

Hierin ist $t$ die Wanddicke, $d$ der Rohrdurchmesser, $h$ die Höhe in Tragwerkebene und $b$ die Breite senkrecht zur Tragwerkebene bei Rechteckquerschnitten.

Sollten die Bedingungen für unmittelbare Verbindung der Hohlprofile in den Knotenpunkten gemäß Abschn. 3.3.3.3 nicht zu erfüllen sein, sollten größere Kräfte quer durch ein Rohr durchzuleiten sein oder ist der Winkel zwischen zwei Stäben $\vartheta < 30°$, so werden die Stäbe an Knotenbleche angeschlossen (**83.**1, **90.**1). Für die Nachweise der Stäbe und der Schweißverbindungen gelten dann die Regeln des allgemeinen Stahlbaus.

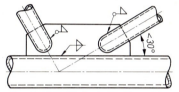

**83.**1
Knotenpunkt eines Rohrfachwerks mit angeschweißtem Knotenblech und geschlitzten Diagonalstabenden

Von obigen Ausnahmen abgesehen werden aber die Rohre und Hohlprofile in den Knotenpunkten un mittelbar miteinander verschweißt. Hierbei sind zusätzliche Einschränkungen zu beachten: Der Winkel zwischen den einzelnen Stäben muß $\vartheta \geqq 30°$ sein, um einwandfreie Schweißnähte herstellen zu können, ferner $b/t \leqq 35$ und $b_\mathrm{a}/b_\mathrm{u} \geqq 0,35$ (**83.**2).

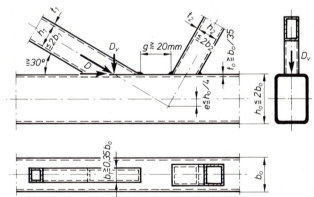

**83.**2
Fachwerkknoten mit unmittelbarer Verbindung der Hohlprofile. Grenzwerte der Abmessungen

Der Index u kennzeichnet die Querschnitts-, Kraft- und Spannungsgrößen des jeweils untergesetzten Hohlprofils, der Index a diejenigen des aufgesetzten Hohlprofils.

Bei Knoten mit Spalt ist der Gurt das untergesetzte und jeder Füllstab ein aufgesetztes Profil; bei überlappten Füllstäben ist außerdem der eine gegenüber dem anderen Füllstab aufgesetzt. – Die für rechteckige bzw. quadratische Profile angegebenen Formeln gelten auch für Rohre, wenn $d$ anstelle von $b$ und $h$ eingesetzt wird.

Die bei unmittelbarer Verbindung quer auf das Gurtrohr einwirkenden Komponenten der Füllstabkräfte $D_\mathrm{v}$ verursachen Querschnittsverformungen des Gurtes und daraus resultierende Kraftumlagerungen, die zum vorzeitigen Versagen des Knotens führen können. Folglich ist neben den Nachweisen der Stäbe und der Schweißnähte auch ein Nachweis für den Knotenpunkt (in der Form eines Wanddickennachweises) zu führen.

### 3.3.3.2  Nachweise der Fachwerkstäbe und der Schweißnähte

Für die durchgehenden Gurtstäbe werden die allgemeinen Spannungsnachweise und für den Druckgurt der Stabilitätsnachweis in üblicher Weise mit den zulässigen Werkstoffspannungen geführt. Falls die Exzentrizität $e$ des Füllstabschnittpunktes gegenüber der Gurtachse nicht größer als $\frac{1}{4}$ der Gurtstabhöhe $h$ bzw. $d$ ist, braucht das Zusatzmoment nicht berücksichtigt zu werden (**83.2, 87.**1 a).

Für gedrückte Füllstäbe ist anschließend an den Stabilitätsnachweis $\omega \cdot N/A \leqq$ zul $\sigma_D$ ebenso wie für die gezogenen Füllstäbe der allgemeine Spannungsnachweis

$$\text{vorh } \sigma_a = N/A \leqq k \cdot \text{zul } \sigma_a \tag{84.1}$$

zu führen.

zul $\sigma_a$ ist die zulässige Spannung für Kehlnähte (zul $\sigma_w$) nach DIN 18800 T 1, Tab. 11, Zeilen 4 bis 6. Der Faktor $k$, der normalerweise = 1 ist, muß für den Fall berechnet werden, daß die Spaltbreite $g > b_u - b_a$ und gleichzeitig $b_a/b_u > 0,7$ ist. Er hat dann die Größe

$$k = 1 - 3 \cdot \frac{g - (b_u - b_a)}{b_u} \cdot \frac{b_i}{b_i + h_i} ; i = 1,2, \cdots \tag{84.2}$$

mit $0,7 \leqq k \leqq 1$; $b_u$ für den Gurt und i für die Füllstäbe.

Für die Füllstäbe darf man also die zulässige Werkstoffspannung zul $\sigma$ nicht ausnutzen!

Für die Schweißnähte braucht kein Nachweis geführt zu werden. Bei $t_a \leqq 3$ mm muß die Nahtdicke $a = t_a$ sein, bei $t_a > 3$ mm kann sie auf $a = t_a \cdot \text{vorh } \sigma_a/(k \cdot \text{zul } \sigma_a)$ abgemindert werden.

### 3.3.3.3  Nachweis der Tragfähigkeit von K- und N-Knoten

Mit der reduzierten Wanddicke des aufgesetzten Stabes

$$\text{red } t_a = t_a \cdot \frac{\text{vorh } \sigma_a}{k \cdot \text{zul } \sigma_a} \tag{84.3}$$

muß für zwei unmittelbar miteinander verbundene Stäbe (Füllstab mit Gurt, Füllstab mit Füllstab) das Wanddickenverhältnis die Bedingung erfüllen

$$\text{vorh } \left( \frac{t_u}{\text{red } t_a} \right) \geqq \text{erf } \left( \frac{t_u}{t_a} \right) \tag{84.4}$$

Bei der Berechnung von erf $(t_u/t_a)$ sind mehrere Fälle zu unterscheiden:

### Knoten mit überlappten Füllstäben

Zwischen Gurt (Wanddicke $t_u$) und den Füllstäben ($t_1$, $t_2$) bzw. zwischen untergesetztem ($t_u$) und aufgesetztem Füllstab ($t_a$) ist abhängig vom Rohrwerkstoff

$$\text{St 37:} \quad \text{erf}\,(t_u/t_a) = 1{,}6 \tag{85.1}$$

$$\text{St 52:} \quad \text{erf}\,(t_u/t_a) = 1{,}33 \tag{85.1a}$$

### Knoten mit breitem Spalt $g \geqq 0{,}2\,b_u$

Die Beanspruchung im untergesetzten Profil (Gurt) ist Zug:

$$\text{St 37:} \quad \text{erf}\,(t_u/t_a) = 0{,}8 + \frac{1}{25}\,b_u/t_u \geqq 1{,}6 \tag{85.2}$$

$$\text{St 52:} \quad \text{erf}\,(t_u/t_a) = \frac{2}{3} + \frac{1}{30}\,b_u/t_u \geqq 1{,}33 \tag{85.2a}$$

Die Beanspruchung im untergesetzten Profil (Gurt) ist Druck:

erf ($t_u/t_a$) wird der Tafel **86**.1 entnommen.

Falls der Winkel zwischen den beiden Stäben $60° < \vartheta \leqq 90°$ ist, muß dieser Wert bzw. der Wert nach Gl. (85.2) noch mit dem Faktor

$$f_\vartheta = 0{,}6 + \vartheta/150 \tag{85.3}$$

multipliziert werden.

### Knoten mit schmalem Spalt $g < 0{,}2\,b_u$

erf ($t_u/t_a$) nach Tafel **86**.1 oder nach Gl. (85.2) − ggfs. unter Berücksichtigung von Gl. (85.3) − darf abgemindert werden auf

$$\text{St 37:} \quad \text{erf}\left(\frac{t_u}{t_a}\right) = 1{,}6 + \frac{g}{b_u}\left[5 \cdot \text{erf}\left(\frac{t_u}{t_a}\right)_{\text{Taf.}} - 8\right] \tag{85.4}$$

$$\text{St 52:} \quad \text{erf}\left(\frac{t_u}{t_a}\right) = 1{,}33 + \frac{g}{b_u}\left[5 \cdot \text{erf}\left(\frac{t_u}{t_a}\right)_{\text{Taf.}} - 6{,}65\right] \tag{85.4a}$$

### Versteifte Knoten

Ist die Bedingung nach Gl. (84.4) nicht erfüllbar und will man doch keine Knotenbleche anordnen, dann kann der Knoten mit Zwischenblechen (**87**.1a) oder Unterlegblechen (**87**.1b) versteift werden; deren Dicke muß $t_p \geqq 2$ red $t_i$ und die Dicke ihrer Anschlußnähte am durchgehenden Gurt $a_p \geqq t_i$ für $t_i < 3$ mm ($i = 1,2, \cdots$), jedoch $a_p \geqq$ red $t_i$ sein. Darin ist red $t_i$ die größte reduzierte Wanddicke der endenden Hohlprofile.

Bei Unterlegblechen ist

$$\text{erf}\,(t_u/t_a) = 1{,} \tag{85.5}$$

bei Zwischenblechen ist keine Begrenzung dafür vorgeschrieben.

Tafel **86.1**    Erforderliche Wanddickenverhältnisse erf $(t_u/t_a)$ bei auf Druck beanspruchtem untergesetztem Hohlprofil

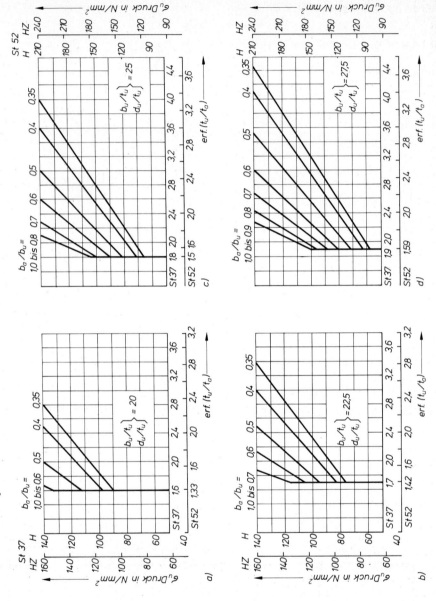

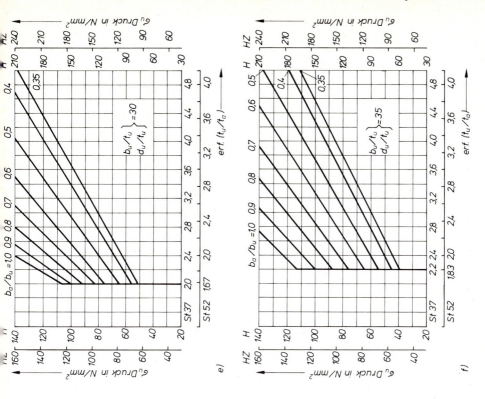

e)

f)

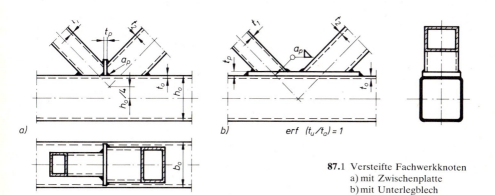

a)

b)    erf $(t_u/t_a) = 1$

**87.**1 Versteifte Fachwerkknoten
a) mit Zwischenplatte
b) mit Unterlegblech

**Beispiel 1 (88.**1**):** Überlappter N-Knoten am Zuggurt. Hohlprofile aus St 52, Lastfall H.

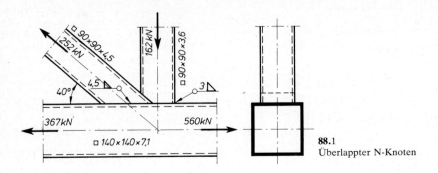

**88.**1
Überlappter N-Knoten

Zuggurt: Hohlprofil $140 \times 140 \times 7{,}1$

$$\sigma_Z = 560/37{,}0 = 15{,}14 \text{ kN/cm}^2 < \text{zul } \sigma = 24 \text{ kN/cm}^2$$

Zugdiagonale: Hohlprofil $90 \times 90 \times 4{,}5$

$$\sigma_a = 252/15{,}2 = 16{,}58 \text{ kN/cm}^2 < \text{zul } \sigma_w = 17 \text{ kN/cm}^2$$

$$\text{red } t_a = 4{,}5\frac{16{,}58}{17{,}0} = 4{,}39 \text{ mm} \qquad\qquad \text{n. Gl. (84.3)}$$

Anschlußnaht: $a_w = 4{,}5 \text{ mm} > \text{red } t_a$

Druckvertikale: Hohlprofil $90 \times 90 \times 3{,}6$, $s_K = 240$ cm

Stabilitätsnachweis: $\lambda = 240/3{,}52 = 68 \qquad \omega = 1{,}39$
$1{,}39 \cdot 162/12{,}3 = 18{,}3 \text{ kN/cm}^2 < \text{zul } \sigma_D = 21 \text{ kN/cm}^2$

Spannungsnachweis:
$\sigma_a = 162/12{,}3 = 13{,}17 \text{ kN/cm}^2 < 17{,}0 \text{ kN/cm}^2$
$\text{red } t_a = 3{,}6 \cdot 13{,}17/17{,}0 = 2{,}79 \text{ mm}$
$a_w = 3 \text{ mm} > \text{red } t_a$

Knotentragfähigkeit

$$b_a/b_u = 90/140 = 0{,}64 > 0{,}35$$

Gurt/Zugdiagonale:

$$\text{vorh } (t_u/\text{red } t_a) = 7{,}1/4{,}39 = 1{,}62 > \text{erf } (t_u/t_a) = 1{,}33 \qquad \text{n. Gl. (65.2a)}$$

Gurt/Druckvertikale:

$$\text{vorh } (t_u/\text{red } t_a) = 7{,}1/2{,}79 = 2{,}54 > 1{,}33$$

Zugdiagonale/Druckvertikale:

$$\text{vorh } (t_u/\text{red } t_a) = 4{,}5/2{,}79 = 1{,}61 > 1{,}33$$

**Beispiel 2 (89.**1**):** K-Knoten mit Spalt am Druckgurt. Hohlprofile aus St 37, Lastfall H.

**89.**1
K-Knoten mit Spalt am Druckgurt

Druckgurt: Hohlprofil $200 \times 200 \times 8$

$\sigma_{\text{D, Gurt}} = 600/59,8 = 10,0 \text{ kN/cm}^2$

Stabilitätsnachweis: $s_K = 440 \text{ cm}$ $\qquad \lambda = 440/7,78 = 57 \qquad \omega = 1,17$
$1,17 \cdot 10,0 = 11,7 \text{ kN/cm}^2 < \text{zul } \sigma_D = 14 \text{ kN/cm}^2$

Zugdiagonale: Hohlprofil $100 \times 100 \times 4$

$\sigma_a = 200/15,2 = 13,16 \text{ kN/cm}^2 < \text{zul } \sigma_w = 13,5 \text{ kN/cm}^2$

red $t_a = 4 \cdot 13,16/13,5 = 3,90 \text{ mm}$

Druckdiagonale: Hohlprofil $90 \times 90 \times 3,6$

$\sigma_a = 133/12,3 = 10,81 < 13,5 \text{ kN/cm}^2$

red $t_a = 3,6 \cdot 10,81/13,5 = 2,88 \text{ mm}$

$a_w = 3 \text{ mm} > \text{red } t_a$

Stabilitätsnachweis: $s_K = 250 \text{ cm}$ $\qquad \lambda = 250/3,52 = 71 \qquad \omega = 1,29$
$1,29 \cdot 10,81 = 13,95 \text{ kN/cm}^2 < \text{zul } \sigma_D = 14 \text{ kN/cm}^2$

Knotentragfähigkeit

Spaltweite $g = 22 \text{ mm} \begin{cases} < 0,2 \, b_u = 0,2 \cdot 200 = 40 \text{ mm} \\ < b_u - b_a = 200 - 100 = 100 \text{ mm (keine Abminderung von zul } \sigma_a \\ \text{erforderlich)} \end{cases}$

Gurt/Zugstab: $b_a/b_u = 100/200 = 0,5 > 0,35$; $b_u/t_u = 200/8 = 25$

Aus Taf. **86.**1 wird abgelesen: erf $(t_u/t_a) = 2,20$

Dieser Wert wird n. Gl. (85.4) reduziert auf

erf $(t_u/t_a) = 1,6 + \dfrac{22}{200} (5 \cdot 2,20 - 8) = 1,93$

vorh $(t_u/\text{red } t_a) = 8/3,9 = 2,05 > \text{erf } (t_u/t_a) = 1,93$

Gurt/Druckstab: $b_a/b_u = 90/200 = 0,45$; $b_u/t_u = 200/8 = 25$

Aus Taf. **86.**1: erf $(t_u/t_a) = 2,36$

Nach Gl. (77.4): $f_\vartheta = 0,6 + \dfrac{75}{150} = 1,1$

vorh $(t_u/\text{red } t_a) = 8/2,88 = 2,78 > f_\vartheta \cdot \text{erf } (t_u/t_a) = 1,1 \cdot 2,36 = 2,60$

Die Reduktion von erf $(t_u/t_a)$ mit Gl. (85.4) erübrigt sich.

### 3.3.3.4  Konstruktion

Sollten aus den im Abschn. 3.3.3.1 erwähnten Gründen Knotenbleche notwendig sein, werden die anzuschließenden Stabenden geschlitzt und angeschweißt. Der luftdichte Verschluß der Stäbe erfolgt entweder durch Zukümpeln (**83.**1), durch Anschweißen von Halbkugelschalen (**92.**1) oder mit einem Deckel (**90.**1).

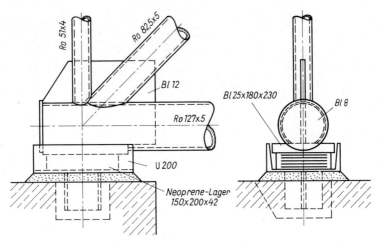

**90.**1 Auflagerpunkt eines Rohrbinders mit Neoprene-Lager

Bei unmittelbarer Verbindung von Rohren ergeben sich räumliche Schnittkurven der Rohrenden, die zugleich mit der Schweißkantenvorbereitung von Rohrbrennmaschinen automatisch hergestellt werden (**90.**2). Ein Beispiel für ein Rohrfachwerk wird im Bild **91.**1 gezeigt.

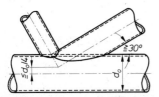

**90.**2  K-Knoten mit überlappten Rohren

Die teure Bearbeitung der Rohrenden und der schwierige Zusammenbau entfallen bei der Verwendung von quadratischen oder rechteckigen Hohlprofilen. Diese brauchen lediglich schräg abgesägt zu werden; bei dem aufgesetzten Füllstab in einem Knoten mit Überlappung sind allerdings 2 Sägeschnitte erforderlich (**88.**1). Weitere Beispiele für die Gestaltung der Knotenpunkte wurden im Abschn. 3.3.3.3 gegeben.

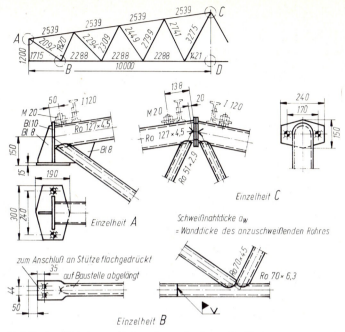

**91.**1 Fachwerkbinder aus Rohren in unmittelbarer Verbindung

## Stoßverbindungen

Werkstattstöße von Rohren werden bei gleichen Durchmessern meist stumpf geschweißt (**91.**2a); eine keramische Unterlage oder ein Einlegering machen das einwandfreie Durchschweißen der Nahtwurzeln möglich. Bei unterschiedlichen Rohrdurchmessern kann die Stoßverbindung mit einer Stoßquerplatte hergestellt werden, deren Dicke für die Biege- und Schubbeanspruchung bemessen ist (**91.**2b); bei Zugkräften muß der Werkstoff der Platte hinsichtlich der Gefahr von Terrassenbrüchen untersucht werden.

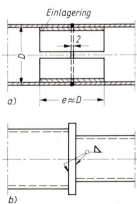

**91.**2
Geschweißte Rohrstöße
a) Stumpfnaht mit Einlegering
b) Stoßquerplatte bei unterschiedlichen Rohrdurchmessern

Baustellenstöße der Gurte werden in der Regel geschraubt. Den Stoß des Druckgurts kann man als Kontaktstoß mit Stirnplatten ausführen (**91.**1 Punkt C). Auch zur Aufnahme kleinerer Zugkräfte ist die Stirnplattenverbindung geeignet, wenn hochfeste Schrauben gleichmäßig über den Umfang verteilt werden (s. Teil 1). Größere Kräfte kann der Laschenstoß aufnehmen (**92.**1). Um die zulässige Zugkraft des Stabes voll anschließen zu können, wird der Kraftanteil, der am Schlitz des Rohres verloren geht, durch Vorbinden vor Beginn des Schlitzes mit Kehlnähten in das Stoßblech eingeleitet. Diese konstruktive Idee läßt sich auch beim Anschluß einer Zugdiagonale an ein Knotenblech verwerten. Bei großen Rohrdurchmessern ist es empfehlenswert, die Stoßdeckungsteile kreuzförmig in die Rohrenden einzufügen; die Verdoppelung der Anschlußflächen gestattet es, eine große Schraubenzahl auf kurzer Laschenlänge unterzubringen.

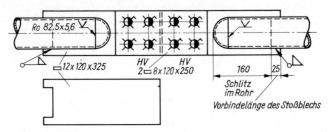

**92.**1 Geschraubter Baustellenstoß eines Zuggurtes (Punkt D von Bild **91.**1)

Ist am Baustellenstoß eines Fachwerkes ein Füllstab einzuschrauben, kann man neben dem Knotenpunkt einen Stoß der Diagonale mit verschraubten Stirnplatten ähnlich dem Gurtstoß anordnen. Eine andere Lösung ergibt sich, wenn man das Stabende z. B. durch Flachdrücken des Rohres oder Anschweißen eines Bleches für den Anschluß an ein Knotenblech vorbereitet (**92.**2). Falls es die Vorschriften oder die Zulassung der Bauweise gestatten, wird man zur Verringerung des Arbeitsaufwandes möglichst nur eine dicke Schraube vorsehen (**92.**2 b).

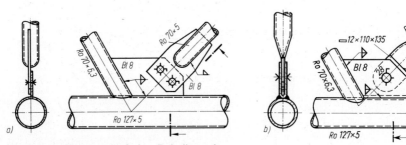

**92.**2 Geschraubter Anschluß einer Rohrdiagonalen

### Besondere Bauweisen

Die Querschnittsform des Rohres erleichtert schiefwinklige Anschlüsse, weswegen sich Rohrkonstruktionen für Raumfachwerke besonders eignen. Dreigurtträger mit Diagonalen in allen drei Seitenflächen sind torsionssteif und finden Anwendung für Dachbinder (**93**.1), Pfetten, Rohr- und Transportbrücken usw.

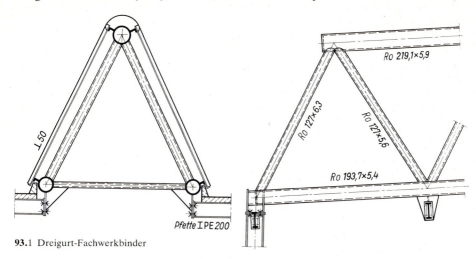

**93**.1 Dreigurt-Fachwerkbinder

Fügt man eine große Anzahl regelmäßiger Körper, wie Würfel, Tetraeder und Oktaeder, deren Kanten durch Rohrstäbe gebildet werden, zu einem plattenartig wirkenden Tragwerk zusammen, so müssen in den Knotenpunkten viele Stäbe miteinander verbunden werden (**93**.2).

Bei der Oktaplatte (Mannesmann) werden 6 in der Ebene und 3 räumlich ankommende Stäbe an eine Kugel aus St 52 angeschweißt (**93**.3). Die Bauweise eignet sich wegen ihrer architektonischen Wirkung zur Überdachung repräsentativer Räume.

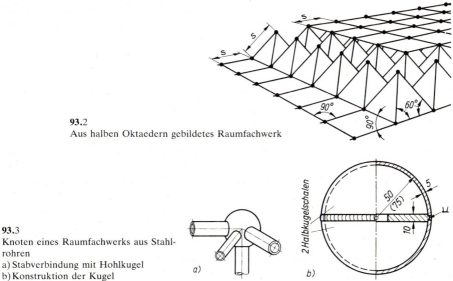

**93**.2
Aus halben Oktaedern gebildetes Raumfachwerk

**93**.3
Knoten eines Raumfachwerks aus Stahl-
rohren
a) Stabverbindung mit Hohlkugel
b) Konstruktion der Kugel

Eine geschraubte Verbindung ist von der Firma Mero, Würzburg, entwickelt worden: In kegelstumpfförmigen Anschweißenden der Rohre stecken Gewindebolzen, die mit der Schlüsselmuffe in die Gewindelöcher der Verbindungskugel eingeschraubt werden (**94**.1). Aus den serienmäßig in Einheitslängen gelieferten Rohren können Raumfachwerke, Dreigurtträger, Lehrgerüste, Arbeitsgerüste, ortsfeste und fahrbare Hebezeuge usw. baukastenartig zusammengesetzt werden.

Andere Hersteller haben ähnliche Knotenverbindungen entwickelt, u. a. auch für quadratische Hohlprofile.

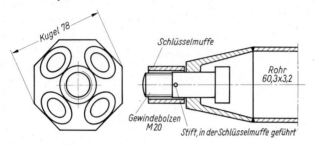

**94**.1
Knotenpunktverbindung des MERO-Raumfachwerks

## 3.4  Unterspannte Träger

Werden auf Biegung beanspruchte Träger durch einen oder mehrere kurze Pfosten auf die Knickpunkte eines unterhalb des Trägers liegenden und mit den Trägerenden verbundenen Zugbandes abgestützt, so entstehen einfach oder mehrfach unterspannte, 1fach statisch unbestimmte Träger (**94**.2). Sie werden als Gerüstträger, Pfetten und Leitern (oft in Leichtbauweise), als Brücken für Rohrleitungen, Förderanlagen und leichten Verkehr sowie im Waggonbau verwendet. Besonders geeignet ist die Unterspannung für die nachträgliche Verstärkung überlasteter Träger.

Die Systemlinien schneiden sich in einem Punkt (**94**.2a), jedoch kann man das Zugband am Auflager auch ausmittig anschließen, wenn sich die Konstruktion dadurch vereinfacht (**94**.2c, **95**.2).

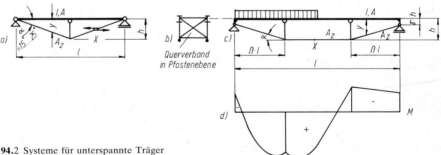

**94**.2 Systeme für unterspannte Träger
a) einfach unterspannt mit mittigem Zugbandanschluß
b) Querverband zur Sicherung der Pfosten gegen seitliches Ausknicken
c) zweifach unterspannter Träger mit ausmittigem Zugbandanschluß
d) Momentenverteilung des zweifach unterspannten Trägers für halbseitige Streckenlast

Die Unterspannung erhält Zug, die Pfosten erhalten Druck; der Streckträger wird auf Biegung und durch die Horizontalkraft der Unterspannung auch auf Druck beansprucht. Die Horizontalkomponente der Zugbandkraft als statisch überzählige Größe errechnet sich bei Belastung mit einer Streckenlast $p$ zu

$$X = \frac{p \cdot l^2}{24\,h} \cdot \frac{Z}{N} \, . \qquad (95.1)$$

Mit den Bezeichnungen nach Bild **94.**2c lautet der Nenner

$$N = (1 - 2\beta) + \frac{2}{3}\beta(1 + \gamma + \gamma^2) + \frac{1}{h^2}\left\{\frac{I}{A} + \frac{I}{A_z}\left[1 + 2\beta\left(\frac{1}{\cos^3\alpha} - 1\right)\right]\right\} \quad (95.2)$$

Der Zähler $Z$ kann für verschiedene Laststellungen Tafel **95.**1 entnommen werden. Durch Überlagern lassen sich hieraus weitere Lastkombinationen bilden.

Tafel **95.**1    Zählerwerte $Z$ zu Gl. (85.1) für verschiedene Streckenlasten

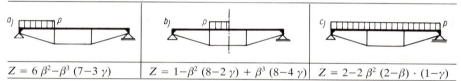

| a) | b) | c) |
|---|---|---|
| $Z = 6\,\beta^2 - \beta^3\,(7 - 3\,\gamma)$ | $Z = 1 - \beta^2\,(8 - 2\,\gamma) + \beta^3\,(8 - 4\,\gamma)$ | $Z = 2 - 2\,\beta^2\,(2 - \beta)\cdot(1 - \gamma)$ |

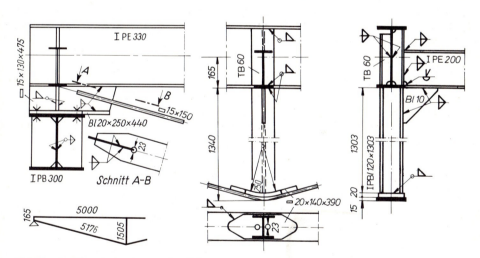

95.2 Konstruktion eines unterspannten Trägers

Die Biegemomente des Balkens haben die Größe

$$M = M_\mathrm{o} - X \cdot y \qquad (95.3)$$

mit $M_\mathrm{o}$ = Biegemoment des einfachen Balkens auf 2 Stützen.

Mit $\beta = 0,5$ gelten die Formeln auch für den einfach verspannten Träger (**94.**2a). Liegt das Zugband nicht unter, sondern über dem Träger, so erhält es Druck und es entsteht der versteifte Stabbogen, der ebenfalls mit den Gl. (95.1 bis 3) berechnet werden kann.

Die Unterspannung und die Pfosten werden in Trägerebene biegeweich ausgeführt, damit sie von Biegemomenten aus der Verformung des Streckträgers möglichst frei bleiben. Das Zugband wird aus Rundstahl mit Gelenkbolzen und eventuell mit Spannschloß, oder aus Flach- oder Profilstählen hergestellt. Ein Spannschloß ermöglicht, die Momentenverteilung durch Vorspannung in wirtschaftlich günstiger Weise zu beeinflussen. Das untere Pfostenende muß gegen seitliches Ausweichen gesichert werden. Bei 2 parallel nebeneinanderliegenden Trägern gewährleistet ein Querverband in Pfostenebene (**94.**2b) oder ein Halbrahmen aus Pfosten und Querträger (**95.**2) die Querstabilität. Bei nur einer Tragwerksebene muß der Pfosten biegesteif am Streckträger angeschlossen und dieser gegen Verdrehen gesichert werden, indem man ihn z.B. als torsionssteifen Hohlquerschnitt ausbildet. An der Umlenkstelle ist das Zugband mit großem Radius ausgerundet; die Umlenkkräfte (**31.**2 und Gl. 32.1) werden von der Fußplatte des Pfostens übernommen. Die Bohrungen neben dem Pfostensteg dienen dem Wasserabfluß.

# 4 Dünnwandige Bauteile (Stahlleichtbau)

## 4.1 Allgemeines

In der Stahlbaugrundnorm DIN 18800 Teil 1 ist die Mindestdicke tragender Bauteile indirekt festgelegt, indem die zulässigen Spannungen für Schrauben an die Bauteildicke $t \geqq 3$ mm gebunden sind. Auch für Schweißverbindungen ergibt sich aus der Mindestdicke für Kehlnähte $a_w \geqq 2$ mm die gleiche Mindestdicke der Bauteile, weil die Nahtdicke begrenzt ist auf 0,7 min $t$: min $t = a_w/0,7 = 2/0,7 \approx 3$ mm. Diese Dickenbegrenzung liegt auch den besonderen Korrosionsschutzbestimmungen für tragende dünnwandige Bauteile zugrunde.

Im Stahlleichtbau werden nun Bauteile mit Dicke $t < 3$ mm verwendet. Das ist möglich, weil die Anwendungsnorm für den Stahlhochbau DIN 18801 die Mindestdicke auf 1,5 mm festlegt, jedoch sind dann besondere Überlegungen hinsichtlich der Verbindungsmittel erforderlich, ggfs. sind neuartige Verbindungen, wie das Punktschweißen, anzuwenden. Für Bauteile mit noch kleinerer Dicke bestehen entweder eigene Normen, wie etwa für Trapezbleche, deren Dicke bis auf 0,5 mm hinabreicht, oder die Herstellung und Anwendung solcher Bauteile ist in allgemeinen Zulassungen geregelt.

### Vor- und Nachteile

Bei Biege- und Druckbeanspruchung ist der Stahlbedarf dünnwandiger Bauteile zur Erzielung gleich großer Tragfähigkeit geringer als bei Verwendung üblicher Walzprofile, weil sich die einzelnen Querschnittsteile bei kleinerer Wanddicke weiter von den Schwerachsen entfernt befinden und dadurch einen größeren Beitrag zum Trägheits- und Widerstandsmoment leisten.

Die beiden quadratischen Hohlquerschnitte **98.**1a und b haben gleichgroße Querschnittsflächen $A$. Durch Halbieren der Wanddicke $t$ von 4 mm auf 2 mm wird das Trägheitsmoment vervierfacht (die Durchbiegung auf ¼ verkleinert), der Trägheitsradius $i$ verdoppelt (der Schlankheitsgrad des Druckstabes halbiert), das Widerstandsmoment $W$ verdoppelt (die Biegespannung halbiert). Bei geforderter Tragfähigkeit ist der Stahlbedarf einer Stahlleichtkonstruktion daher geringer als der einer „normalen" Stahlkonstruktion: Der Querschnitt **98.**1c benötigt für das gleiche Widerstandsmoment $W$ eine um 30,2% kleinere Querschnittsfläche $A$ als der Querschnitt **98.**1a.

Weitere Gewichtsverminderung ergibt sich bei Verwendung von Stählen höherer Festigkeit oder durch Ausnutzen der Werkstoffverfestigung, die beim Abkanten oder Kaltwalzen der Profile eintritt.

Für Zugstäbe bietet die Leichtbauweise keinen Vorteil, weil die Tragfähigkeit nur von der Querschnittsfläche $A$ bestimmt wird.

Die geringen Wanddicken der Stahlleichtbauten führen andererseits aber in erhöhtem Maße zu Instabilitäten, wie B e u l e n und D r e h k n i c k e n. Bei den Querschnitten **98.**1c und erst recht **98.**1b ist das schon gefühlsmäßig erkennbar. Wenn zur Stabilitätssicherung zusätzlicher Baustoff aufgewendet werden muß (**102.**1), erreicht die Stahlersparnis nicht das oben erwähnte Ausmaß. Als weiterer Nachteil muß die Herstellung und Erhaltung eines dauerhaften, besonders guten Korrosionsschutzes genannt werden.

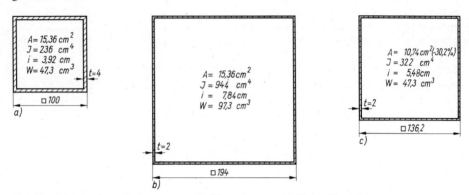

**98.**1 Vergleich der Querschnittswerte von Profilen mit unterschiedlicher Wanddicke
   a) Vergleichsquerschnitt mit 4 mm Wanddicke
   b) Querschnitt mit 2 mm Wanddicke und gleicher Fläche $A$
   c) Querschnitt mit 2 mm Wanddicke und gleichem Widerstandsmoment $W$

## Anwendungsbereiche

Dünnwandige tragende Bauteile dürfen nur in vorwiegend ruhend belasteten Konstruktionen ausgeführt werden. Ihre Herstellung ist im allg. sehr lohnintensiv. Die Wirtschaftlichkeit des Stahlleichtbaus hängt daher davon ab, ob es gelingt, die vermehrten Lohnkosten durch Baustoffeinsparungen zu decken.

Da das ohne weiteres meist nicht der Fall ist, wird man die Lohnkosten durch verstärkten Maschineneinsatz senken. Diese Investitionen lohnen sich jedoch nur bei großen Stückzahlen gleicher Bauteile. Die Stahlleichtbauweise ist daher besonders geeignet für die S e r i e n h e r s t e l l u n g typisierter Bauteile, wie Decken- und Schalungsträger, Dachbinder, Hallenkonstruktionen, Dach-, Decken- und Wandelemente sowie Fertighäuser, die dann „nach Katalog" bestellt werden können.

Der Markt für derartige Bauelemente ist ständigen Wandlungen unterworfen; die im späteren Abschnitt 4.3 gezeigten Beispiele stellen daher nicht den aktuellen Stand dar, sondern sollen exemplarisch die konstruktiven Möglichkeiten aufzeigen.

## Korrosionsschutz

Die kleine Wanddicke begründet erhöhte Korrosionsgefahr, wie man sich leicht verdeutlicht, wenn man bedenkt, daß ein Rostabtrag von 1 mm bei einer Wanddicke $t = 10$ mm einen Querschnittsverlust von 10% bedeutet, bei $t = 2$ mm jedoch eine Tragfähigkeitseinbuße von 50%, die von der rechnerischen Sicherheit bereits nicht mehr gedeckt wird. Folgerichtig werden für dünnwandige Bauteile in DIN 55928

Teil 8 über den üblichen Korrosionsschutz hinausgehende Maßnahmen gefordert. Dazu gehört die strikte Beachtung der Grundsätze korrosionsschutzgerechter Gestaltung, korrosionsgeschützte Lagerung des Baustahls und der Bauteile und Aufbringen des Schutzsystems im Werk. Der Korrosionsschutz wird in drei Klassen unterteilt: I ist die einfachste, III die aufwendigste Ausführung. Ihre Anwendung bei Flächen, die der Außenluft ausgesetzt sind, ist Tafel **99**.1 zu entnehmen. Flächen im Inneren offener Gebäude sind im allg. ebenfalls nach dieser Tafel zu behandeln. Zugängliche Flächen in geschlossenen Gebäuden sind nach Klasse I zu schützen, nicht zugängliche Flächen nach II und bei chemischer Beanspruchung nach III[1]). In Tabellen der Norm ist eine große Zahl von Werkstoffkombinationen für Metallüberzüge und Beschichtungen mit den jeweils zum Erreichen der geforderten Korrosionsschutzklasse benötigten Schichtdicken zusammengestellt.

Bei einbetonierten Bauteilen kann auf einen Korrosionsschutz verzichtet werden, wenn die Überdeckung mit dichtem Beton $\geqq$ 35 mm, im Inneren geschlossener Räume 25 mm beträgt.

Tafel **99**.1    Zuordnung von Korrosionsschutzklassen zu den Korrosionsangriffen in der natürlichen Atmosphäre (Außenluft)

| Atmosphärentyp | | Land | Stadt | Industrie, Meer | Sonderbeanspruchungen |
|---|---|---|---|---|---|
| Fläche | zugänglich | I | II | III | III[1]) |
| | nicht zugänglich | II | III | III | – |

[1]) Bei chemischer oder sonstiger Sonderbeanspruchung ist das für den jeweiligen Anwendungsfall spezifische System zu wählen.

## 4.2    Werkstoffe und Verbindungsmittel

**Werkstoffe**

Der Leichtbau stellt über die im gewöhnlichen Stahlbau vom Werkstoff geforderten hohen Werte für die Zugfestigkeit und Streckgrenze hinaus besondere Ansprüche an Kaltverformbarkeit und Schweißeignung. Kaltprofile werden bevorzugt aus Stählen nach DIN 17100 hergestellt, die Eignung zum Abkanten (z.B. R Q St 37−2) oder Walzprofilieren (z.B. K St 52−3) aufweisen. Bei kleinen Fertigungsmengen erfolgt die Profilierung durch kaltes Abkanten, Ziehen oder Pressen, bei großen Mengen ist die Bearbeitung auf Walzprofiliermaschinen wirtschaftlicher. Als Folge der Kaltverformung steigen Zugfestigkeit und Streckgrenze des Stahles bis zu 50% an, doch darf dies nur dann zur Erhöhung der zulässigen Spannung ausgenutzt werden, wenn eine besondere Zulassung hierfür vorliegt. Kaltverformung erhöht aber auch die Sprödigkeit, bei kleinen Wanddicken allerdings nicht so stark wie bei den dickeren Walzprofilen. Soll in kaltgeformten Bereichen geschweißt werden, sind geeignete Stahlgütegruppen zu wählen und die Bedingungen der DIN 18800 Teil 1, 9.2.2.7 zu beachten.

**Verbindungsmittel**

Kaltnietung ist zulässig bis $d = 10$ mm; die Löcher dürfen gestanzt werden. Im Sinne des Leichtbaus liegt es jedoch, wegen der Querschnittsschwächung und Gewichtsvergrößerung das Nieten zu vermeiden.

Punktschweißung ist eine elektrische Widerstandsschweißung, bei der die zu verbindenden Stahlteile durch Kupferelektroden zusammengedrückt und verschweißt werden (**100.**1). Stärke und Dauer des mechanischen Druckes und elektrischen Stromes − Auslösung durch Fußschalter − sind den Blechdicken und den zu erzielenden Schweißpunktdurchmessern anzupassen. Für die Güte der Punktschweißverbindung ist Entrosten und Entzundern der Verbindungsstellen von wesentlicher Bedeutung.

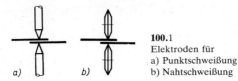

a)        b)

**100.**1
Elektroden für
a) Punktschweißung
b) Nahtschweißung

Außer ortsfesten Schweißmaschinen verwendet man von Hand oder mit Hebezeugen bewegte Schweißbügel oder Schweißzangen und für schlecht zugängliche Punkte Stoßelektroden (**100.**2). Durchlaufende Nähte können mit Elektroden hergestellt werden, die als Rollen ausgebildet sind (**100.**1 b).

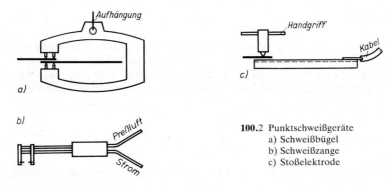

**100.**2 Punktschweißgeräte
a) Schweißbügel
b) Schweißzange
c) Stoßelektrode

Die zulässige Dicke der zu verschweißenden Einzelteile ist in der Regel 5 mm; mehr als 3 Teile dürfen nicht durch einen Schweißpunkt verbunden werden. Der Schweißpunktdurchmesser ist durch Vorversuche festzulegen; in der Berechnung ist er mit $d \leq 5 \sqrt{\min t}$ einzusetzen. Die Schweißpunkte werden wie Schrauben als Scher-Lochleibungsverbindung nachgewiesen mit zul $\tau_a = 0{,}65$ zul $\sigma$ und zul $\sigma_l = 1{,}8$ zul $\sigma$ bei einschnittigen bzw. zul $\sigma_l = 2{,}5$ zul $\sigma$ bei zweischnittigen Verbindungen mit zul $\sigma$ nach DIN 18800 Teil 1, Tab. 7, Zeile 2. In Kraftrichtung hintereinander sind mindestens 2 Schweißpunkte anzuordnen und es dürfen höchstens 5 als tragend in Rechnung gestellt werden. Diese Einschränkung gilt nicht für die Verbindung von Blechen, die vorwiegend Schub in ihrer Ebene abtragen. Die Regeln für die Abstände der Schweißpunkte untereinander und vom Rand s. Tafel **101.**1.

Tafel **101**.1  Abstände der Schweißpunkte. Schweißpunktdurchmesser $d \leqq 5 \sqrt{\min t}$

| | in Kraftverbindungen | | in Heftverbindungen | | |
|---|---|---|---|---|---|
| gegen-seitige Abstände |  | | | ohne | mit |
| | | | | umgebördeltem Rand | |
| | $3,0\,d \leqq e_1 \leqq 6,0\,d$ | | $e_H \leqq$ | Druck-stäbe | $8\,d$ / $20 \min t$ | $12\,d$ / $30 \min t$ |
| | | | | Zug-stäbe | $12\,d$ / $30 \min t$ | $18\,d$ / $45 \min t$ |
| Rand-abstände | ∥ Kraft | $2,5\,d \leqq e_2 \leqq 4,5\,d$ | $e_{HR} \leqq \dfrac{e_H}{2}$ | | |
| | ⊥ Kraft | $2,0\,d \leqq e_3 \leqq 4,0\,d$ | | | |

## 4.3  Konstruktionen aus Kaltprofilen

### 4.3.1  Querschnitte

Die Querschnittsformen von Kaltprofilen sind nicht genormt. Eine Normung wäre auch wenig sinnvoll, weil Stahlleichtbau nur dann wirtschaftlich sein kann, wenn in jedem Anwendungsfall das bestgeeignete Profil zur Verfügung steht. Die dazu benötigte Profil-Vielfalt ist möglich, weil die Umstellung der Fertigungsbedingungen bei handelsüblichen Kaltprofilen weniger zeit- und kostenaufwendig ist als bei warmgewalzten Profilen.

**101**.1
Übliche Grundquerschnitte von Kaltprofilen

**101**.2
Beispiele für aus Kaltprofilen zusammengesetzte Hohlquerschnitte

Grundquerschnitte in L-, U-, C-, Z- und Hut-Form (**101**.1) lassen sich einzeln verwenden (**102**.3) oder zusammensetzen (**102**.2), z. B. auch zu knick- und torsionssteifen Hohlquerschnitten (**101**.2). Bei gedrückten Bauteilen dürfen die Seitenlängen in Abhängigkeit von der Profildicke $t$ gemäß DASt−Ri 012 nicht größer sein, als in Bild **102**.1 angegeben ist, falls kein genauerer Beulsicherheitsnachweis geführt wird; umgekantete Flanschenden und ggfs. eingepreßte Sicken erhöhen die Beulsicherheit. Mindestabmessungen der Seitenlängen sind in

Klammern eingetragen. Für $t \leqq$ 6 mm ist der Innenradius $R$ = 1 · $t$ für St 37 bzw. $R$ = 2 $t$ für St 52, falls nichts anderes vereinbart wird; demgemäß darf im kaltgeform-ten Eckbereich geschweißt werden, sofern $t \leqq$ 4 mm ist.

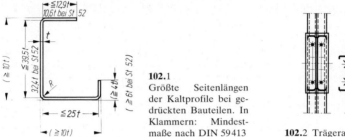

**102.**1
Größte    Seitenlängen
der Kaltprofile bei ge-
drückten Bauteilen. In
Klammern:    Mindest-
maße nach DIN 59413

**102.**2 Trägeranschlüsse an eine Stütze

### 4.3.2    Träger und Stützen

Kaltprofile in C-Form, einzeln oder zusammengesetzt, werden konstruktiv genauso verwendet wie U- oder I-förmige Walzprofile. Für das Skelett eines Wohn- oder Geschäftshauses zeigt Bild **102.**2 den Anschluß des Unterzuges und des Deckenträgers an die Stütze. Bei den Trägern ist eine ausreichende Kippsicherheit nachzuweisen und ggf. durch Verspannungen oder andere geeignete Maßnahmen herzustellen.

### 4.3.3    Fachwerke

Aus der Vielzahl der Stahlleichtbauerzeugnisse werden im folgenden 3 typische Bauweisen im Beispiel vorgestellt:

Die Dachbinder der Fa. W u p p e r m a n n (**102.**3) werden serienmäßig mit 15° Dach-neigung und mit Stützweiten von 7,5 ··· 25 m hergestellt. Es werden mindestens

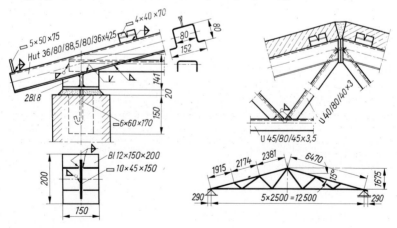

**102.**3 Dachbinder aus Kaltprofilen (Fa. Wuppermann)

3 mm dicke, schachtelbare Grundquerschnitte von Kaltprofilen verwendet. Deswegen können die Stäbe durch Lichtbogenschweißung verbunden werden und die Durchbildung unterscheidet sich daher nicht wesentlich von geschweißten Fachwerken üblicher Konstruktion. Wegen ausreichender Wanddicke entfallen die besonderen Korrosionsschutzbestimmungen für dünnwandige Bauteile.

Infolge der großen Maßgenauigkeit der Kaltprofile passen der Untergurt und die Diagonalen mit ihrer Breite in das Hutprofil des Obergurtes hinein und werden ohne Knotenbleche angeschweißt. Bimsstegdielen als Eindeckung liegen unmittelbar auf den in $2 \cdots 2{,}5$ m Abstand angeordneten Bindern auf und beanspruchen den Obergurt zusätzlich auf Biegung; der Fl $5 \times 50$ am unteren Ende des Obergurtes verhindert das Abgleiten der Dachplatten, die in regelmäßigen Abständen aufgeschweißten Fl $4 \times 40$ sichern den Obergurt gegen seitliches Ausknicken, indem sie in die Fugen der Bimsplattenscheibe einbinden. Während der Montage der Stahlkonstruktion und der Dachplatten wird die Aufgabe der Knicksicherung von Längsstäben in Verbindung mit Dachverbänden wahrgenommen. Bei leichter Dacheindeckung (Wellasbestzement) kann der Binderabstand bei Anordnung von Pfetten bis auf 4 m vergrößert werden.

Aus dünnwandigen Grundtypen der Kaltprofile wurde der Dachbinder von Bild **104**.1 mit bis zu 12,5 m Stützweite hergestellt. Die kleinste Wanddicke $t = 1{,}5$ mm entspricht der nach DIN 18801 geforderten Mindestdicke. Da die Wanddicke jedoch für das Lichtbogenschweißen zu dünn ist, werden die Einzelteile durch Punktschweißung verbunden. Hinsichtlich des Korrosionsschutzes unterliegt die Konstruktion den Bestimmungen für dünnwandige Bauteile.

Die je nach Belastung in $2{,}0 \cdots 2{,}5$ m Abstand angeordneten Binder tragen ohne Pfetten $\approx 8$ cm dicke Bimsstegplatten, wofür der Obergurt biegefest ausgebildet ist mit Abstützung der Gurtwinkel gegen den Steg. Die Diagonalen aus übereckgestellten Winkelprofilen werden an die breiten Stege der Gurte ohne Knotenbleche durch Punktschweißung angeschlossen. Die Montagestöße in Bindermitte sind verschraubt, wobei die dünnen Stege zur Erzielung der erforderlichen Lochwanddicke durch aufgepunktete Beibleche verstärkt sind. Wegen der Häufung der Blechlagen müssen die mittleren Diagonalen an den Obergurt mit Nieten $\varnothing$ 5 angeschlossen werden. Der Obergurtstoß ist als Kontaktstoß ausgebildet. Der oben überstehende Steg des Obergurtes bindet zwecks Knicksicherung durchgehend in die Fugen der Dachplatten ein. Zusätzlich wird der Obergurt durch Verbindungsstäbe zwischen den Bindern in den Viertelspunkten der Stützweite und in Bindermitte durch einen Vertikalverband gegen die Dachverbände abgestützt.

Für die seinerzeit serienmäßig hergestellten Zweigelenkrahmen der Fa. Donges wurden speziell entwickelte Sonderprofile verwendet, für die wegen der Kaltverfestigung erhöhte zulässige Spannungen genehmigt wurden. Die Wanddicke der Profile ist mindestens 4 mm, so daß übliche Schweiß- und Schraubverbindungen und normaler Korrosionsschutz möglich sind (**105**.1).

Durch die günstige Querschnittform hat der Rahmen eine große Seitensteifigkeit, das breite Obergurtprofil erlaubt unmittelbares Auflagern von Dachplatten. Die Tragfähigkeit des im Bereich der Rahmenecke auf Biegedrillknicken beanspruchten Untergurtes wird durch Ausbetonieren beträchtlich erhöht.

Weitere Beispiele s. Bild **149**.1 und **150**.1.

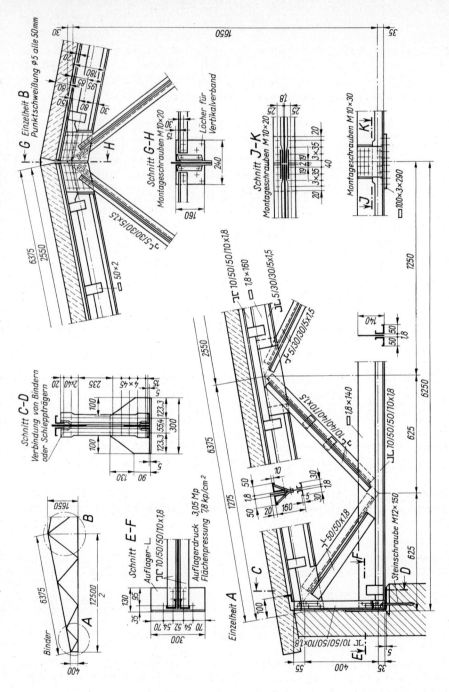

**104.**1 Punktgeschweißter Fachwerkbinder

**105.1**
Dolesta-Binder (wird nicht mehr hergestellt)
a) Übersicht des Zweigelenkrahmens
b) Querschnitt und Knotenpunktgestaltung

## 4.3.4  Vollwandige Konstruktionen

Vollwandträger für leichte Binder und Unterzüge können aus einem Stegblech und Winkelprofilen für die Gurte mit Punktschweißung zusammengesetzt werden (**105.**2a); das nach oben herausragende, in die Dach- oder Deckenplatte einbindende Stegblech sichert den Träger gegen Kippen (**105.**2b).

Durch Abkanten von Blechen lassen sich vielgestaltige Querschnitte z.B. für Dekken- und Schalungsträger herstellen (**105.**2c); der torsionssteife Hohlquerschnitt des Obergurtes verbessert die Kippsicherheit.

**105.**2
Vollwandträger aus Bandstahl
a) und b) Stegblech mit Gurtwinkeln
c) aus abgekantetem Blech

Das Tektal-Dach (**106.**1) ist ein Flächentragwerk mit längsversteifenden Rippen in 1 m Abstand und querversteifenden eingeprägten Sicken (Schnitt A−B). Die durch Kaltwalzen und Tiefziehen eingetretene Werkstoffverfestigung wird aufgrund von Traglastversuchen bei der Tragfähigkeit berücksichtigt. Die Dachbleche werden mit den Längsrippen auf der Baustelle durch B o h r s c h r a u b e n oder durch K a l t - n i e t e schubfest verbunden, so daß sie als Obergurt der Längsrippen mitwirken. Bei Belastung in Rippenlängsrichtung darf eine Scheibenwirkung berücksichtigt werden, die Dachverbände entbehrlich macht. Gemäß der Zulassung sind hierfür besondere Bedingungen zu erfüllen und konstruktive Maßnahmen vorzusehen.

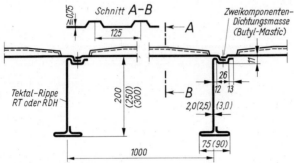

**106.**1
Tektal-Dach (Hoesch AG)

Bis zu 10 m Stützweite kann das Tektal-Dach als selbständige Dachkonstruktion verwendet werden; bei größeren Stützweiten sind Binder vorzusehen. Der verwendete Bandstahl ist feuerverzinkt und erhält auf Wunsch eine zusätzliche Einbrennlackierung. Bei steiler Dachneigung kann man die W ä r m e d ä m m u n g unter die Rippen hängen, wobei der Raum unter dem Dachblech gut belüftet werden muß (Kaltdach). Meist wird die Wärmedämmung aber auf die Bleche gelegt (Warmdach); die Sicken zeigen dann nach unten. Durch Abdichten der Fuge über der Vernietung mit einer selbstklebenden Aluminiumfolie wird das Dach dampfdiffusionsdicht.

Eine gleichartige Konstruktion wird in 4 Profilreihen als B a n d s t a h l d e c k e mit zulässigen Stützweiten von 4,25 ⋯ 10,0 m und 62,5 cm Rippenabstand hergestellt.

# 5  Dachkonstruktionen

## 5.1  Allgemeines

Dachkonstruktionen bestehen aus der Dachhaut oder Dacheindeckung, die den Schutz gegen Niederschläge, Wind und Temperatur bietet, sowie aus den Sparren, Pfetten, Bindern, Verbänden und Auflagern, die alle äußeren Lasten aus der Dachhaut übernehmen und in die Unterstützung ableiten (**107**.1).

### Lastannahmen

Die ständige Last errechnet sich aus Gewicht der Dachhaut, Sparren, Pfetten, Binder und Verbände sowie gegebenenfalls angehängter Decke. Das Eigengewicht der Dachhaut und der angehängten Decke ist DIN 1055, T. 1 zu entnehmen. Näherungswerte für das Eigengewicht von Pfetten s. Abschn. 5.4, von Dachbindern s. Abschn. 5.5.

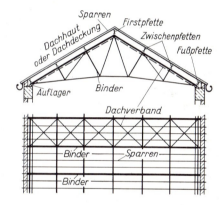

107.1
Dachkonstruktion; Übersicht

Die Schneelast ist in der Grundrißprojektion des Daches als Funktion des Dachneigungswinkels $\alpha$ anzusetzen mit

$$s = s_\text{o} \left( 1 - \frac{\alpha - 30°}{40°} \right) \qquad\qquad (107.1)$$

Für $\alpha \leqq 30°$ ist $s = s_\text{o}$ und für $\alpha \geqq 70°$ ist $s = 0$ einzuführen. Die Regelschneelast $s_\text{o}$ (0,75 ⋯ 5,5 kN/m²) kann in Abhängigkeit von der Schneelastzone (I ⋯ IV) und der Geländehöhe (0 ⋯ 1000 m über NN) der Tabelle 2 der DIN 1055, T. 5 entnommen werden. Bei einseitiger Schneebelastung der Dachfläche ist einseitig mit $s/2$ und auf der restlichen Fläche mit $s = 0$ zu rechnen. Mögliche Schneeanhäufungen (Schneesäcke) sollen mit einer Schneerohwichte von 5 kN/m³ erfaßt werden. Bei Sheddächern darf man annehmen, daß die Summe der auf das Dach entfallenden Schneelasten mit $s = s_\text{o}$ gleich bleibt.

Die Größe der resultierenden Windlast für ein nicht schwingungsanfälliges Bauwerk ist

$$W = c_\text{f} \cdot q \cdot A \quad \text{in kN} \qquad\qquad (107.2)$$

und der auf die Flächeneinheit rechtwinklig zur Begrenzungsfläche des Baukörpers wirkende

Winddruck

$$w = c_p \cdot q \quad \text{in kN/m}^2 \tag{108.1}$$

Dabei ist: $q$ = Staudruck in kN/m² (Taf. **108**.1)
$A$ = Bezugsfläche in m²
$c_f$ = aerodynamischer Lastbeiwert und
$c_p$ = aerodynamischer Druckbeiwert, abhängig von Anströmrichtung und Form des Baukörpers.

Tafel **108**.1    Staudruck in Abhängigkeit von der Höhe

| Höhe über Gelände in m | $\leqq 8$ | $> 8 \cdots 20$ | $> 20 \cdots 100$ | $> 100$ |
|---|---|---|---|---|
| Staudruck $q$ in kN/m² | 0,5 | 0,8 | 1,1* | 1,3 |

* Mindestwert für ein Bauwerk auf steiler und hoher Geländeerhebung

Für einzelne Tragglieder (Sparren, Pfetten, Wandstiele usw.) ist die Windlast bei kleinen Einzugsflächen ($< 15\%$ der Gesamtfläche) um ¼ zu erhöhen. Für Wand- und Dachtafeln sind an den Bauwerkskanten erhöhte Windsogbeiwerte $c$ anzunehmen.

Zur Berücksichtigung der gleichzeitigen Wirkung von Schnee- und Windlast ist bei $\alpha \leqq 45°$ der ungünstigere der beiden Lastfälle $s + w/2$ oder $s/2 + w$ maßgebend; bei $\alpha > 45°$ ist die gleichzeitige Wirkung von Schnee und Wind nur bei Schneeansammlungen oder besonders ungünstigen Schneeverhältnissen zu berücksichtigen. Diese Kombinationen gelten als Lastfall H! Lastfall HZ darf nur bei gleichzeitigem vollen Ansatz von Schnee und Wind angenommen werden. Anstelle von Schnee- und Windlast kann bei Bauteilen mit kleiner Belastungsfläche (Dachhaut, Sprossen, Sparren, unmittelbar belastete Binderobergurte) eine Einzellast von 1 kN in ungünstigster Stellung maßgebend werden; bei leichten Sprossen genügt eine Einzellast von 0,5 kN, wenn das Dach nur mit Hilfe von Bohlen oder Leitern begehbar ist.

## 5.2   Dachhaut

Sie soll wasserdicht sein, und das Niederschlagswasser muß rasch und vollkommen abfließen können. Dazu ist für jede Dachdeckung eine Mindestneigung einzuhalten (Taf. **108**.2). Die Biegefestigkeit der Dachhaut bestimmt den maximalen bzw. den wirtschaftlichen, in der Dachneigung gemessenen Pfettenabstand. Die Dachneigung legt die Binderform, der Pfettenabstand legt die Fachwerk-Knotenpunkte des Binderobergurtes fest.

Tafel **108**.2    Übliche Mindestwerte der Dachneigung $\alpha$ verschiedener Dachdeckungen

| | |
|---|---|
| verzinkte Falzbleche, doppellagige Dachpappe | 3° |
| verzinkte Stahlpfannen, Wellblech | 10° |
| Falzziegel | 18° |
| Pfannen, Schiefer, Glas | 30° |

### 5.2.1 Altbewährte Eindeckungen

Pappe, Schiefer, Asbestzementplatten oder Stehfalzdeckung aus Metalltafeln auf Schalung und Dachziegel verschiedenster Art auf Holzlattung werden auf H o l z - s p a r r e n verlegt [11]. Stahllattung verwendet man nur bei Stahlsparren, die in Abständen $\leqq$ 1,5 m angeordnet werden können. Der Pfettenabstand ist 3,0···4,5 m.

### 5.2.2 Massive Dachplatte

Ihre D a c h e i n d e c k u n g erfolgt meist mit doppellagiger Teer- oder Bitumenpappe.

R u n d s t a h l b e w e h r t e O r t b e t o n p l a t t e n nehmen durch die Scheibenwirkung den Dachschub auf, so daß die Pfetten nicht auf Doppelbiegung beansprucht werden. Der Mindestdicke von 5 cm entspricht ein Pfettenabstand von $\leqq$ 2,0 m. Wegen Schwitzwasserbildung ist eine zusätzliche Wärmedämmung notwendig.

Wegen ihrer hohen Herstellungskosten werden Ortbetonplatten heute durchweg ersetzt durch S t a h l b e t o n - F e r t i g t e i l e, wie Kassettenplatten, Vollplatten und Hohldielen aus Beton und Leichtbeton sowie Spannbetonplatten verschiedener Fabrikate und Patente (**109.**1). Sie sind leicht, wärmedämmend und werden ohne Mörtel unmittelbar auf den Stahlpfetten oder -sparren verlegt. Die Plattenhersteller haben eigene Anschlüsse und Befestigungen für die üblichen Pfettenprofile entwickelt (**109.**2).

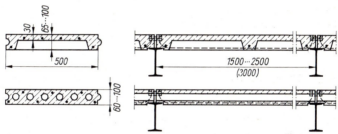

**109.**1 Kassetten- und Stegplatte aus Bimsbeton

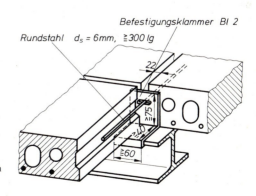

**109.**2
Beispiel einer Verlegesicherung für Dachplatten aus Leichtbeton (DIN 4028)

Für Stahlbetondielen aus Leichtbeton nach DIN 4028 muß die Auflagertiefe $a \geq l/80$ bzw. bei Stahlträgern $\geq 50$ mm sein; ist die Plattenstützweite aber $l \leq 2,5$ m und sind die Pfetten beiderseits etwa gleichmäßig belastet und gegen Verdrehen und seitliches Ausweichen gesichert, genügt $a = 30$ mm. – Bei Platten aus Gasbeton (DIN E 4223) ist der Pfettenabstand im allg. $\leq 5$ m, die Mindestflanschbreite der Pfetten ist $b = 70$ mm.

Auch wenn statisch nicht erforderlich, ist eine Rundstahlverhängung der Pfetten zur Justierung und Sicherung des genauen Pfettenabstandes zweckmäßig. Der D a c h - s c h u b kann durch die steifen Dachplatten in die Traufpfette geleitet werden, so daß die Mittel- und Firstpfetten nicht auf Doppelbiegung beansprucht werden (**131**.4).

S c h e i b e n w i r k u n g ist i. allg. nicht gegeben, doch kann sie unter Verwendung von Spezialplatten dadurch hergestellt werden, daß man in die Quer- und Längsfugen eine durchgehende Rundstahlbewehrung einlegt und die Platten schubfest miteinander verbindet, indem der Fugenvergußmörtel dübelartig in die profilierten Fugenkanten einbindet (s. DIN 1045, **145**.1).

Gegenüber leichteren Dachplatten haben Betonplatten den Vorteil, daß ihr größeres Eigengewicht den Windsogkräften entgegenwirkt; dadurch erübrigen sich meistens besondere Vorkehrungen zur Verankerung und Stabilisierung der Dachkonstruktion.

### 5.2.3   Metalldächer

Eindeckungen aus verzinktem Stahl oder aus Aluminium sind im Verhältnis zu ihrem Eigengewicht sehr tragfähig und führen so zu leichten Tragwerken (Pfetten und Binder); sie sind feuersicher, bei Erdung blitzsicher und dicht, weil die großen Bleche nur wenige Fugen haben. Man kann mit denselben Blechen steile und flache Dächer eindecken und braucht dabei nur die Überdeckung der Querfugen zu ändern. Oberlichter, Dachfenster und Lüftungsklappen lassen sich bequem in die Bleche einfügen; die Eindeckung des Firstes, der Kehlen und Grate sowie die Anschlüsse an Mauern und Ortgänge erfolgen jeweils mit besonders geformten Blechen. Wegen der großen W ä r m e d e h n u n g ($\approx \pm 0,5$ mm/m, bei Aluminium $\approx \pm 0,8$ mm/m) müssen die Verbindungen verschieblich sein.

Die Nachteile der guten Wärmeleitfähigkeit der Metalle werden vermieden, wenn eine W ä r m e d ä m m s c h i c h t auf oder unter der Metallhaut verlegt wird (**112**.1, **116**.1). Damit die Dämmschicht nicht vom Schwitzwasser durchfeuchtet wird, muß eine außen liegende Metallhaut von unten gut belüftet werden, was allerdings eine steile Dachneigung voraussetzt. Die Dämmschichten dämpfen zugleich das Geräusch bei starkem Regen.

Wegen der Notwendigkeit zusätzlichen Korrosionsschutzes verzinkter Bleche s. Teil 1.

#### Pfannenbleche (DIN 59231)

Abmessungen s. Teil 1. Sie werden auf Latten oder Pfetten in den Drittelspunkten der Baulänge bzw. auf Schalung mit Dachpappe verlegt; auf Holz werden sie mit

Spezialnägeln, an Stahlpfetten mit verzinkten Hakenschrauben befestigt. Die Längsfugen werden um ⅓ der Baubreite versetzt; dadurch werden an den Giebeln Ergänzungspfannen in ⅓ und ⅔ der normalen Breite notwendig. Die Überdeckung in den Lagerfugen beträgt 100 (150, 200) mm für Dachneigungen $\alpha \geqq 18°$ ($\geqq 12°$, $\geqq 10°$); Querwulste verhindern das Hochsaugen von Wasser und ermöglichen die Belüftung.

**Wellbleche** (DIN 59231)

Flaches Wellblech, Wellenhöhe 18 bis 48 mm, Plattenlänge $\leqq$ 6000 mm, wird auf Pfetten verlegt; Trägerwellblech, 67 oder 88 mm Wellenhöhe, kann auch für freitragende, gewölbte Dächer verwendet werden.

Die Pfettenentfernung beträgt bei Dachprofilen 2,5⋯3,5 m, bei Trägerprofilen > 3,5 m. Die Wellbleche sind als Träger auf 2 Stützen zu berechnen; die Länge der Überdeckung in den Querfugen wird wie bei den Pfannenblechen ausgeführt. Eigengewicht = 0,25 kN/m² einschl. Befestigungsmaterial.

Die waagerechten Lagerfugen führt man über das ganze Dach durch, die Stoßfugen werden gegeneinander versetzt und vernietet. Um die thermische Dehnung der Tafeln zu ermöglichen, werden sie mit Haften aus verzinktem Flachstahl in jedem 2. oder 3. Wellenberg mit dem Pfettenoberflansch verklammert (**111.**1). Bei großen Windsogkräften, z.B. an Gebäudekanten (Traufe, Giebel) oder auf der gesamten Dachfläche offener Bauwerke, erfolgt die Befestigung mit Hakenschrauben in 40 ⋯ 50 cm Abstand (**116.**1).

Als Dacheindeckung ist Wellblech nahezu völlig von Trapezblechen verdrängt worden.

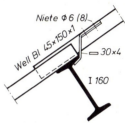

**111.**1 Wellblechbefestigung mit Haften (Agraffen)

**Freitragende Wellblechdächer**

Einfach statisch unbestimmte kreisförmige Tonnengewölbe aus Trägerwellblech mit Zugband zur Aufnahme des Horizontalschubes bilden Dachtragwerk und Raumabschluß zugleich. Das Pfeilverhältnis wählt man $f/l = 1/5 \cdots 1/7$, die Stützweite $l \leqq$ 12 m und den Zugstangenabstand 2,5⋯5 m (**111.**2).

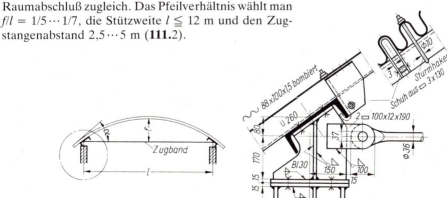

**111.**2
System und Lagerbock eines freitragenden Wellblechdaches mit Zugband

Der Bogen besteht aus längs gebogenen Wellblechtafeln in ungerader Anzahl, damit im Scheitel keine Fuge entsteht. In den gegeneinander versetzten Querfugen werden die sich überdeckenden Blechtafeln entsprechend den Schnittgrößen des Bogens mit drei bis fünf Reihen Niete ⌀ 6 in den Wellenbergen vernietet. Am Auflager stützt sich das Wellblech in jedem zweiten Wellenberg mit Schuhen aus gebogenem Blech gegen eine in der Dachrichtung liegende Fußpfette und wird durch Hakenschrauben gegen Abheben gesichert. An jedem Zugbandanschluß befindet sich eine Auflagerstelle; die Zugstangen kann man gegen Durchhängen am Wellblechbogen mit Hängestangen befestigen. Zu Belichtungs- und Lüftungszwecken können leichte Laternen aufgesetzt werden.

Berechnung der freitragenden Wellblechdächer s. [15] und [17].

**Stahltrapezprofile** (DIN 18807, z. Zt. Entwurf)

Sie werden durch Kaltumformung von Blechbändern aus StE 280−2Z nach DIN 17162 Teil 2 zu Profiltafeln mit in Tragrichtung parallelen Rippen gefaltet (**112.**1). Gurte und/oder Stege können durch Sicken versteift werden, um die Beulsicherheit und mit ihr die Tragfähigkeit zu vergrößern (**112.**2).

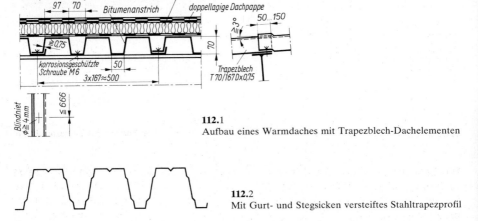

**112.**1
Aufbau eines Warmdaches mit Trapezblech-Dachelementen

**112.**2
Mit Gurt- und Stegsicken versteiftes Stahltrapezprofil

Je nach Profil und Hersteller haben die Tafeln etwa folgende Abmessungen:

Nennblechdicke $t_N \geqq 0,6$ mm, üblich 0,75 bis 2,0 mm. $t_N > 1$ mm meist nur für örtliche Verstärkungen an Aussparungen.

Profilhöhe 26 bis 160 mm; hohe Profiltafeln auch mit gelochten Stegen als Akustikprofile.

Baubreite 500 bis 1120 mm. Größte Lieferlänge 15 bis 24 m.

Der Korrosionsschutz erfolgt durch Bandverzinkung und zusätzliche Kunststoffbeschichtung oder vollflächigen Bitumenanstrich (oberseitig); geforderte Korrosionsschutzklasse in der Regel oberseitig K III, unterseitig K II, bei hoher Feuchtebelastung ebenfalls K III.

Beim Nachweis der Gebrauchssicherheit dürfen die nach der Elastizitätstheorie ermittelten und mit dem Sicherheitsbeiwert $\gamma$ multiplizierten Beanspruchungsgrößen nicht größer sein als die aufnehmbaren Größen, die für die Profile rechnerisch oder durch Versuche festgestellt und in den Profiltafeln der Hersteller zusammengestellt wurden (vorerst enthalten diese Tafeln keine Traglastwerte, sondern zulässige Größen). Nachzuweisen sind die Auflagerdrücke und Biegemomente sowie die Interaktion von Stützmoment und Auflagerdruck an der Innenstützung mittels angegebener Hilfswerte. – Die D u r c h b i e g u n g ist mit $I_{ef}$ unter Vollast zu berechnen; sie darf je nach Eindeckungsart des Daches zwischen $l/300$ und $l/150$ betragen.

Je nach Profil sind Stützweiten bis über 5 m möglich. Zur Vermeidung von Wassersackbildung muß die Dachneigung $\geq 2\%$, besser $\geq 3°$ sein. Die Auflagerbreite muß an Endauflagern $\geq 40$ mm, an Zwischenauflagern $\geq 60$ mm sein. Die Befestigung auf den Trägern erfolgt in jedem 2. Untergurt (im Schubfeld in jedem Untergurt) des Trapezblechs durch eine korrosionsgeschützte Schraube $\varnothing$ 6 mm oder einen Setzbolzen $\varnothing$ 3,5 mm. Die Längsstöße der Platten werden mit Blindnieten mit $\varnothing \geq$ 4 mm kraftschlüssig verbunden (**113**.1). Freie Längsränder sind auf Stahlprofilen zu befestigen oder erhalten ein abgekantetes Randversteifungsblech von 1 mm Dicke.

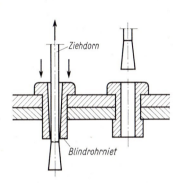

113.1 Setzen eines Blindrohrniets

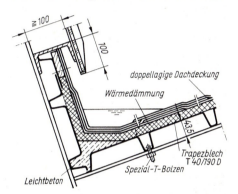

113.2 Shedrinnenausbildung mit Trapezblech-Elementen

Wird ein Blechfeld an allen Rändern von Trägern eingefaßt und mit ihnen schubfest verbunden, darf es bei entsprechendem statischem Nachweis als Schubfeld äußere Lasten (z. B. Wind) zu den lastabtragenden Verbänden ableiten und zur Stabilisierung der Unterkonstruktion herangezogen werden; es ersetzt somit sonst erforderliche Verbände. Einzellasten quer zu den Rippen sind über Lasteinleitungsträger einzuleiten, in Richtung der Rippen sind sie entbehrlich.

**Dachelemente aus verzinktem Stahlblech**

Die zeitaufwendigen und witterungsabhängigen Verlegearbeiten für die vielen aufeinanderliegenden Schichten des Trapezblechdaches lassen sich verkürzen, wenn die meisten Dachschichten zu einem vorgefertigten S a n d w i c h - E l e m e n t vereint werden. So brauchen bei dem H o e s c h - i s o d a c h nach dem Verlegen und Verschrauben der Elemente mit den Pfetten nur noch die überlappenden Nähte der Kunststoff-Dachbahnen mit dem Heißluftschweißgerät regendicht verschlossen zu werden. Die bis 10 m langen Elemente wiegen 0,159 kN/m², die Stützweite ist je nach Belastung und statischem System $\leq 3,6$ m (**114**.1).

Stützweiten bis über 5 m erreichen die in 3 Profilen lieferbaren D L W - D a c h e l e m e n t e. Sie werden einschließlich der Wärmedämmung und einer Papplage geliefert, so daß das Dach nach dem Falzen der Längsseiten und Abdecken der Fuge schon vor dem Aufbringen der 2 Dachpapplagen einstweilen dicht ist (**114**.2). Die Schwalbenschwanzform der Stahlbleche ermöglicht in einfacher Weise das Anhängen von Unterdecken, Rohrleitungen und Kanälen. Die Elemente dürfen nicht zur Aussteifung der Dachfläche im Sinne einer Scheibenwirkung herangezogen werden.

Ein weiteres Beispiel für Dachelemente s. Abschn. 4.3.4.

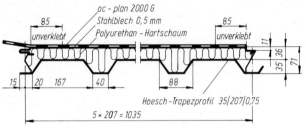

**114**.1
Element eines Hoesch-isodaches

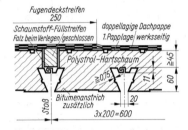

**114**.2
DLW-Dachelement

## Aluminium-Blech

Es ist ohne Anstriche witterungsbeständig, doch darf es nicht mit Kalk, Zement, Stahl und den meisten anderen Metallen in Berührung kommen. Bei Auflagerung auf Stahlkonstruktionen müssen isolierende Zwischenlagen angeordnet werden (Pappe, Kunstharzanstriche, Kunststoffstreifen), und die Befestigungsmittel müssen aus kadmiertem, verzinktem oder nichtrostendem Stahl bestehen. Aluminium ist ein sehr leichter Baustoff, der außen die Sonnenhitze und innen die Beleuchtung gut reflektiert.

Profilbänder für Dacheindeckungen kommen in vielen Querschnittsformen in den Handel, z. B. Wellblech- und Trapezquerschnitte sowie komplizierte, zum Aufklemmen geeignete Querschnittsformen [11]. Das Aluminiumblech nach Bild **114**.3 mit einem Eigengewicht der Dachdeckung von $\approx 0{,}03$ kN/m$^2$ und zulässiger Stützweite $\approx 2{,}7$ m wird in Längen $\leqq 8{,}0$ m hergestellt; andere Profilbänder sind bis

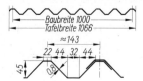

**114**.3
Trapezförmig gewelltes Aluminiumblech (Alcan-Profilblech 1)

27 m Länge lieferbar, so daß oft eine Dachhälfte ohne Blechstoß mit einer Bandlänge eingedeckt werden kann. Der Pfettenabstand richtet sich nach der Tragfähigkeit des Profils und nach der Dachneigung; maßgebend ist in der Regel die Durchbiegungsbeschränkung, da bei Aluminium die Durchbiegung $\approx$ 3mal so groß ist wie bei Stahlprofilen gleichen Querschnitts.

Zur Befestigung auf den Pfetten dienen verzinkte Hakenschrauben in den Wellenbergen (**116**.1); wegen der großen Wärmedehnung erhält das Blech Langlöcher. Eine gedichtete Schraubbefestigung im Wellental zeigt Bild **115**.1. First-, Traufen-, Wandanschlüsse und andere Einzelheiten werden mit Formstücken und abgekanteten Blechen hergestellt.

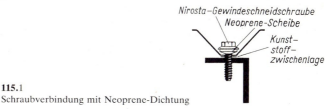

**115**.1
Schraubverbindung mit Neoprene-Dichtung

## 5.2.4  Asbestzement-Wellplatten (DIN 274)

Abmessungen, zulässige Pfettenabstände und Belastungen sowie Überdeckungsmaße der Stoßfugen siehe Tafel **115**.1, Mindestdachneigungen siehe Tafel **115**.2. Das Eigengewicht einschließlich der Befestigungsmittel ist 0,2 kN/m². Die außer in Zementfarbe auch in anderen Farbtönen lieferbaren Platten sind witterungsunempfindlich und eignen sich gut zur Wandbekleidung und Dachdeckung. Sie lassen sich bei Beachtung der Arbeitsschutzvorschriften wie Hartholz bearbeiten. Für First, Grat, Traufe, Ortgang, Maueranschluß und Wandecken gibt es Formstücke.

Tafel **115**.1   Asbestzement-Wellplatten nach DIN 274; Anwendung bei Dachdeckungen (Maße in mm)

| Profil | Wellen- | | Dicke | Bau- | | Vorzugsmaße der Platten | | | bei Dachneigung $\alpha$ höchstzulässige Werte für | | | Mindest-längenüberdeckung der Platten |
| | breite | höhe | | höhe | breite | Breite | Längen | $\alpha$ | Auflager-(Pfetten-)Abstände | Belastung $q$ $= g + s + w$ kN/m² | |
|---|---|---|---|---|---|---|---|---|---|---|---|
| 177/51 | 177 | 51 | 6,5 | 57,5 | 873 | 920 | 1250 1600 | $< 20°$ $\geqq 20°$ | $\leqq 1150$ $\leqq 1450$ | $\leqq 3,70$ $\leqq 2,45$ | $\geqq 200*)$ $\geqq 150$ |
| 130/30 | 130 | 30 | 6 | 36 | 910 | 1000 | 2000 2500 | $< 20°$ $\geqq 20°$ | $\leqq 1150$ $\leqq 1175$ | $\leqq 1,85$ $\leqq 1,85$ | $\geqq 200*)$ $\geqq 150$ |

*) Bei $\alpha \leqq 10°$ mit $\geqq$ 8 mm dicker Einlage aus dauerplastischem Kitt.

Tafel **115**.2   Mindest-Dachneigungen für Asbestzement-Wellplatten

| Abstand Traufe-First | in m | $\leqq 10$ | $\leqq 20$ | $\leqq 30$ | $> 30$ |
|---|---|---|---|---|---|
| Dachneigung | $\alpha \geqq$ | 7° | 8° | 10° | 12° |

Jede Platte muß mit vier, bei großen Windsogkräften mit 6 Haken an den Pfetten befestigt werden. Werden zwischen Pfetten und Wellplatten Wärmedämmstoffe verlegt, so sind zwischen Wellplatte und Dämmstoff $\geqq$ 50 mm breite $\geqq$ 5 mm dicke Lastverteilungsstreifen, z.B. aus Asbestzement, anzuordnen (**116.**1). Da Wellplatten nicht begehbar sind, dürfen sie nur auf besonderen Laufflächen vorgeschriebener Abmessungen betreten werden.

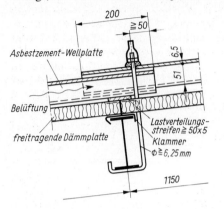

**116.**1
Belüftete Asbestzement-Wellplatteneindeckung mit innenliegender Wärmedämmung (Kaltdach)

### 5.2.5    Glaseindeckung

Wegen der Feuer- und Bruchsicherheit verwendet man Drahtglas von 6 ⋯ 10 mm Dicke. Drahtglastafeln werden bis zu 3 m² Größe hergestellt; ihre Länge soll 2,5 m nicht überschreiten. Die handelsüblichen Scheibenbreiten sind Vielfache von 3 cm; häufig verwendet werden Scheiben von 51 ⋯ 72 cm Breite. Aus der zulässigen Biegespannung für Glas $\approx$ 7 N/mm² ergibt sich die Glasdicke zu $d \approx$ 1/90 der Glasbreite. An den Längsseiten werden die Glastafeln von Sprossen (Sparren) unterstützt, die auf Pfetten liegen.

Damit die Glastafel infolge der Durchbiegung der Sprosse keine zu große Biegebeanspruchung in Sprossenrichtung erfährt, darf der Krümmungshalbmesser der Biegelinie für die Sprosse nicht kleiner sein, als er für das Glas zuträglich ist. Mit $E_{Glas}$ = 75 000 N/mm² liefert diese Bedingung den Formänderungsnachweis für die Stahlsprosse:

$$\frac{\max \sigma \cdot d}{4} \leqq \max z_r \qquad (116.1)$$

mit max $\sigma$ = größte Biegespannung der Sprosse in kN/cm², $d$ = Glasdicke in cm und max $z_r$ = größter Randabstand des Sprossenquerschnitts von der Biegenullinie in cm (**116.**2).

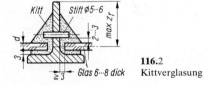

**116.**2
Kittverglasung

### Kittverglasung

Die Sprossen bestehen aus T 40 ⋯ T 70; die Glastafeln werden zur Dichtung und guten Lagerung in ein Bett aus dauerplastischem Kitt (kein Leinölkitt) gelegt und durch Stahlstifte gegen Windsog gesichert (**116**.2). Der Sprossenabstand errechnet sich aus Glasbreite, Stegdicke und Spielraum. Als Widerlager gegen das Abrutschen des Glases wird am unteren Sprossenende der Flansch hochgebogen (**117**.1a). Die Traufhöhe *h* sollte nicht zu klein gewählt werden, um Undichtigkeiten bei Schneeansammlungen zu vermeiden. Der bei längeren Glasflächen notwendige Stoß der Glastafeln wird durch Überdeckung hergestellt (**117**.1c); je flacher die Neigung, um so größer muß *ü* gewählt werden. Zusätzlich kann zur Fugendichtung ein 2···3 cm breiter Kittstreifen angeordnet werden. S-förmige Zinkstreifen stützen die obere gegen die untere Scheibe ab; bei sehr langen Glasflächen wird aber besser jede einzelne Glasscheibe mit Haften an der Sprosse befestigt (**117**.1d), um den Kantendruck am Widerlager der unteren Glasscheibe klein zu halten. Zu beachten sind die unterschiedlichen Streichmaße für die Haltestifte im Sprossensteg. Zwei verschiedene Ausführungen des Firstpunktes zeigen die Bilder **117**.1a und b.

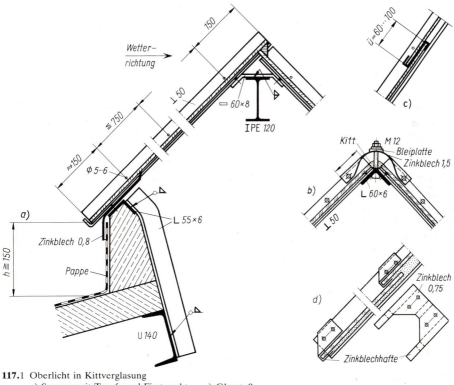

**117**.1  Oberlicht in Kittverglasung
   a) Sprosse mit Trauf- und Firstpunkt     c) Glasstoß
   b) First mit Zinkblechabdeckung            d) Glasstoß mit Zinkblechhafte

## Kittlose Verglasung

Sie hat gegenüber der Kittverglasung den Vorteil größerer Haltbarkeit, außerdem sind größere Sprossen- und Pfettenabstände möglich, weil Sonderprofile mit relativ großem Widerstandsmoment verwendet werden (**118**.1). Ihr hoher Preis wird durch Gewichtseinsparungen zum Teil ausgeglichen, wie aus einem Vergleich der Sprossengewichte nach Tafel **118**.2 mit der Profiltafel für T-Profile hervorgeht. Als dichte und elastische Unterlage der Glastafeln dienen Jutestricke mit Bleiumhüllung, einfache Teerstricke oder Dichtungsprofile, auf die das Glas durch Deckschienen und Stehbolzen aufgepreßt wird. Wegen kleinerer Kältebrücken ist die Schwitzwasserbildung an den Sprossen geringer als bei den T-Sprossen, zudem sind Schwitzwasserrinnen angewalzt. Es ist auch Doppelverglasung möglich.

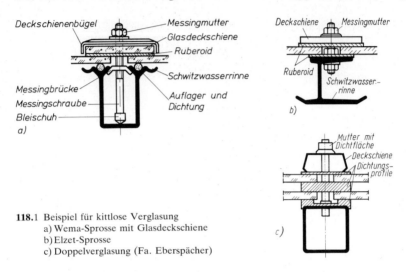

**118.**1 Beispiel für kittlose Verglasung
   a) Wema-Sprosse mit Glasdeckschiene
   b) Elzet-Sprosse
   c) Doppelverglasung (Fa. Eberspächer)

Tafel **118.**2    Querschnittswerte von Glasdachsprossen
(Beispiel: Wema-Sprosse **118.**1 a)

| Profil Nr. | $h$ mm | $A$ cm$^2$ | $G$ kg/m | $J_y$ cm$^4$ | min $W_y$ cm$^3$ | $i_y$ cm |
|---|---|---|---|---|---|---|
| 32 | 32 | 3,18 | 2,50 | 4,08 | 2,54 | 1,13 |
| 42 | 42 | 3,82 | 3,00 | 8,62 | 4,10 | 1,50 |
| 50 | 50 | 4,51 | 3,54 | 14,3 | 5,70 | 1,78 |
| III | 50 | 6,44 | 5,05 | 23,3 | 9,3 | 1,90 |
| IV | 65 | 8,02 | 6,30 | 45,4 | 14,0 | 2,38 |

Rostansatz an der Berührungsstelle des Stehbolzens mit dem Rinnenboden wird bei der Wema-Sprosse durch einen die Emaillierung schützenden Bleischuh vermieden. Stegsprossen (**118.**1 b) haben gegenüber den Rinnensprossen den Vorzug, daß man sie, abgesehen von den Glasauflageflächen, überall nachstreichen kann, ohne das Glas abzunehmen.

Beim Traufenabschluß (**119.**1) stützen sich die Glasscheiben gegen Flachstahlstücke 12 × 40; die Fuge zwischen Glas und Pappdach wird durch ein Zinkblech mit eingelegter Teerschnur gedichtet. Am Überdeckungsstoß der Glastafeln wird die Sprosse zum Höhenausgleich für Scheibendicke und Bleidrahtdichtung gekröpft.

Die obere Scheibe stützt sich gegen die Deckschiene der unteren Scheibe ab. Der First wird durch eine unter die Deckschiene geklemmte Zinkhaube gedichtet.

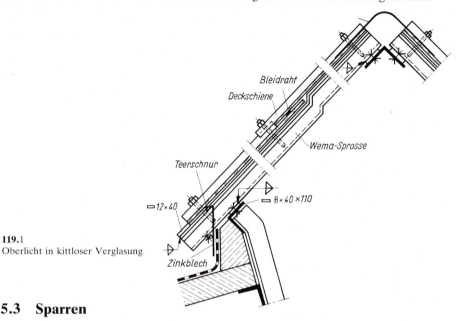

**119.**1
Oberlicht in kittloser Verglasung

## 5.3 Sparren

Holzsparren haben rechteckigen Querschnitt; sie werden in ≈ 80 cm Abstand auf Holzpfetten verkämmt und mit Sparrennägeln befestigt. Liegt die Pfette ⊥ zur Dachfläche, so genügen ≈ 2 cm Kammtiefe. Liegen Holzsparren auf Stahlpfetten, so werden sie auch mit diesen verkämmt und gegen Verschieben von unten mit kräftigen Hakennägeln, mit Schrauben und Klemmplatten oder mit gebogenen Flachstahlstücken (**119.**2) am oberen Pfettenflansch befestigt, oder sie werden seitlich an Befestigungswinkel oder -bleche geschraubt, die auf die Pfetten geschweißt sind (**68.**1).

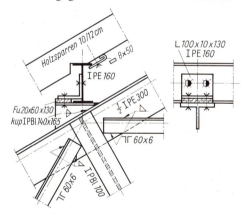

**119.**2
Befestigung der Holzsparren auf lotrecht stehenden Stahlpfetten

Stahlsparren verwendet man, wenn bei Eindeckung aus Ziegeln oder Wellasbestzement die Lattung aus L- oder Z-Stahl ausgeführt wird, um brennbare Teile am Dach zu vermeiden, oder wenn bei sehr großem Pfettenabstand Leichtbetonplatten oder Dachelemente auf den Oberflansch der Sparren gelegt werden. Die Stahlsparren werden meist aus U- oder I-Profilen, seltener aus L- oder T-Stählen hergestellt und in größerem Abstand angeordnet als Holzsparren. Liegen die Pfetten ⊥ zur Dachfläche, werden U-Sparren unmittelbar mit der Pfette verschraubt (**120.**1); bei lotrecht stehenden Pfetten verwendet man Anschlußwinkel (**120.**2).

Holzsparren werden grundsätzlich als Einfeldträger, Stahlsparren entsprechend der Anordnung auch als Durchlaufträger berechnet. Stählerne Dachlatten werden für die Belastung nach Bild **120.**3 berechnet; sie werden zweckmäßig so auf die Sparren gelegt, daß das Biegemoment um die starke $\eta$-Achse des Profils wirkt (**120.**1 und 2).

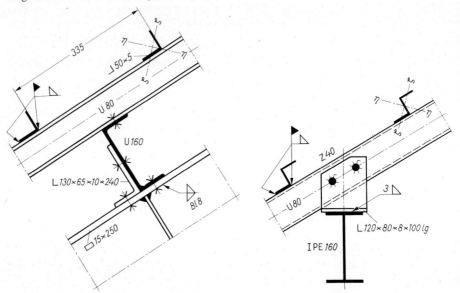

**120.**1 Stählerne Dachlatten und Stahlsparren

**120.**2 Befestigung von Stahlsparren auf lotrecht stehender Pfette

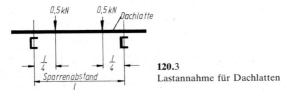

**120.**3
Lastannahme für Dachlatten

## 5.4   Pfetten

### 5.4.1   Allgemeines

Es ist Aufgabe der Pfetten, die Dachlast unmittelbar oder von den Sparren zu übernehmen und an die Dachbinder weiterzuleiten. Außerdem müssen die Pfetten die Binderobergurte gegen die Knotenpunkte des Dachverbandes abstützen, um sie gegen seitliches Ausknicken zu sichern (**107**.1). Der Pfettenabstand richtet sich nach der Tragfähigkeit der Dachhaut und ist für verschiedene Dacheindeckungen in Abschn. 5.2 angegeben.

Als Pfettenprofile kommen IPE-, seltener IPBl- oder U-Profile in Betracht. Bei U-Profilen soll der Steg dachaufwärts liegen (**121**.2), weil sonst Steg und Flansch eine vermeidbare Schmutzrinne bilden (**120**.1). Bei größeren Binderabständen (ab ≈ 8 m) wird für die Pfettenbemessung der Durchbiegungsnachweis maßgebend. Man kann dann für die Pfetten entweder leichte Fachwerkträger (z. B. R-Träger) einsetzen, oder man verringert ihre Stützweite, indem man sie auf Zwischenbinder (Sparren) auflegt, die ihrerseits von Hauptpfetten aus Vollwand- oder Fachwerkträgern in größerem Abstand getragen werden (**121**.1).

Lotrecht stehende Pfetten sind i. allg. nur bei Holzsparren zweckmäßig (**119**.2). Die anderen Dacheindeckungen müssen hingegen auf der ganzen Flanschfläche der Pfette aufliegen (**109**.1; **111**.1; **112**.1; **116**.1), so daß in diesem Fall die Pfetten ⊥ zur Dachfläche angeordnet werden; andernfalls müßte man die erforderliche Auflagefläche durch unnötig verteuernde, besondere Maßnahmen schaffen (**120**.2). Im First ist dann statt einer lotrecht stehenden Pfette (**107**.1) eine Doppelpfette notwendig (**78**.1). Die Fußpfetten können wegen geringerer Belastung meist schwächer als die Mittelpfetten bemessen werden, bei Doppelpfetten auch die Firstpfetten. Zum Höhenausgleich sieht man unter diesen Pfetten Futter vor.

## 5.4.2 Konstruktion und Berechnung der Pfetten

### 5.4.2.1 Pfettenbefestigung

Die Befestigung der Pfetten auf den Dachbindern erfolgt bei flach geneigten Dächern ($\alpha \leq 25°$) entweder durch unmittelbare Verschraubung (**121**.2) oder mit Pfettenhaltern (Pfettenschuhe), die zwecks einfachen Verlegens der Pfetten im-

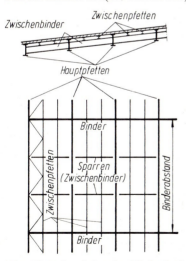

121.1 Pfettenlage bei großen Binderabständen

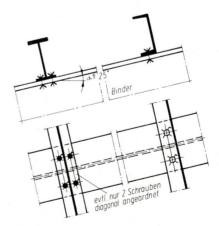

121.2 Unmittelbare Pfettenbefestigung bei flach geneigtem Dach

mer dachabwärts anzuordnen sind. Sie bestehen entweder aus einem Winkel mit Ausgleichsfutter (**119**.2) oder aus einem leichteren abgekanteten Blech (**78**.1); die Pfette wird mit 2 Schrauben angeschlossen.

Pfettenschuhe reichen zur Befestigung alleine nicht aus, wenn die Pfette im D a c h - v e r b a n d mitwirkt. In diesem Falle sind zusätzlich Schrauben im Pfettenflansch einzuziehen (**137**.1). Auch bei $\alpha > 25°$ sind Flanschschrauben gemeinsam mit dem Pfettenhalter zur Aufnahme des Dachschubes anzuordnen (**122**.2). Je nach Gestaltung des Bindergurts können andere Pfettenhalterformen zweckmäßiger sein (**64**.1, **65**.1, **68**.1, **120**.1, **122**.1). Unter ihnen sollten die mit den Bindern v e r s c h r a u b t e n Ausführungen bevorzugt werden, weil es mit ihnen leichter ist, die Pfetten für die Auflagerung der Dachelemente genau auszurichten; bei unlösbaren Verbindungen wären dafür Futterzwischenlagen nötig.

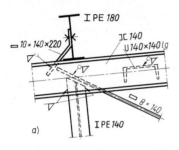

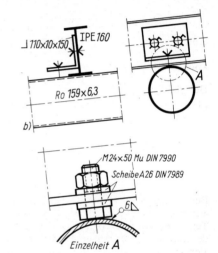

**122**.1  Beispiele verschiedener Pfettenbefestigungen

### 5.4.2.2    Pfettensysteme

**Einfeldpfetten**

Einfeldpfetten werden über jedem Binder gestoßen. Sie sind zwar leicht zu montieren, ergeben aber das größte Pfettengewicht; sie kommen daher nur selten vor, z. B. bei einem Dach mit gekrümmtem Grundriß. Die Steglaschen am Pfettenstoß (**122**.2) werden beiderseits mit je 2 Schrauben angeschlossen; sie müssen die Normalkräfte

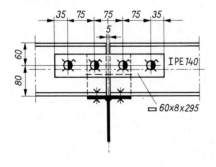

**122**.2
Pfettenstoß und Befestigung auf dem Binder

der Pfette übertragen, die bei der Seitenstabilisierung der Binderdruckgurte entstehen und an die Dachverbände weiterzuleiten sind.

Das Eigengewicht der Pfetten wird vor der Berechnung aufgrund ausgeführter ähnlicher Dachkonstruktionen geschätzt. Fehlen Erfahrungswerte, kann es für Dachneigungen $\alpha < 20°$ nach folgender Formel angenommen werden:

$$g \approx \frac{0,0144}{a} \, [(1 + k_i \cdot \alpha) \cdot q \cdot a \cdot l^2]^{0,54} \text{ in kN/m}^2 \text{ Dachfl.} \tag{123.1}$$

mit $\alpha° =$ Dachneigung, $a =$ Pfettenabstand (Belastungsbreite) in der Dachneigung und $l =$ Pfettenstützweite in m, $q =$ Gesamtlast in kN/m² Dachfl.

Der Beiwert $k_i$ ist für Pfetten ohne Verhängung $k_o = 0,116$, bei einfacher Verhängung $k_1 = 0,029$ und bei zweifacher Verhängung $k_2 = 0,01$. Die Verhängung ist zusätzlich mit $\approx 0,01$ bis $0,022$ kN/m² anzusetzen.

Wird der Dachschub besonderen Bauteilen zugewiesen, kann sich das Pfettengewicht etwas ermäßigen.

### Durchlaufpfetten

Bei gleichen Stützweiten und gleicher Belastung in allen Feldern dürfen Durchlaufpfetten nach dem Traglastverfahren (s. Teil 1) für die folgenden Momente bemessen werden:

$$\text{Endfelder: } M_E = \frac{q \cdot l^2}{11} \tag{123.2}$$

$$\text{Innenfelder und Innenstützen: } M_I = \frac{q \cdot l^2}{16} \tag{123.3}$$

Bei dieser Berechnung ist vorausgesetzt, daß das Kippen der Pfetten bis zum vollen Plastizieren durch Biegung an den höchstbeanspruchten Stellen (Bildung von Fließgelenken, s. Teil 1, Abschn. Durchlaufträger) mittels einer drehelastischen Bettung des Pfettenprofils an der aufgelegten Dachhaut wirksam verhindert wird. Der Nachweis einer ausreichend festen Verbindung zwischen Pfetten mit I-Querschnitt und der Dacheindeckung wurde durch Traglastversuche für die in Tafel **123**.1 zusammengestellten Fälle erbracht; für sie erübrigt sich der

Tafel **123**.1   Ausreichende konstruktive Maßnahmen zur Sicherung durchlaufender I-Pfetten mit $h \leq 200$ mm gegen Kippen

| Dacheindeckung | Befestigung |
|---|---|
| Asbestzement-Wellplatten | übliche Hakenschrauben |
| Trapezbleche<br>Holzspanplatten (jede 2. Platte über der Pfette gestoßen, die 1. durchlaufend) | selbstschneidende Schrauben |
| Leichtbetonplatten<br>a) über der Pfette durchlaufend, die Fugen vermörtelt | keine |
| b) über der Pfette gestoßen, die Fugen vermörtelt | Flachstahlstücke senkrecht auf Pfetten geschweißt, Rundstahlstücke in Plattenfugen durch Bohrung in den Flachstählen gesteckt (**70**.4) |

Kippsicherheitsnachweis. Bei anderen Gegebenheiten muß ein ausreichender Drehbettungs-koeffizient nachgewiesen werden[1]).

Das Pfettengewicht kann man nach Gl. (126.5) annehmen.

Die für Vollbelastung aller Felder bei konstantem Trägheitsmoment und gleichen Stützweiten nach der Elastizitätstheorie berechnete Durchbiegung ist mit

$$f = \frac{q \cdot l^4}{145\, E \cdot I} \text{ im Endfeld und} \tag{124.1}$$

$$f = \frac{q \cdot l^4}{317\, E \cdot I} \text{ in den Innenfeldern} \tag{124.2}$$

wesentlich kleiner als bei Einfeldpfetten. Der Materialersparnis steht jedoch zusätzlicher konstruktiver Aufwand für die Trägerstöße gegenüber. Der biegefeste Laschenstoß ist nur selten ausführbar, weil die Flanschlaschen bei der Auflagerung der Dachplatten hinderlich sind. Der biegefeste Stirnplattenstoß mit hochfesten Schrauben weist diesen Nachteil nicht auf, wenn die Stirnplatte mit dem Pfetten-oberflansch bündig abschließt [9].

Der biegefeste Pfettenstoß nach [9] verwendet zur Stoßdeckung nur beiderseitige Steglaschen, die mindestens das gleiche Widerstandsmoment aufweisen müssen wie das Pfettenprofil (**124.**1); hierfür können Flachstähle oder die tragfähigeren U-Profile ausgeführt werden. Das Moment zul $M = W \cdot$ zul $\sigma$ wird in vertikale Schraubenkräfte mit Hebelarm $a$ umgesetzt. Die Schrauben sind entweder rohe Schrauben oder HV-Schrauben mit teilweiser Vorspannung. Die Schraubenkräfte beanspruchen die Pfette im Stoßbereich durch Querkraft; es sind daher nicht nur die Schrauben selbst nachzuweisen, sondern man muß auch die Vergleichsspannung in der Pfette untersuchen. Äußere Querkräfte beanspruchen die Stoßverbindung nicht, sofern der Stoß über einem Binder liegt. In diesem Fall erübrigen sich statische Nachweise, wenn die Ausführung nach [9] erfolgt.

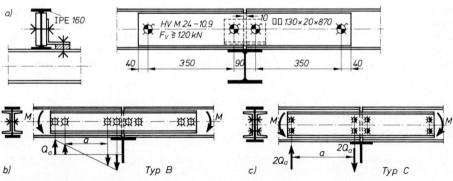

**124.**1 Biegesteife Pfettenstöße mit beiderseitigen Steglaschen nach den „Typisierten Verbindungen im Stahlhochbau"
   a) Stoßdeckung mit Flachstählen; Schraubenanordnung nach Typ A
   b) und c) Stoßdeckung mit U-Profilen; Kraftwirkungen im Schraubenanschluß

---

[1]) Vogel, U.: Zur Kippstabilität durchlaufender Stahlpfetten. Der Stahlbau (1970) H. 3

Eine andere Lösung besteht darin, daß man die Pfetten nicht über die ganze Dachlänge, sondern nur über 2 Felder durchlaufen läßt (**125**.1), so daß über jedem
zweiten Binder ein einfacher, nicht biegefester Stoß nach Bild **122**.2 liegt. Um zu
vermeiden, daß hierbei die Binder, über die die Pfetten durchlaufen, um 25%
überlastet werden (Innenstütze des Zweifeldträgers!), versetzt man im Grundriß die
Pfettenstöße gegeneinander, um die Belastung der Binder auszugleichen. Die Bemessung erfolgt nach Gl. (123.2). Die Durchbiegung ist in diesem Fall

$$f = \frac{q \cdot l^4}{192 \, E \cdot I} \qquad (125.1)$$

**125**.1
Durchlaufpfetten über 2 Felder mit versetzten Stößen

## Gelenkpfetten

Man wählt meist die Anordnung mit abwechselnd gelenklosen Kragarmfeldern und
Feldern mit Einhängeträgern und zwei Gelenken (**125**.2). Im Dachverband wirken
die Pfetten als Druckstäbe mit; deshalb dürfen im Verbandsfeld keine Gelenke
liegen.

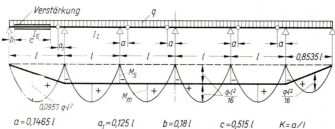

**125**.2
Gelenkpfette (Gerber-
pfette); Maße und Bie-
gemomente

$a = 0,1465 \, l$    $a_1 = 0,125 \, l$    $b = 0,18 \, l$    $c = 0,515 \, l$    $K = a / l$

Koppelpfetten (**125**.3) mit einem einzigen gelenklosen Feld und je einem Gelenk in allen
weiteren Feldern ermöglichen eine einfache Montage, bilden aber bei Zerstörung eines Feldes
eine labile Gelenkkette (erhöhte Einsturzgefahr); außerdem kann nur in dem einen gelenklosen Feld ein Dachverband angeordnet werden. Wegen dieser Nachteile der Koppelpfetten
wird die Gelenkanordnung nach Bild **125**.2 trotz der unbequemeren Montage bevorzugt.

**125**.3 Koppelpfette

Mit $k = a/l$ erhält man in den Innenfeldern folgende Biegemomente:

Innenstützen: $M_S = q \cdot l^2 \, (k - k^2)/2$ $\qquad\qquad$ (125.2)

Innenfelder: $M_m = q \cdot l^2 \, (1 - 2 \, k)^2/8$ $\qquad\qquad$ (125.3)

Die Durchbiegung der gelenklosen Innenfelder ist

$$f_1 = \frac{q \cdot l^4}{E \cdot I_1} \cdot \frac{1 - 4,8 \, (k - k^2)}{76,8} \qquad \text{mit } k \leqq 0,2113 \qquad (125.4)$$

Bei einer Vergrößerung von $k$ wächst auch $M_S$, aber die Durchbiegung $f$ wird kleiner; man nützt diesen Effekt aus, wenn der Formänderungsnachweis für die Pfettenbemessung maßgebend ist.

Mit $k = 0,1465$ werden die Stützmomente und Feldmomente in den Innenfeldern gleich:

$$M_S = M_m = q \cdot l^2/16 \qquad (126.1)$$

Die Durchbiegung ist

$$f_I = \frac{q \cdot l^4}{192 \, E \cdot I_I} \qquad (126.2)$$

Bei verkürzter Stützweite im Endfeld ist das Moment genau so groß wie im Innenfeld (**125.**2 rechts). Bei gleich großer Endfeldstützweite ist das Moment größer (**125.**2 links), und die Pfette erhält ein tragfähigeres Profil gleicher Trägerhöhe, z. B. IPBl oder IPB statt IPE. Eine früher übliche örtliche Verstärkung des Grundprofils bringt keinen Gewichtsvorteil und verursacht vermeidbare Lohnkosten (**126.**1).

I PE 140
JC 100      **126.**1
            Profilverstärkung im Endfeld einer Gelenkpfette

Die Durchbiegung im Endfeld hängt von der Gelenkaufteilung ab:

$$\text{Gelenk im Endfeld: } f_E = \frac{q \cdot l^4}{131 \, E \cdot I_E} \left( 1 - 0,0643 \, \frac{I_E}{I_I} \right) \qquad (126.3)$$

$$\text{Endfeld gelenklos: } f_E = \frac{q \cdot l^4}{109 \, E \cdot I_E} \qquad (126.4)$$

Für die Berechnung in den Innenfeldern kann als Pfettengewicht angenommen werden (Einheiten und Anmerkungen wie bei Gl. 123.1):

$$g_I \approx \frac{0,01}{a} \left[ (1 + k_i \cdot a) \cdot q \cdot a \cdot l^2 \right]^{0,54} \qquad (126.5)$$

mit $k_o = 0,116$, $k_1 = 0,051$ und $k_2 = 0,028$. Gewicht der Verhängung $\approx 0,01$ bis $0,022$ kN/m². Bei verstärktem Endfeldprofil ist $g_E \approx 1,9 \, g_I$.

Gelenkige Pfettenstöße sind typisiert [9]. Bei wenig geneigten Dächern werden sie von doppelten Flachstahllaschen gebildet, die bei der Montage auf jeder Seite des Stoßes mit zwei Schrauben befestigt werden (**127.**1). Das bei der Berechnung angenommene Gelenk liegt in Stoßmitte; die zulässige Gelenkkraft (Querkraft $Q$) ist im Bild in Abhängigkeit von der zulässigen Schraubentragkraft zul $Q_{SL}$ angegeben. Für 80 bzw. 100 mm hohe Pfettenprofile werden 60 mm breite Laschen mit Schrauben M 12 verwendet. Bei steiler Dachneigung sind die Kräfte in Querrichtung zu kontrollieren. Die Laschen stellt man dann bei Ausführung a aus Winkeln, bei Ausführung b aus U-Profilen her.

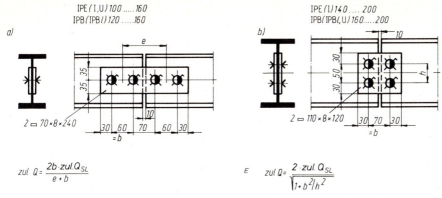

$$zul\ Q = \frac{2b \cdot zul.Q_{SL}}{e + b} \qquad\qquad E \qquad zul\ Q = \frac{2 \cdot zul.Q_{SL}}{\sqrt{1 + b^2/h^2}}$$

$zul\ Q_{SL} = zulässige$  Schraubentragkraft $= zul\ Q_l$ oder $zul\ Q_{a2}$ (der kleinere Wert ist maßgebend)

**127.1** Gelenkige Pfettenstöße für kleine Dachneigung; zulässige Querkraft an der Stoßstelle
a) für kleinere   b) für größere Pfettenprofile

Eine nicht typisierte, in ihrer Wirkung vollkommenere Gelenkausbildung mit einem einzigen Gelenkbolzen zeigt Bild **127.2**. Der Bolzen muß die gesamte Querkraft alleine aufnehmen, in seiner Mitte liegt der theoretische Gelenkpunkt.

**127.2**
Pfettengelenk mit Winkelstahl-Lasche für größere
Dachneigung

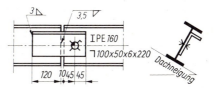

### Kopfstrebenpfetten

Erhält der Binderuntergurt ganz oder teilweise Druck, so kann man ihn gegen seitliches Ausknicken sichern, indem man ihn durch K o p f s t r e b e n gegen die Pfetten abstützt. Hierdurch wird zugleich die Biegebeanspruchung der Pfetten vermindert (**127.3**).

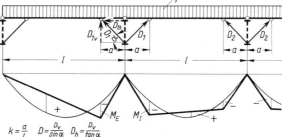

**127.3**
Statisches System und Biegemo-
mentenverlauf von Kopfstrebenpfetten

$$k = \frac{a}{l} \qquad D = \frac{D_v}{\sin\alpha} \qquad D_h = \frac{D_v}{\tan\alpha}$$

Für die statisch unbestimmten Pfetten können die Größen der Biegemomente im Endfeld ($M_E$) und im Innenfeld ($M_I$) sowie die der Vertikalkomponenten $D_v$ der Strebenkraft $D$ dem Bild **128**.1 entnommen werden. Bei mehr als 4 Pfettenfeldern liegen die Werte der Tafel auf der sicheren Seite; will man sparsamer bemessen, kann man ausführlichere Tabellen benutzen [15].

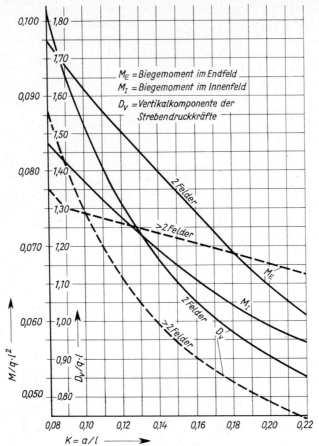

$M_E$ = Biegemoment im Endfeld
$M_I$ = Biegemoment im Innenfeld
$D_V$ = Vertikalkomponente der Strebendruckkräfte

2 Felder
>2 Felder
2 Felder
>2 Felder
$M_E$
$M_I$
$D_V$

$M/q \cdot l^2$
$D_V/q \cdot l$
$K = a/l$

**128.**1 Biegemomente und größte Strebenkraft von Kopfstrebenpfetten

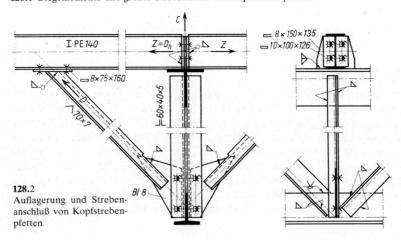

I PE 140     $Z = D_h$     Z     $\square$ 8 × 150 × 135
$\square$ 10 × 100 × 126

$\square$ 8 × 75 × 160

⌐ 70×7

⌐ 60×40×5

Bl 8

**128.**2
Auflagerung und Streben-
anschluß von Kopfstreben-
pfetten

Die Pfetten werden auf dem Binder gelenkig gestoßen. Bei der konstruktiven Durchbildung ist zu beachten, daß am P f e t t e n a u f l a g e r in der Regel abhebende Kräfte auftreten ($C$ = neg.) und daß im Anschluß die Horizontalkomponente $D_h$ der Strebendruckkraft als Zugkraft aufzunehmen ist (**128**.2). Die üblichen Pfettenbefestigungen nach Abschn. 5.4.2.1 erfüllen diese Aufgabe nicht. Da die Kopfstreben unbedingt in der Stegebene der Pfetten liegen müssen, legt man die Füllstäbe von Fachwerken bzw. die Quersteifen von Vollwandbindern senkrecht zum Obergurt, um in einfacher Weise anschließen zu können (**54**.1).

**Holzpfetten**

Sie können gewählt werden, wenn Holzsparren vorgesehen sind oder Holzschalung bei enger Pfettenteilung unmittelbar auf die Pfetten genagelt wird. In diesem Fall muß die Pfette s e n k r e c h t   z u r   D a c h n e i g u n g stehen; sie liegt dann auf dem Binder auf und wird mit einem Bolzen an einem Befestigungswinkel angeschraubt. Steht die Pfette l o t r e c h t, muß für eine horizontale Auflagerfläche und für eine Bolzenverbindung gesorgt werden (**129**.1).

Holzpfetten dürfen zur Aussteifung von Binderobergurten herangezogen werden. Da sie aber in der Regel nicht gleichzeitig mit der Stahlkonstruktion eingebaut werden, müssen die Stahlbinder während der Bauzeit mit zug- und druckfesten stählernen Längsverbindungen gegen die Dachverbände abgestützt werden; diese Montagestäbe kann man vorübergehend an den Pfettenbefestigungswinkeln anschrauben.

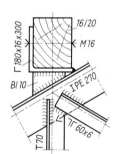

**129**.1
Auflagerung einer
lotrecht stehenden
Holzpfette

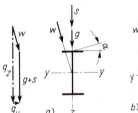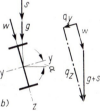

**129**.2  Pfettenbelastung
a) lotrechte Pfette
b) Pfette senkrecht zur Dachneigung

### 5.4.2.3  Dachschub

Pfetten werden in der Regel in beiden Achsrichtungen auf Biegung beansprucht. Wegen des im Vergleich zu $W_y$ sehr kleinen Widerstandsmoments $W_z$ haben bereits kleine Lasten $q_y$ hohe Biegespannungen zur Folge. Bei einer l o t r e c h t e n Pfette ist es die Horizontalkomponente der Windlast, die die Pfette auf Biegung um die schwache Achse aufnehmen muß (**129**.2a); bei steiler Dachneigung wird meist ein Breitflanschträger oder ein horizontal verstärktes Profil erforderlich. Senkrecht zur Dachfläche g e n e i g t e   P f e t t e n müssen die oft noch größere Komponente $q_y$ aus ständiger Last und Schneelast (Dachschub) übernehmen (**129**.2b); sie können kaum wirtschaftlich bemessen werden, wenn nicht folgende besondere Maßnahmen ergriffen werden:

**Pfettenverhängung**

Eine Verhängung in der Dachebene verkürzt die Stützweite der P f e t t e in Richtung der Dachneigung bei 2facher Verhängung auf $l_y = l/3$ und bei 1facher Verhängung auf $l_y = l/2$ (**130.**1). In der Dachebene wird die Pfette damit zum Durchlaufträger mit verringerter Stützweite (Gl. 110.1 und 2). Bei Gelenkpfetten liegen allerdings die Gelenke sehr ungünstig (**125.**2); die hieraus resultierenden Biegemomente $M_z$ sind Taf. **130.**2 zu entnehmen. Die statisch vorteilhafte Wirkung der Verhängung besteht also darin, daß die Biegemomente $M_z$ infolge $q_y$ statt mit dem Binderabstand $l$ mit der kleineren Stützweite $l_y$ berechnet und deswegen erheblich verringert werden. Die Zugkraft, für die die H ä n g e s t a n g e n zu bemessen sind, errechnet sich aus $q_y \cdot l_y$; sie ist von der Traufe bis zum First aufzusummieren und in die Schrägstäbe zu

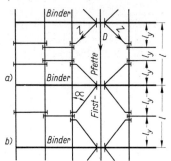

zerlegen. Durch die in Längsrichtung des Daches wirkende Komponente $D$ der Zugkräfte $Z$ erhält die F i r s t p f e t t e auf ganzer Dachlänge Druck und ist knicksicher zu machen; Doppelpfetten im First werden dazu meist nach den Vorschriften für mehrteilige Druckstäbe durch Querschotte oder Bindebleche miteinander verbunden.

**130.**1
Pfettenverhängung
a) zweifache Verhängung   b) einfache Verhängung

T a f e l **130.**2   Biegemomente $M_z$ der Gelenkpfette mit Verhängung in der Dachebene

| Verhängung | 2fach | 1fach | |
|---|---|---|---|
| Endfeld | 0,110 | 0,119 | $\cdot\, q_y \cdot l_y^2$ |
| Innenfelder und Innenstützen | 0,135 | 0,110 | $\cdot\, q_y \cdot l_y^2$ |

Die Verhängung wird möglichst hoch ($\approx h/4$ von oben) am Pfettensteg angeschraubt; dadurch bleibt der Hebelarm des Dachschubes $q_y \cdot l_y$ klein und verursacht nur geringe Torsionsbeanspruchung der Pfette (**131.**1). Die Zugstangen bestehen in der Regel aus Rundstählen; bis zu $\varnothing$ 16 ist ihr Anschluß an den Pfetten und am Binderfirst typisiert (**131.**1b; [9]). Bei größerem $\varnothing$ und entsprechend größerer Zugkraft können tragfähigere Befestigungen zweckmäßig sein (a). Eine noch bessere Wirkung in bezug auf die Sicherung der Pfetten gegen Kippen und Torsion ergibt sich, wenn die geraden Zugstangen nach Bild **131.**2 ausgeführt werden.

**Steife Dachhaut**

Ist die Dachhaut drucksteif (z. B. vorgefertigte Betonplatten), kann man den Dachschub einer ganzen Dachhälfte der T r a u f p f e t t e zuweisen, so daß die Mittel- und Firstpfetten nur durch $q_z$ beansprucht werden (**131.**3). Die Traufpfette ist für ihre Beanspruchung in $y$-Richtung zu verstärken (**131.**4) und ihre Befestigungen an den Bindern müssen für den gesamten Dachschub bemessen werden (**64.**1). Eine Verhängung ist statisch unnötig, wird aber bei größerer Dachneigung als Hilfe beim Ausrichten der Pfetten oft eingebaut.

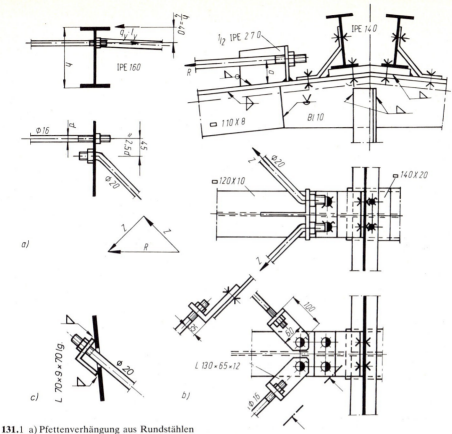

**131.**1 a) Pfettenverhängung aus Rundstählen
   b) Typisierte Befestigung am Binderfirst für ∅ ≦ 16 mm
   c) Besserer Anschluß der Schrägstange am Pfettensteg

| $h$ | L | $d$ | $a_W$ |
|------|------|------|------|
| ≦ 120 | 30×3 | M 12 | 3 |
| 140...180 | 35×4 | M 16 | 3,5 |
| 200 | 60×40×5 | M 20 | 4 |

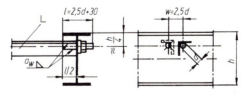

**131.**2 Pfettenverhängung mit Winkelprofilen

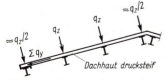

**131.**3 Aufnahme des Dachschubes
   durch die Traufpfette

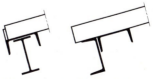

**131.**4 Verstärkte Profile der Traufpfette

Ist die Dachhaut eine fugenlos zusammenhängende S c h e i b e (Stahlbetonplatte), dann kann diese den Dachschub ohne Mitwirkung der Pfetten zu den Pfettenauflagern am Dachbinder übertragen; a l l e Pfetten werden dann ausschließlich durch $q_z$ beansprucht.

**Beispiel:** Berechnung der Pfetten nach Bild **132**.1 als Einfeldpfetten und alternativ als Gelenkpfetten. Die Pfetten sind 2fach verhängt: $l = 6,0$ m, $l_y = 2,0$ m.

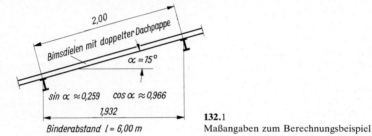

**132**.1
Maßangaben zum Berechnungsbeispiel

**Belastung**

Dachdeckung: 2lagige Dachabdichtung, einschl. Klebemasse   0,15 kN/m² Dachfläche

Stahlbeton-Hohldiele aus Leichtbeton $d = 8$ cm   0,72 kN/m²

Eigengewicht der Pfette einschl. Verhängung n. Gl. (123.1):

$$\frac{0,0144}{2,0}[(1 + 0,01 \cdot 15) \cdot 1,7 \cdot 2,0 \cdot 6,0^2]^{0,54} = \qquad 0,104 \text{ kN/m}^2$$

Verhängung:   0,016 kN/m²

Ständige Last   $g = 0,99$ kN/m² Dachfläche

Schnee: Schneelastzone II, Geländehöhe = 300 m;

$s = k_s \cdot s_o = 1 \cdot 0,75$   $= 0,75$ kN/m² Grundfläche

Wind: Bei geschlossenem Baukörper treten bei der Dachneigung $\alpha = 15°$ nur entlastend wirkende Sogkräfte auf. Maßgebend ist daher Lastfall H (Hauptlasten).

$$q_{z,\,H} = (0,99 \cdot 2,0 + 0,75 \cdot 1,932) \cdot \cos 15° = 3,43 \cdot 0,966 = 3,31 \text{ kN/m}$$

$$q_{y,\,H} = 3,43 \cdot \sin 15° = 0,89 \text{ kN/m}$$

**1. Einfeldpfette**

$$M_y = 3,31 \, \frac{6,0^2}{8} = 14,9 \text{ kNm} \qquad M_z = 0,89 \, \frac{2,0^2}{11} = 0,324 \text{ kNm}$$

**IPE 180**   $\sigma = \dfrac{1490}{146} + \dfrac{32,4}{22,2} = 10,21 + 1,46 = 11,67 < 16,0$ kN/cm²

$$f_z = \frac{5 \, q \, l^4}{384 \, E \cdot I} = \frac{5 \cdot 3,31 \cdot 6,0^4}{384 \cdot 2,1 \cdot 10^8 \cdot 1320 \cdot 10^{-8}} = 0,0202 \text{ m} = 2,02 \text{ cm} = \frac{l}{297}$$

$f_y \approx 0$ wegen Verhängung.

Ohne Verhängung wäre IPBl 160 mit 62% Mehrgewicht erforderlich.

## 2. Gelenkpfette

Innenfelder

$$M_y = 3,31 \; \frac{6,0^2}{16} = 7,45 \text{ kNm} \qquad M_z = 0,135 \cdot 0,89 \cdot 2,0^2 = 0,481 \text{ kNm (Taf. }\mathbf{130}.2)$$

**IPE 140** $\quad \sigma = \dfrac{745}{77,3} + \dfrac{48,1}{12,3} = 9,64 + 3,91 = 13,55 < 1,1 \cdot 16 = 17,6 \text{ kN/cm}^2$
$$\text{(DIN 18800 T 1, 6.1.6)}$$

$$f_z = \frac{q \cdot l^4}{192 \; E \cdot I} = \frac{3,31 \cdot 6,0^4}{192 \cdot 2,1 \cdot 10^8 \cdot 541 \cdot 10^{-8}} = 0,0197 \text{ m} = 1,97 \text{ cm} = \frac{l}{305}$$

Endfeld (**125**.2 links)

$$M_y = 0,0957 \cdot 3,31 \cdot 6,0^2 = 11,40 \text{ kNm} \qquad M_z = 0,110 \cdot 0,89 \cdot 2,0^2 = 0,392 \text{ kNm (Taf. }\mathbf{130}.2)$$

**IPBl 140** $\quad \sigma = \dfrac{1140}{155} + \dfrac{39,2}{55,6} = 7,35 + 0,71 = 8,06 < 17,6 \text{ kN/cm}^2$

In der Regel wirken die Endfeldpfetten als Vertikalstäbe im Dachverband mit. Für die Aufnahme der dabei hinzutretenden Druckkräfte ist die vorhandene Spannungsreserve der Pfette sehr willkommen.

Ist das Endfeld gelenklos, wird die Durchbiegung nach Gl. (126.4)

$$f_z = \frac{3,31 \cdot 6,0^4}{109 \cdot 2,1 \cdot 10^8 \cdot 1030 \cdot 10^{-8}} = 0,0182 \text{ m} = 1,82 \text{ cm} = \frac{l}{330}$$

**Pfettenverhängung** (**130**.1a)

Auf jeder Dachseite sind 5 Pfettenfelder vorhanden. Die geraden Zugstangen nehmen den Dachschub von 4 Feldern auf; ihre maximale Zugkraft ist

$$Z = 4 \, q_y \cdot l_y = 4 \cdot 0,89 \cdot 2,0 = 7,12 \text{ kN}$$

Es werden Zugstangen aus Rundstahl $\varnothing$ 16 mm ausgeführt.

Im Gewinde M 16 ist zul $Z = 17,3 > 7,12$ kN

Die schrägen Zugstäbe haben in der Dachebene die Neigung $\alpha = 45°$; sie übernehmen den Dachschub aller 5 Pfettenfelder:

$$Z = \frac{5 \, q_y \cdot l_y}{\sin \alpha} = \frac{5 \cdot 0,89 \cdot 2,0}{\sin 45°} = 12,6 \text{ kN}$$

Mit Rücksicht auf die Abbiegungen an den Stangenenden wird ein dickerer Rundstahl gewählt, als rechnerisch nötig wäre:

**M 20** $\quad$ zul $Z = 27,0 \text{ kN} > 12,6 \text{ kN}$

## 5.5   Dachbinder

Binder sind die Hauptträger der Dachkonstruktion. Sie nehmen die Lasten der Dachhaut, der Pfetten, des Dachverbandes (ca. 0,1 kN/m Gurtlänge), aus Schnee, Wind und ihrem Eigengewicht sowie ggfs. Lasten aus angehängter Unterdecke oder Kranbahn auf und tragen sie zu den stützenden Seitenwänden oder Stützenreihen ab. Der Obergurt der Binder verläuft parallel zur Dachneigung; der Untergurt verbindet die Auflager waagerecht oder erhält bei großen Stützweiten des besseren Aussehens wegen einen Stich von etwa ¹⁄₁₀ der Binderhöhe. Die Durchbiegung des Binders gleicht man bei großen Stützweiten durch Überhöhung der Werkstattform aus. Den Binderabstand wählt man unter Berücksichtigung der Maßordnung im Hochbau nach DIN 4172 möglichst so, daß die Gesamtkosten für Pfetten und Dachbinder minimal werden.

Abhängig von der Binderstützweite $l$ und vom Pfettenabstand $a$ in m sowie von der Gesamtlast $q$ in kN/m² erhält man den wirtschaftlichen Abstand $b$ für Vollwandbinder angenähert zu

$$b \approx 0{,}28 \, (l + 1) \, a^{0,18} \cdot q^{-0,28} \tag{134.1}$$

Für die häufigen mittleren Werte $q = 1{,}75$ kN/m² und $a = 2{,}5$ m wird daraus einfach

$$b \approx 0{,}28 \, (l + 1) \tag{134.1a}$$

Änderungen des rechnerischen Wertes $b$ zur Anpassung an die Dachlänge beeinflussen das Stahlgewicht kaum. Unter Umständen kann sogar die Wahl eines ganz anderen Binderabstandes sinnvoll und wirtschaftlich sein: Für den Binder nach Bild **134.**1 errechnet sich $b \approx 4{,}2$ m; da aber das Mindestprofil der Pfetten IPE 140 eine Stützweite bis etwa 6 m ermöglicht, wie das Berechnungsbeispiel im Abschn. 5.4.2.3 zeigte, führt man besser $b \approx 6$ m aus. Wegen des vergrößerten Abstandes werden einige Binder eingespart, die gesamte Konstruktion ist folglich wirtschaftlicher.

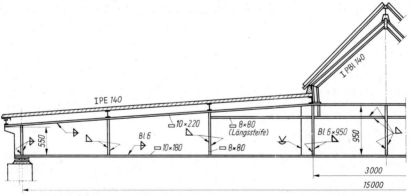

**134.**1 Vollwandiger Dachbinder

Bei Eindeckung mit Leichtbetonplatten oder Dachelementen und bei Stützweiten $l \leqq 15$ m (**70.**4) − bei Stahlleichtbindern (**102.**3 und **104.**1) auch bei größeren Stützweiten − spart man die gesamte Pfettenlage ein, indem man den Binderabstand = Plattenlänge ($\approx 2{,}5 \cdots 5$ m) macht und die Dachplatten unmittelbar auf dem Binderobergurt auflegt. Während des Bauzustandes muß ein Montageverband die Druckgurte der Binder gegen Ausknicken aus der Binderebene sichern.

**Vollwandbinder**

Ihr Vorteil gegenüber Fachwerkbindern liegt im ruhigeren Aussehen, in der kleineren Bauhöhe, in geringeren Fertigungskosten und in der leichteren Erhaltung, allerdings ist ihr Eigengewicht größer. Sie werden nach Abschn. 1 mit gleichbleibender oder mit veränderlicher Steghöhe ausgeführt (**134.**1). Für kleine Stützweiten kann man Walzträger verwenden, sonst kommen wegen der Durchbiegungsbeschränkung nur Blechträger in Betracht. Es sei daran erinnert, daß bei dach- oder pultförmig veränderlicher Trägerhöhe der für die Bemessung maßgebende Querschnitt nicht in Bindermitte, sondern je nach Neigung des Obergurts zwischen Viertels- und Drittelpunkt der Stützweite liegt (**8.**1). Da sich die Trägerform der Momentenverteilung anpaßt, haben die Gurte gleichbleibenden, nicht abgestuften Querschnitt.

Für die Lastaufstellung bei der Berechnung kann das Eigengewicht der Vollwandbinder nach Gl. (4.1) geschätzt werden.

**Fachwerkbinder**

Fachwerke schirmen das durch Oberlichter einfallende Tageslicht weniger ab als Vollwandbinder; Rohrleitungen oder Bedienungsstege lassen sich in der Längsrichtung des Daches zwischen den Füllstäben ohne Schwierigkeiten durchführen, sofern die Binderhöhe dafür ausreicht. Andererseits ist der Lohnkostenaufwand für ihre Fertigung höher als bei Vollwandträgern, zumal automatische Schweißverfahren nicht eingesetzt werden können, doch gleichen sich diese Mehrkosten oft mit den durch geringeres Eigengewicht bedingten Materialeinsparungen wieder aus. Das Eigengewicht hängt u. a. vom Fachwerksystem ab und ist etwa 15 bis 30% kleiner als bei Vollwandbindern. Entwurf, Berechnung und Konstruktion der Fachwerkbinder s. Abschn. 3.

**Rahmenbinder**

Verwendet man Zwei- oder Dreigelenkrahmen als statisches System der Dachbinder, hebt man den Horizontalschub der Rahmen meist durch ein Zugband auf, damit er nicht die Wände oder Stützen belastet (**135.**1). Rahmenbinder eignen sich bei kleineren Stützweiten besonders für die oben beschriebene pfettenlose Bauweise. Konstruktion der Rahmen s. Abschn. 2.

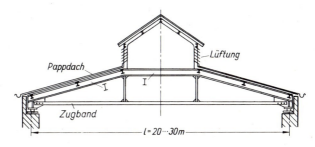

**135.**1
Rahmenbinder mit Zugband

**Sonderbauweisen**

Sie sind für besondere Zwecke oder sehr große Stützweiten entwickelt worden. Hierzu zählen z. B. die im Abschn. 5.2.3 beschriebenen freitragenden Wellblechdächer. Deren Anwendungsbereich kann erheblich erweitert werden, wenn man die Biegebeanspruchung des Wellblechs dadurch herabsetzt, daß man die parabelförmige Wellblechtonne und das Zugband durch Füllstäbe zu einem Fachwerkbinder ergänzt, in dem das Wellblech den Obergurt bildet (**136.**1). Bei großen Stützweiten genügen die genormten Wellblechprofile nicht, sondern sie werden durch trapezförmiges Abkanten von $\geqq 4$ mm dicken und miteinander verschweißten Blechen hergestellt. Infolge der stetigen Krümmung des Obergurtbleches entstehen Umlenkkräfte, die von Pfetten aufgenommen und in die Fachwerkknoten eingeleitet werden. Im Auflager wird die Untergurtzugkraft durch Verstärkungen auf die mitwirkende Blechbreite verteilt. Das Heranziehen der raumabschließenden Dachhaut zum tragenden Binderquerschnitt bringt Gewichts- und Stahlersparnis mit sich.

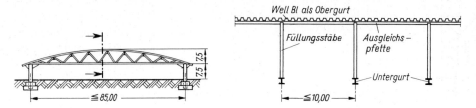

**136.**1 Fachwerkbinder großer Stützweite mit mittragendem Wellblechdach

# 5.6    Dachverband

## 5.6.1    Aufgaben des Dachverbandes

Durch die Verbandsdiagonalen werden die Obergurte zweier benachbarter Dachbinder und die dazwischenliegenden Pfetten zu einem parallelgurtigen, horizontalen Fachwerkträger zusammengefaßt (**137.**1). Aufgabe des in jedem 3. bis 5. Binderfeld vorzusehenden Montage- und Knicksicherungsverbandes ist es, für die Montage die beiden zuerst montierten Binder zu einem räumlich stabilen Festpunkt zu verbinden, an den die nachfolgend montierten Dachbinder mittels der Pfettenstränge kippsicher angeschlossen werden. Im fertigen Bauwerk müssen die Dachverbände Reibungskräfte des in Längsrichtung wirkenden Windes aufnehmen sowie die gedrückten Obergurte gegen seitliches Ausknicken sichern; hierbei stützen sich diejenigen Binder, die nicht im Verbandsfeld liegen, mit den Pfettensträngen gegen die Knotenpunkte des Dachverbandes ab. Pfettenstränge, die nicht an Knotenpunkte des Verbandes fest angeschlossen werden können, sind in ihrer Längsrichtung verschieblich und dürfen demnach nicht zur Fixierung der Knicklänge $s_{Kz}$ des Gurtes beim Knicken um seine z-Achse herangezogen werden (**137.**2b). Ein Dachverband kann seine Aufgabe nur erfüllen, wenn er selbst in Längsrichtung des Daches unverschieblich ist: Er muß also unbedingt bis zum Auflager des Binders hinunterge-führt werden. Während der Verband beim Dreieckbinder zwangsläufig am Binder-auflager endet (**107.**1), müssen beim Trapezbinder zur Ergänzung des Verbandes in der Obergurtebene zusätzliche Vertikalverbände zwischen den Binder-Endpfo-sten angeordnet werden, um die Auflagerpunkte zu erreichen (**137.**1).

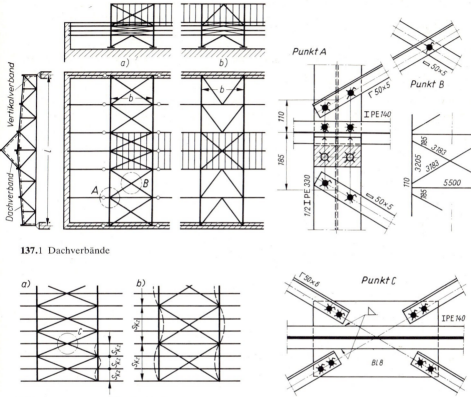

**137.**1 Dachverbände

**137.**2 Strebenkreuze des Dachverbandes
a) über zwei  b) über drei Pfettenfelder

Liegen massive Dachplatten ohne Pfetten auf den Binderobergurten, wird es notwendig, die Binder während der Montage durch besondere, zwischen den Bin-dern liegende Druckstäbe gegen die Dachverbände abzustützen. Der zulässige Ab-stand dieser Längsverbindungen wird bestimmt vom Knicksicherheitsnachweis des Binderobergurts für die Beanspruchungen des Bauzustandes; sie werden mei-stens in der Bindermitte und in den Viertelspunkten angebracht. Sind die Leichtbe-tonplatten fertig verlegt, können sie die Funktion der Längsstäbe übernehmen, wenn auf dem Obergurt angeschweißte Flachstähle in die Plattenfugen eingreifen (**109.**2).

Sind Dachaufbauten vorhanden, gibt die Giebelwand Windlasten an die Dach-konstruktion ab, oder sind sonstige Längskräfte (z.B. Bremslasten angehängter

Kranbahnen) zu berücksichtigen, dann tritt zu der Aufgabe des Dachverbandes, die Binderdruckgurte gegen seitliches Ausknicken zu sichern, noch die Übernahme der in Dachlängsrichtung wirkenden Lasten hinzu. In diesem Fall müssen die Kräfte bis in den tragfähigen Baugrund verfolgt werden.

In Dachaufbauten müssen zusätzliche Dachverbände eingebaut werden, um auch sie gegen Instabilitäten zu sichern und Windlasten aufnehmen zu können (**137.**1).

Falls die Dachhaut Scheibenwirkung aufweist, kann sie die Funktion der Dachverbände übernehmen. Die Berechnung der Beanspruchungen in der Dachscheibe und die zusätzlich geforderten konstruktiven Maßnahmen sind den Zulassungsbedingungen der jeweiligen Bauweise zu entnehmen.

### 5.6.2    Berechnung und Konstruktion des Dachverbandes

Die Füllstäbe des Dachverbandes werden meist in Form von gekreuzten Diagonalen angeordnet (**137.**1a), die nicht drucksteif, sondern nur zugfest ausgebildet werden müssen (s. Abschn. 3.1). Beim K-Verband (**137.**1b) müssen die Stäbe hingegen drucksteif sein ($\lambda \leqq 250$); wegen des höheren Stahlverbrauchs kommt die K-Ausfachung fast nur für die Vertikalverbände am Binderauflager in Frage.

Die Berechnung des zwischen 2 Binderobergurten liegenden Dachverbandes, gegen den sich meist mittels der Pfetten weitere Dachbinder mit Gurtdruckkräften $N_i$ abstützen, kann unter der Annahme einer baupraktisch unvermeidbaren Vorkrümmung $e$ der Bindergurte nach Theorie II. Ordnung (DIN 4114, Ri 10.2) durchgeführt werden (**138.**1). Bei gleichzeitiger Einwirkung einer Windlast $w$ gelten für $l \leqq 30$ m die folgenden Faustformeln[1]:

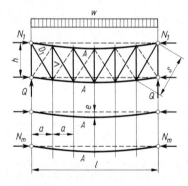

$$\max Q \leqq 1{,}28 \, w \cdot \frac{l}{2} + \frac{\Sigma N_i}{120} \tag{138.1}$$

$$\max M \leqq \left( 1{,}36 \, w + \frac{\Sigma N_i}{47 \, l} \right) \cdot \frac{l^2}{8} \tag{138.2}$$

**138.**1
Berechnungs-System des Dachverbandes mit vorgekrümmten Bindergurten, mit Windlast $w$ und Druckkräften $N_i$ der Bindergurte

Die Formeln sind nur anwendbar, wenn das Lochspiel der Schrauben $\Delta d \leqq 1$ mm beträgt; größeres Lochspiel verursacht größere Formänderungen und Stabkräfte und muß zusätzlich berücksichtigt werden.

Nach den bekannten Berechnungsmethoden für Fachwerke ergeben sich aus max $Q$ die Kräfte der Diagonalen $D$ und der Vertikalen $V$, aus max $M$ die Gurtkräfte des

---

[1]) Gerold, W.: Zur Frage der Beanspruchung von stabilisierenden Verbänden und Trägern. Der Stahlbau (1963) H. 9

Verbandes, die sich zu den sonstigen Gurtkräften der Dachbinder addieren. Bei größeren Kräften oder Dachneigungen ist zu beachten, daß die am Binderfirst in Dachneigungsrichtung wirkenden Gurtkräfte aus dem Dachverband eine lotrechte Umlenkkraft zur Folge haben, die den einen Dachbinder belastet, den anderen entlastet (**199**.1).

Ist der Dachverband ein reiner Stabilisierungsverband ohne Windlast $w$, kann man die durch den Verband zusammengefaßten Bindergurte auch näherungsweise in Anlehnung an DIN 1052, 8.3, als 2teiligen Druckstab auffassen, für den man die Querkraft $Q_i$ nach DIN 4114, 8.3.1, berechnet:

$$Q_i = \frac{\Sigma A \cdot \text{zul } \sigma}{80} \tag{139.1}$$

**Beispiel** (**138**.1; **137**.1, Punkt A): Zwischen den Windverbänden an den Enden einer Halle ist in jedem 4. Binderfeld ein Stabilisierungsverband angeordnet. Die Diagonalen dieses Verbandes sind zu bemessen; Lastfall H.

$$a = 3,333 \text{ m} \qquad l = 20,0 \text{ m} \qquad h = 5,75 \text{ m} \qquad s = 6,646 \text{ m} \qquad w = 0$$

Bindergurte: $\frac{1}{2}$ IPE 330 mit $A = 31,3 \text{ cm}^2$

Auf jeden Verband entfallen $m = 4$ Dachbinder; folglich wird nach Gl. (139.1)

$$Q_i = \frac{m \cdot A \cdot \text{zul } \sigma}{80} = \frac{4 \cdot 31,3 \cdot 14,0}{80} = 21,9 \text{ kN}$$

Die Diagonalen werden nur auf Zug beansprucht:

$$D_1 = 21,9 \frac{6,646}{5,75} = +25,3 \text{ kN}$$

Spannungsnachweis der Diagonale aus Fl 50 × 5:

$$A_n = 0,5 \, (5,0-1,3) = 1,85 \text{ cm}^2 \qquad \sigma_Z = \frac{25,3}{1,85} = 13,7 < 16,0 \text{ kN/cm}^2$$

Schraubenanschluß mit 2 M 12−4.6 mit Lochspiel $\Delta d \leqq 1$ mm:

$$\text{zul } Q_{a1} = 2 \cdot 12,7 = 25,4 > 25,3 \text{ kN} \qquad \text{zul } Q_l = 2 \cdot 0,5 \cdot 33,6 = 33,6 > 25,3 \text{ kN}$$

Da die auftretenden Kräfte beim reinen Knicksicherungsverband gering sind, verzichtet man zugunsten einer einfachen Konstruktion auf mittige Zusammenführung der Systemlinien (**137**.1, Punkt A). Übernimmt der Verband jedoch auch Windlasten, wird man die Verbandsstäbe und Pfetten nach den Regeln der Fachwerkkonstruktion mit Knotenblechen an den Bindergurten anschließen. Liegt der Kreuzungspunkt der Streben zwischen 2 Pfetten (**137**.1, Punkt B), wird eine Diagonale als ⌐, die andere als □ ausgeführt, um die Stabverbindung zu vereinfachen. Führt man das Diagonalkreuz bei enger Pfettenteilung über 2 Pfettenfelder, damit die Diagonalen nicht zu flach liegen (**137**.2a), dann ist auch der Pfettenstrang an das notwendig gewordene Knotenblech anzuschließen (**137**.2, Punkt C). Bei großen

Binderabständen verwendet man gelegentlich Rundstahldiagonalen ($\geqq \varnothing$ 20 mm) mit Spannschlössern.

Als Pfosten im Parallelfachwerk müssen die Pfetten als Druckstäbe knicksicher sein und dürfen im Verbandsfeld daher keinesfalls durch Gelenke unterbrochen werden. Damit sie die Binderobergurte seitlich sicher festhalten können, müssen sie mit allen Bindern fest verbunden sein. Wie schon im Abschn. 5.4.2.1 dargelegt wurde, genügt die Pfettenbefestigung mit Pfettenschuhen beim Zusammenwirken mit dem Dachverband nicht, sondern die Pfetten sind auch unmittelbar mit dem Binder zu verschrauben, damit ihre Druckkraft sicher eingeleitet wird.

Im Bereich des Oberlichts entfällt die sonst hier vorhandene Firstpfette (**137**.1). An ihrer Stelle muß ein besonderer Druckstab eingebaut werden, falls der Obergurt für die vergrößerte freie Länge nicht ausreichend knicksicher ist.

# 6  Stahlskelettbau

## 6.1  Allgemeines

Stahlskelettbauten werden ausgeführt für Büro- und Verwaltungsgebäude, Kaufhäuser, Fabrik- und andere Industriebauten sowie für Parkhäuser.

Bei ihnen dienen die Wände nur zur Umschließung der Räume, während sämtliche Lasten, auch das Gewicht der Wände, von den Trägern, Unterzügen und Stützen des Skeletts getragen werden. Die Windlast wird entweder auch vom Skelett und seinen Verbänden übernommen oder aber ganz oder teilweise massiven Bauteilen zugewiesen. Die Trennung von tragender und raumabschließender Funktion hat den Vorteil, daß jeder Baustoff seinen Eigenschaften gemäß optimal eingesetzt wird: Der Stahl mit seiner hohen Festigkeit, aber schlechten Wärmedämmung, bildet das Tragwerk, die Leichtbaustoffe mit ihrer geringen Festigkeit, dafür aber guten Wärmedämmung, dienen dem Raumabschluß. Weil die Wände geschoßweise von Trägern abgefangen werden, können die Wanddicken in allen Geschossen gleich sein; die Stützen können durch Verstärkungen den nach unten anwachsenden Druckkräften ohne merkliche Änderung ihrer äußeren Abmessungen angepaßt werden. Daher sind gleiche Grundrißmaße in allen Geschossen möglich. Wegen des kleinen Gesamtgewichts von Stahlskelettbauten ergeben sich besonders bei schlechtem Baugrund Ersparnisse bei der Gründung. Da die Wände nicht tragen, können durchgehende Fensterbänder ausgeführt werden, die auch von den Außenstützen nicht unterbrochen werden, falls diese hinter die Front zurückgesetzt werden.

Das tragende Skelett, das während der Gründungsarbeiten in der Werkstatt gefertigt wird, ist in kurzer Zeit montiert und erlaubt gleichzeitig in allen Geschossen den Einbau der Decken und Wände sowie den Innenausbau des Gebäudes, oft bereits während der Stahlbaumontage. Der wirtschaftliche Nutzen frühzeitiger Benutzbarkeit des Stahlskelettbaus wiegt u. U. höhere Herstellungskosten auf.

Änderungen und Erweiterungen des Skeletts sind leicht, schnell und witterungsunabhängig durchführbar. Ein Stahlskelettbau kann erdbebensicher hergestellt werden (DIN 4149, Bauten in deutschen Erdbebengebieten). Treten ungleichmäßige Baugrundsetzungen oder Bergsenkungen in Bergbaugebieten auf, kann das Stahlskelett diesen Bewegungen wegen der plastischen Eigenschaften des Stahles ohne Rißbildung folgen; abgesunkene Stützen können angehoben werden.

Die notwendige feuerbeständige Ummantelung der Stahlkonstruktion durch Ausfüllen und Verkleiden der Profile mit Beton oder Mauerwerk wird jetzt meist ersetzt durch eine gleichwertige Ummantelung mit Vermiculite- oder Perlit-Zementputz auf Rippenstreckmetall bzw. durch vorgefertigte Feuerschutz-Bauplatten (Teil 1). Diese billigere Ausführung hat die Konkurrenzfähigkeit der Stahlkonstruk-

tion verbessert. Decken und Wände können ohne Mehrkosten für den Brandschutz
der Stahlkonstruktion mit herangezogen werden. Die Korrosion stellt kein Problem dar, weil Stahlteile innerhalb von Gebäuden mit normaler Luftfeuchtigkeit
kaum rosten. Durch Erden an mehreren Stellen wird das Stahlskelett gegen Blitzschlag geschützt.

## 6.2  Statischer Aufbau

Nach der Art, wie die Windlasten aufgenommen werden und wie das Stahlskelett
stabilisiert wird, unterscheidet man 2 verschiedene statische Systeme: Entweder
wird die Stahlkonstruktion so berechnet und entworfen, daß sie neben den vertikalen auch horizontale Lasten aufnehmen kann, oder man zieht die Decken und
Wände zur Lastabtragung heran. Diese Bauweise ist die weitaus wirtschaftlichere
und findet bei den meisten Bauwerken Anwendung.

### 6.2.1  Aussteifung durch Windscheiben

Die Windlasten werden von den Außenwänden in jedem Geschoß in die Deckenscheiben eingeleitet, die, als Horizontalträger wirkend, ihre Auflagerlasten aus
Wind an einige Vertikalscheiben abgeben. Diese wirken statisch als Kragträger,
die im Fundament bzw. im Kellergeschoß eingespannt sind (**142**.1). Die Gebäudestützen bleiben auf diese Weise von jeglicher Horizontalbelastung frei.
Voraussetzungen für diese Bauweise sind: Scheibenwirkung der Deckenkonstruktion, sichere Verankerung der Deckenscheiben an den Vertikalverbänden, gute Verankerung der großen Zugkräfte der Vertikalverbände im Fundament.

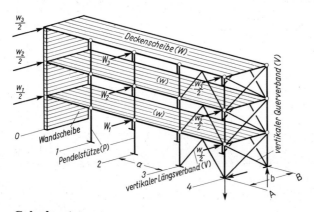

**142**.1
Räumliche Tragwirkung eines
Stahlskelettbaues mit Deckenscheiben und Vertikalverbänden
bei Windbelastung

### Gelenksystem

Die Verbindungen der Träger und ihre Anschlüsse an die Stützen sind einfache
Steganschlüsse; Durchlaufträger sind möglich, doch werden keine biegesteifen Verbindungen mit den Stützen hergestellt. Demzufolge werden die Stützen auf reinen

Druck beansprucht; da sie an den Deckenscheiben horizontal unverschieblich gelagert sind, kann man sie als Pendelstützen (P) mit Knicklänge = Geschoßhöhe ansehen (**143.**1 a, b).

Träger und Stützen können in unterschiedlichen Grundrißrastern angeordnet werden, doch sollen Stützen- und Trägerteilungen möglichst gleichbleibend sein, damit der wirtschaftliche Vorteil der Serienfertigung genutzt werden kann. Ein Grundriß nach Bild **143.**2 a hat sich vielfach als geeignet erwiesen. Die quer zur Gebäudeachse liegenden Deckenträger sind in der Fassade an je einer Stütze gelagert. Die enge Stützenstellung führt zu kleinen Stützenquerschnitten und macht die Befestigung von Fassadenelementen ohne zusätzliche Konstruktionsteile, wie z.B. Sprossen, möglich. Gleiche Stützenabmessungen vereinheitlichen zudem die Anschlüsse von Innenwänden in den Stützenachsen. Die Stützenabstände in den inneren Reihen werden mit Hilfe von Längsunterzügen vergrößert, wobei man die schwerer belasteten Unterzüge möglichst kürzer als die Deckenträger spannt. Die Stützen können auch zwischen den Deckenträgern angeordnet werden, wenn an ihnen Leitungen hochzuziehen sind.

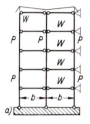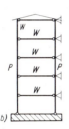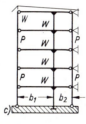

**143.**1 An den Deckenscheiben (W) horizontal gelagertes Stahlskelett
    a) und b) Gelenksystem mit 3 bzw. 2 Pendelstützenreihen (P)
    c) gemischtes Rahmensystem mit Gelenken
    d) aufeinandergestellte Zweigelenkrahmen

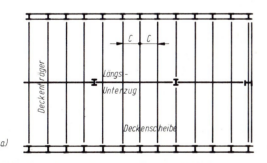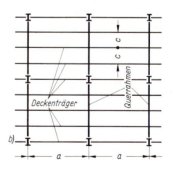

**143.**2 Trägerlage und Stützenstellung bei Skelettbauten
    a) bei gelenkigen Trägeranschlüssen
    b) bei Ausführung von Querrahmen

## Querrahmen

Werden in jeder Querreihe Unterzüge und Stützen biegesteif zu S t o c k w e r k r a h m e n oder zu gemischten Systemen mit Gelenken verbunden, ergeben sich möglicherweise statische, konstruktive und wirtschaftliche Vorteile gegenüber dem Gelenksystem, wie im Abschn. 2.1 erläutert wurde (**143.**1c, d). Nunmehr müssen natürlich die Unterzüge im Gebäudequerschnitt in einer Flucht mit den Stützen liegen; die Deckenträger laufen dann in Längsrichtung (**143.**2b). Bei kleinem Querrahmenabstand *a* können Deckenträger auch ganz entfallen, wenn die Decke so bemessen ist, daß sie sich frei von einem Querrahmen zum anderen spannt, jedoch müssen in den Stützenreihen Träger als Abstandhalter bzw. als Fassadenträger verbleiben. Auch diese Querrahmen werden von den Deckenscheiben horizontal unverschieblich gehalten und werden ebenfalls nur von Vertikallasten, nicht aber von Windlasten beansprucht. Anders als bei Gelenkrahmen treten jedoch an den Deckenscheiben nicht nur bei Wind, sondern auch infolge lotrechter Lasten horizontale Festhaltekräfte auf, die in die Vertikalverbände geleitet und von diesen übernommen werden müssen. Bei unsymmetrischen Rahmen (**143.**1c) sind diese Festhaltekräfte besonders groß.

Bei dem Querschnitt nach Bild **143.**1d werden werkstattfertige 2-Gelenk-Rahmen übereinandergestellt, was die Montage erleichtert; die Gelenke werden meist in einfacher Form konstruiert (**33.**1). Die Rahmenfüße wird man bei kleinen Stieldrücken gelenkig lagern, bei großen Lasten einspannen. Konstruktive Durchbildung der Rahmenecken und -füße s. Abschn. 2.2.2 und 2.3.

**Deckenscheiben und Montageverbände**

Sie werden belastet von der auf die Geschoßhöhe entfallenden Windlast und von den Stabilisierungskräften der Stützen [ähnlich der Beanspruchung der Dachverbände durch die Knickseitenkräfte der Bindergurte (**138.**1)]; bei Stockwerkrahmen treten noch die oben erwähnten Festhaltekräfte hinzu.

Auf Schalung hergestellte Stahlbetondecken haben die sicherste Scheibenwirkung (**144.**1), wenn $b:l$ nicht zu klein ist. Zur Aufnahme der Biegemomente ist an den Längsrändern eine Bewehrung einzulegen; die Schubbewehrung neben dem Auflager am Vertikalverband ist i. allg. nur bei dünner Stahlbetonplatte (Rippendecke, Ortbetonüberdeckung von Fertigteilen) nötig. Die Auflagerkraft C wird in die Vertikalverbände eingeleitet durch Dübel oder Rundstahlanker, die an die Verbandsstäbe angeschweißt sind und in die Stahlbetondecke einbinden.

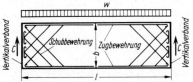

**144.**1
Grundriß einer Stahlbetondeckenscheibe mit Bewehrung

Auch bei Fertigteildecken kann Scheibenwirkung erreicht werden, wenn sie im endgültigen Zustand eine zusammenhängende ebene Fläche bilden, die Deckenelemente in den Fugen druckfest miteinander verbunden sind und die in der Scheibenebene wirkenden Lasten durch Bogen- oder Fachwerkwirkung aufgenommen werden können (**145.**1). Hierfür sind Rundstahlbewehrungen in den Fugen zwischen den Fertigteilen einzulegen und in bewehrten Randgliedern zu verankern. Die in den Fugen auftretenden Schubkräfte werden durch bewehrte gegenseitige Verzahnungen der Deckenelemente oder geeignete stahlbaumäßige Verbindungen übertragen.

Bei besonderen Deckenbauweisen, wie z. B. Stahlzellendecken, ist in der bauauf-
sichtsamtlichen Zulassung jeweils angegeben, ob und unter welchen Bedingungen
eine Scheibenwirkung der fertigen Decke angenommen werden darf.

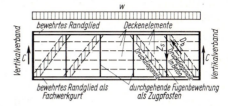

145.1
Fachwerkwirkung in einer Deckenscheibe aus Stahl-
beton-Fertigteilen

Während der M o n t a g e fehlt bis zur Fertigstellung der Decken die Horizontalaus-
steifung des Stahlskeletts. Wegen der großen Zahl hintereinanderliegender Träger
und Stützen ist der Winddruck auf das Skelett groß, und die Steifigkeit der Trägeranschlüsse reicht besonders beim Gelenkrahmen nur bei kleiner Geschoßzahl zur
Stabilisierung des Tragwerks aus. Man ersetzt dann die fehlende Deckenscheibe
durch horizontale Fachwerkträger (M o n t a g e v e r b ä n d e ) in der Deckenebene
(**145.**2), die bei Decken ohne Scheibenwirkung auch im fertigen Bauwerk die Hori-
zontalaussteifung übernehmen.

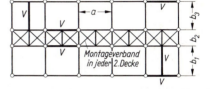

145.2
Horizontaler Fachwerkträger in der Geschoßdecke als
Ersatz für fehlende Scheibenwirkung der Decke, z. B.
im Montagezustand.
Grundrißanordnung der Vertikalverbände (V)

**Vertikalscheiben**

Sie werden in Stahlkonstruktion oder in Massivbauweise ausgeführt. Damit sie
Windlasten in Längs- und in Querrichtung des Gebäudes aufnehmen können, sind
sie im Grundriß in mindestens zwei Richtungen anzuordnen. Man sieht sie in Wänden vor, die in der ganzen Bauwerkshöhe übereinanderstehen: Giebel- und Längs-
wände, Wände um Treppen-, Aufzug- und Versorgungsschacht. Sie werden belastet
durch die horizontalen Auflagerkräfte der Deckenscheiben.

Wirken in einer Richtung mehr als 2 Vertikalverbände zusammen (**145.**2), dann können die
Auflagerreaktionen der Deckenscheiben nicht nach dem Hebelgesetz, sondern nur in statisch
unbestimmter Rechnung unter Berücksichtigung der Formänderung der Verbände berechnet
werden[1]. Je steifer ein Verband ist, um so größere Lastteile zieht er auf sich. Im Grundriß
ordnet man die Vertikalverbände zweckmäßig so an, daß sie die Längenänderung der Dek-
kenscheiben, z. B. aus Temperaturänderung, nicht behindern, weil andernfalls Zwängungs-
kräfte geweckt werden.

---

[1]) Stiller, M.: Verteilung der Horizontalkräfte auf die aussteifenden Scheibensysteme von
Hochhäusern. Beton- und Stahlbeton 60 (1965) H. 2

Bei stählernen Vertikalscheiben werden F a c h w e r k e aufgrund ihrer großen Steifigkeit bevorzugt; die vorhandenen Stützen und Unterzüge brauchen nur durch Diagonalen ergänzt zu werden (**142.**1, **146.**1). Das Verhältnis $b:h$ soll nicht zu klein sein

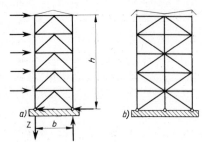

**146.**1
Fachwerk-Vertikalverbände
a) K-Fachwerk
b) Strebenkreuze

($\gtrless 1:5$), weil anderenfalls die Ankerzugkraft $Z$ sehr groß wird; weiterhin vergrößert sich die horizontale Verschiebung und es sinkt die Eigenschwingungsfrequenz des Fachwerks ab. Das macht das Gebäude schwingungsanfällig und bedingt entsprechende Nachweise. Eine zu geringe Basisbreite des Verbandes läßt sich vergrößern, indem man das Fachwerk wenigstens in einem Geschoß in die Seitenfelder des Gebäudequerschnittes herauszieht (**146.**2). Die Außenstützen werden auf diese Weise in das jetzt statisch unbestimmte Fachwerksystem einbezogen und die Horizontalverschiebungen sind stark reduziert.

Um kurze Druckstäbe zu erhalten, bevorzugt man für die Füllstäbe das K-Fachwerk (**146.**1a) oder gekreuzte Diagonalen (**142.**1). Bei dem statisch unbestimmten System nach Bild **146.**1b ist zu beachten, daß die am Strebenkreuz angeschlossene Mittelstütze ihre Kräfte zum Teil an das Fachwerk abgibt, was zur Mehrbelastung der Fachwerkdiagonalen, aber auch zur Entlastung der Stütze führt. Mit wechselnder Ausfachung kann man sich Wandöffnungen anpassen (**146.**3) und, falls unvermeidlich, kann der Verband innerhalb der Wandebene versetzt oder teilweise durch Rahmen ersetzt werden. Ein Konstruktionsbeispiel s. Bild **69.**1.

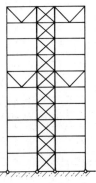

**146.**2
Seitlich verbreiterter Fachwerkverband
zur Verringerung der Formänderungen

**146.**3
Anpassung der Verbandsdiagonalen an
Wandöffnungen; teilweiser Ersatz des
Fachwerks durch Rahmen

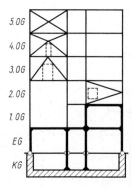

5. OG

4. OG

3. OG

2. OG

1. OG

EG

KG

Stockwerkrahmen kann man ausnahmsweise anstelle von Fachwerkscheiben ausführen, wenn die Füllstäbe stören, wie z. B. in Außenwänden mit durchgehenden Fensterbändern. In den Längswänden lassen sich dafür alle Außenstützen mit den

Brüstungsträgern zu Vollsteifrahmen verbinden (**147**.1); die Lasten aus Wind auf die Giebelwand verteilen sich auf eine große Knoten- und Stützenzahl, so daß die Biegebeanspruchungen der Stützen klein bleiben. Bei Rahmen sind die horizontale Verschiebung bei Wind und der Stahlverbrauch größer als bei Fachwerken.

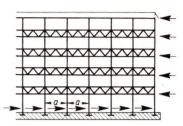

**147**.1
Aus Außenstützen und Brüstungsträgern gebildeter Stockwerkrahmen

Einfache W ä n d e aus Mauerwerk oder Stahlbeton stehen während der Stahlbaumontage meistens noch nicht zur Verfügung und sind deshalb in der Regel als Vertikalscheiben ungeeignet (**142**.1, Achse 0). Führt man jedoch den Gebäudekern mit Aufzug-, Treppen- und Versorgungsschächten vor Beginn der Montage als standsicheren S t a h l b e t o n t u r m aus, kann die Stahlkonstruktion nicht nur im fertigen Bauwerk, sondern bereits während der Montage alle horizontalen Lasten an ihn abgeben (**147**.2). Hierfür sind die Deckenträger zug- und druckfest sowie mit Rücksicht auf die geringere Maßhaltigkeit der Stahlbetonkonstruktion justierbar am Gebäudekern anzuschließen (ein konstruktives Beispiel s. Teil 1). Die Torsionssteifigkeit des Schachtes erlaubt auch eine exzentrische Stellung im Grundriß; lediglich bei sehr großer Ausmittigkeit sind weitere Vertikalscheiben oder Erschließungsschächte zur Gebäudeaussteifung notwendig.

Während die Deckenunterzüge in den Außenwänden normalerweise auf Stützen aufgelagert sind, werden sie bei dem H ä n g e h a u s (**147**.3) statt dessen mit Zugstangen oder Seilen an der Spitze des Stahlbetonturmes aufgehängt. Die vertikalen stählernen Haupttragglieder werden auf diese Weise materialgerecht auf Zug beansprucht und haben dementsprechend kleine Querschnitte; die Druckkräfte werden dem hierfür geeigneten Stahlbetonkern zugewiesen.

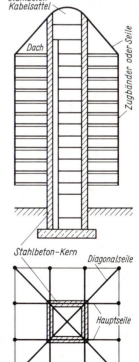

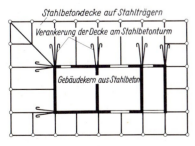

**147**.2 Stahlbetonturm als Festpunkt für das Stahlskelett

**147**.3
Aufhängung der Stahlträgerdecken mit Zugstangen oder Seilen am Stahlbetonturm

Es können sich Ersparnisse an Baustahl von ≈ 20% ergeben. Die Montage der Decken erfolgt von oben nach unten, so daß die Bauarbeiten im Schutz der Dachdecke vor sich gehen. Das Erdgeschoß kann außerhalb des Stahlbetonkerns völlig frei von Konstruktionen bleiben.

### 6.2.2  Aussteifung mit Stockwerkrahmen

Sind durchgehende horizontale oder vertikale Scheiben nicht ausführbar, wie oft im Industriebau, muß das Stahlskelett selbständig standsicher sein. Dazu muß jede Stützenreihe in Quer- und Längsrichtung des Bauwerks mit den Riegeln zu Stockwerkrahmen verbunden werden.

Die Gebäudequerschnitte entsprechen den Bildern **148**.1, **25**.2e und **143**.1c, d, jedoch sind die Rahmen jetzt verschieblich und nicht durch Deckenscheiben gehalten. Jeder Rahmen leitet die Horizontalkräfte direkt und ohne Mitwirkung anderer Bauteile in die Fundamente. Weil die Abmessungen der Rahmen infolge der nunmehr großen Biegebeanspruchung stärker werden als bei Anordnung von Windscheiben, wendet man diese Bauart wegen des hohen Stahlverbrauchs und der teuren Konstruktion der Rahmenecken nur bei niedrigen Gebäuden bis zu etwa 4 Stockwerken an.

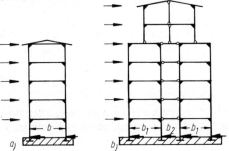

148.1
Stockwerkrahmen in jeder Stützenreihe zur Aussteifung des Gebäudes
a) 2stieliger Rahmen
b) Rahmensystem mit teilweise gelenkigen Anschlüssen

Als Vorteil dieser Bauweise ist anzusehen, daß sich durch den Wegfall der Vertikalscheiben eine größere Gestaltungsfreiheit der Fassade und eine optimale Geschoßflächennutzung ergeben.

## 6.3  Decken

Die allgemeine Anordnung der Träger s. Abschn. 6.2.1, Berechnung und konstruktive Durchbildung s. Teil 1. Der einfachen Anschlüsse und Verbindungen wegen bevorzugt man frei aufliegende Trägerkonstruktionen. Durchlaufträger sind im allg. nur dann vorteilhaft, wenn aufwendige biegefeste Stöße und Anschlüsse vermieden werden können.

Für die Träger verwendet man alle Arten von Formstählen und Breitflanschträgern, Stahlleichtprofile (**102**.2), Wabenträger (**25**.1), Fachwerkträger (**70**.4, **71**.1 und 2) und für Unterzüge auch geschweißte Vollwandträger. Besonders günstig ist es, die

Deckenträger auf die Unterzüge zu legen. Zwar wird die Bauhöhe der Deckenkonstruktion groß, doch überwiegen zumeist die Vorteile der einfachen und schnellen Montage sowie die Möglichkeit, ungehindert Installationsleitungen auch großer Querschnitte beliebig in Längs- oder Querrichtung des Bauwerks verlegen zu können. Muß man die Träger auf gleiches Niveau legen, dann sollte im Hinblick auf die Installationsführung wenigstens eine Trägerschar aus Fachwerken oder Wabenträgern bestehen, die für Leitungen beschränkter Querschnittsgröße durchlässig sind. Sind jedoch beide Trägerlagen vollwandig, sind Stegdurchbrüche zum Durchführen der Leitungen notwendig, deren Verlegeplan schon vor der Werkstattbearbeitung der Träger vorliegen muß.

Bei allen Decken sind die notwendigen Maßnahmen zur Trittschalldämmung und für den Feuerschutz (**151**.3) vorzusehen.

### Stahlbetondecken

Volle Stahlbetonplatten nach DIN 1045 führt man wegen ihres großen Gewichts meist mit der für den Schallschutz geforderten Mindestdicke min $d = 10$ cm aus. Der Deckenträgerabstand ist dann $c \lesseqqgtr 2,4$ m, bei dickeren Platten auch mehr. Zur Vereinfachung der Schalungsarbeiten kann man leichte Trapezbleche mit provisorischen Zwischenunterstützungen als verlorene Schalung verwenden. Bringt man die Platte mit den Deckenträgern in Verbund (Teil 1), verringert sich der Stahlaufwand für die Träger bei gleichzeitig größerer Steifigkeit.

Stahlbetonrippendecken in verschiedenen Ausführungsformen nach DIN 1045 haben Stützweiten bis 6···7 m und werden i. allg. ohne Deckenträger zwischen die Querrahmen gespannt.

### Stahlleichtträgerdecken

Zur Verminderung der Schalungskosten und zum leichteren Einbau kann die Bewehrung in Form eines Stahlleichtträgers montiert werden. Mit Zwischenunterstützungen in 2···3 m Abstand trägt dieser die Schalung und das Gewicht des Betons. Bild **149**.1 gibt ein Beispiel für eine Rippendecke. Statt der Stahlschalung

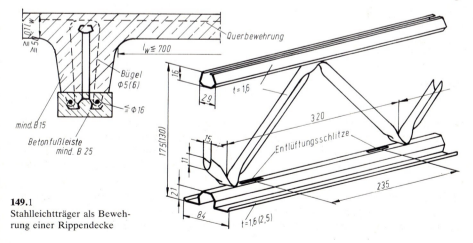

149.1
Stahlleichtträger als Bewehrung einer Rippendecke

für die Deckenplatte können auch Leichtbetonfüllkörper zwischen die Stahlleichtträger eingelegt werden, wodurch sich bei verbesserten bauphysikalischen Eigenschaften eine ebene Deckenuntersicht ergibt.

Bei der Filigran-Element-Decke (**150.**1) werden mehrere Stahlleichtträger im Werk in eine $\geqq 40$ mm dicke, $\leqq 2500$ mm breite Stahlbetonplatte einbetoniert, die unten liegt, mit Zwischenunterstützungen als Schalung für den Ortbeton dient und bereits die statisch notwendige Rundstahlbewehrung enthält. Der Arbeitsaufwand auf der Baustelle wird stark reduziert. Auch mit diesen Stahlleichtträgern lassen sich Rippendecken ähnlich wie in Bild **149.**1 herstellen.

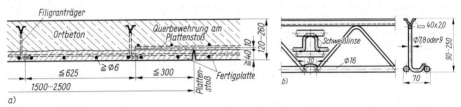

**150.**1  Filigran-Element-Decke
a) Deckenquerschnitt
b) Filigranträger

## Decken mit Stahlbetonfertigteilen

Vorgefertigte Deckenplatten aus dampfgehärtetem Gasbeton mit Breiten von $500 \cdots 750$ mm, Dicken von $75 \cdots 250$ mm und Längen $\leqq 6000$ mm werden von verschiedenen Herstellern geliefert. Eine Scheibenwirkung der fertigen Decke kann bei einigen Fabrikaten erzielt werden (s. Abschn. 6.2.1). Die Verbindung der Träger mit den Platten erfolgt in der Regel mit aufgeschweißten Flachstählen mit durchgesteckten Rundstählen $\varnothing\ 6 \cdots 8$ mm in den Plattenfugen (**70.**4). − In gleicher Weise können Spannbeton-Hohlplatten mit $d \geqq 12$ cm und $p \leqq 5$ kN/m² ausgeführt werden.

Bei der Rüter-Verbunddecke dienen die mit HV-Schrauben auf horizontale Knotenbleche aufgeklemmten vorgefertigten Deckenplatten als Obergurt geschweißter Fachwerkträger. Die Decke weist Scheibenwirkung auf.

Weitere Beispiele s. Teil 1.

## Trapezblechdecken

Die von mehreren Herstellern gelieferten verzinkten Trapezbleche mit Längen $\lessgtr$ 15 m tragen allein die gesamte Deckenlast. Abhängig von der Last und vom Blechprofil sind nach den Tragfähigkeitstafeln der Firmen Stützweiten bis zu 4 m erreichbar. Die Bleche werden an den Querstößen entweder muffenartig ineinandergeschoben (**112.**1) oder stumpf aneinandergesetzt und mit Klebeband gedichtet. Die Trapezbleche können als einzelne offene oder unten geschlossene Stahlleichtträger ohne Zwischenraum verlegt werden (**151.**1); meistens werden sie aber wie bei Dachdeckungen in Form mehrwelliger Platten mit Breiten zwischen 528 und 1098 mm verwendet (**151.**2a). Zur Erhöhung der Tragfähigkeit kann man die Trapezbleche bei der Robertson-Stahlzellendecke durch ein Bodenblech mittels Punkt-

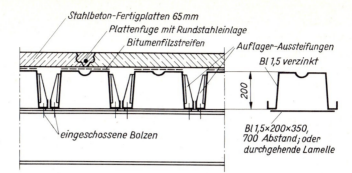

**151**.1
Stahlzellendecke aus einzelnen Stahlleichtträgern

schweißung unten schließen (**151**.2 b) oder die Profilhöhe vergrößern, indem 2 Trapezquerschnitte gegeneinander geschweißt werden (**151**.2 c). Die je nach Fabrikat unterschiedliche Verbindung in den Längsfugen der Trapezbleche und die vorgeschriebene Befestigung auf den Stahlträgern mit Gewindeschneidschrauben, Setzbolzen oder Schweißpunkten stellen bereits nach der Montage die Scheibenwirkung der Decke her. Die ebene Oberfläche der Decke wird entweder durch $\geq$ 5 cm dicken Füllbeton erzielt (**151**.3), oder es werden Stahlbetonfertigteile aufgelegt, die bei Verwendung einzelner Stahlleichtträger durch Rundstahlbewehrung in den Fugen zur Deckenscheibe zusammengefaßt werden (**151**.1).

Die Rohdecken können durch Ergänzungsprogramme komplettiert werden. Es stehen umfangreiche Systeme für Mehrleiter-Verteilerschächte, Unterflur-Gerätedosen zur Elektroinstallation usw. zur Verfügung, wobei die Kabel in den geschlossenen Zellen der Decke liegen, während Lüftungskanäle zwischen Decke und Unterdecke untergebracht werden.

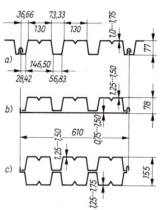

**151**.2
Profilformen der Robertson-Stahlzellendecke

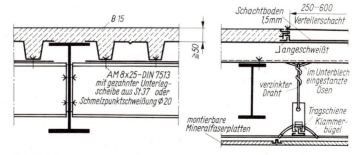

**151**.3 Robertson-Stahlzellendecke mit angehängter Unterdecke

Bei der Hoesch-Holorib-Verbunddecke werden die ≦ 15 m langen, sendzimirverzinkten Holorib-Bleche auf den Trägerflanschen mit Verbunddübeln befestigt, die durch die Bleche hindurch aufgeschweißt werden (**152.**1). Die Verbunddübel bringen außer dem Flächenverbund der Platte noch einen Trägerverbund mit sich; als Betongurt wird nur der oberhalb der Rippen befindliche, mindestens 5 cm dicke Beton in Ansatz gebracht. Die fertige Decke wirkt als Scheibe. Mit speziellen Befestigungselementen können von unten in die Blechrippen Rohrleitungen, Unterdecken usw. bequem eingehängt werden. Holoribplatten mit $d = 10$ cm ohne zusätzliche Isolierung haben als Einfeldplatte die Feuerwiderstandsklasse F 90, als Mehrfeldplatte F 120.

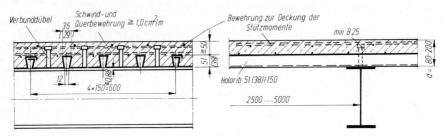

**152.**1 Holorib-Decke

Der auf die Bleche gebrachte Ortbeton wird in beiden Richtungen mit einer Schwind- und Querbewehrung von ≧ 1 cm²/m versehen. Die schwalbenschwanzförmigen Blechrippen schaffen gemeinsam mit den Kopfbolzendübeln die Voraussetzung für den Flächenverbund des Blechs mit dem Beton. Im Bereich positiver Biegemomente wirkt das Blech als untere Bewehrung der Stahlbetonplatte; für die Berechnung nach DIN 1045 ist für das Holoribblech $\beta_S = 260$ N/mm² einzuführen, Mindestbetongüte B 25. Über den Innenstützen wird zur Deckung negativer Plattenmomente eine obere Bewehrung eingelegt; in der Betondruckzone müssen hier bei der Berechnung die Aussparungen für die Ankerschienen abgezogen werden. Bei großen Trägerabständen empfiehlt sich zur Erhöhung der Tragfähigkeit des Blechs im Bauzustand eine 1···3fache Zwischenunterstützung.

Ein weiteres Stahldeckensystem s. Abschn. 4.3.4.

# 6.4   Wände

## 6.4.1   Außenwände

Abgesehen von den statisch notwendigen Wandscheiben haben Außen- und Innenwände im Skelettbau nur raumabschließende Funktionen. Sie müssen zu diesem Zweck ausreichende Wärme-, Wind- und Schalldichtigkeit aufweisen und schlagregendicht sein. Die Wandbaustoffe dürfen keine Bestandteile enthalten, die den Stahl angreifen (z. B. Magnesiumchlorid). Bei der Ummantelung der Stützen und der Durchbildung der Wände sind die Vorschriften über den Feuerschutz zu beachten. In Hochhäusern (mittlere Fußbodenhöhe > 22 m über Gelände) müssen Fensterbrüstungen ≧ 90 cm hoch und feuerbeständig sein; die ebenfalls feuerbeständigen Fensterstürze müssen ≧ 25 cm von der Raumdecke herabreichen (**156.**3).

### 6.4.1.1  Mauerwerk

Mauerwerk aus Mauerziegeln oder Leichtbetonsteinen kommt für die Ausfachungen und für feuerbeständige Brüstungen in Betracht, wobei das Wandgewicht geschoßweise von den auskragenden Deckenplatten oder von Stahlträgern abgefangen wird. Wegen ihres größeren Wärmedurchlaßwiderstandes und geringen Raumgewichtes werden Leichtbetonsteine bevorzugt; um die ständige Last, die vom Stahlskelett getragen werden muß, weiter zu vermindern, führt man möglichst kleine Wanddicken aus, wodurch u. U. eine zusätzliche Wärmedämmung aus Dämmplatten unvermeidlich wird. Auch Wärmebrücken an den Stahlstützen verhindert man durch Wärmedämmschichten vor und ggf. hinter der Stütze. Wegen des großen Arbeits- und Zeitaufwandes wird Mauerwerk nur noch selten ausgeführt.

### 6.4.1.2  Wände im Montagebau

Besser als gemauerte Wände entsprechen vorgefertigte W a n d p l a t t e n der Fertigteilbauweise des Stahlskeletts und der Deckenelemente. Das Aussehen der Fassade wird maßgebend von der Stellung der Gebäudestützen zur Wandebene beeinflußt. Setzt man geschoßhohe Wandtafeln, die Brüstungs- und Fensterteil enthalten, zwischen den Stützen auf die Fassadenträger, bleibt die horizontale Gliederung durch die Decken und die vertikale Gliederung durch die Stützen sichtbar. Meist stehen die Stützen jedoch hinter der Außenwand. Reiht man großflächige Wandtafeln unmittelbar aneinander, ergibt sich eine wenig profilierte Außenfläche (**153**.1a). Sollen die umfassenden Rahmen dieser Wandelemente möglichst schmal gehalten werden, sind sie i. allg. nicht biegesteif genug, um dem Winddruck standzuhalten. Sie erhalten dann auf der Innenseite in der Höhe der Fensterbank eine Zwischenstützung durch einen horizontalen R i e g e l, der an die Gebäudestützen angeschlossen wird. Steift man die Wandplatten jedoch mit vertikalen F a s s a d e n p f o s t e n (Sprossen) aus, ergibt sich eine senkrechte Wandgliederung (**153**.1b), die noch stärker betont werden kann, wenn man die unverkleideten Stützen vor die Fassade stellt (**153**.1c). Hierbei sind aber die Auswirkungen der Längenänderung der Stützen infolge Temperaturwechsels sorgfältig zu verfolgen.

**153**.1
Horizontalschnitt durch die Fassade von Stahlskelettbauten
a) Tafelwand (Vorhangwand) vor den Stützen
b) Sprossenwand vor den Stützen
c) Stützen vor der Außenwand

### Fassadenplatten aus Beton

Sie werden für volle Wandflächen und für Brüstungselemente verwendet; Fensterrahmen können oben und unten an die Stahlbetonteile angeschlossen werden.

Schwerbetonplatten werden meist 3schichtig aus 2 äußeren, rostfrei miteinander verankerten Betonplatten mit zwischenliegender Wärmedämmschicht hergestellt. Das große Gewicht von $4 \cdots 5{,}3$ kN/m$^2$ ist nachteilig. Außenwände aus Leichtbeton oder Gasbeton verfügen über eine äußere witterungsbeständige und stoßfeste Schicht aus Schwerbeton. Günstige Eigenschaften weisen Durisol-Holzspanbeton-Platten auf, die zwischen 2 äußeren Schwerbetonschichten eine innere wärmedämmende, in einem Arbeitsgang gegossene Schicht aus Holzspanbeton einschließen. Bei Leichtbetonplatten infolge von Temperatur- und Feuchteänderung auftretende Formänderungen werden durch eingebaute vertikale Lüftungskanäle stark vermindert; zugleich sorgen die Kanäle für einen Druckausgleich in den Plattenfugen und verhüten so das Durchdringen von Wasser.

Betonplatten können entweder mit Konsolen auf die Decke oder Fassadenträger aufgesetzt und horizontal an den Stützen gehalten werden (**154**.1), oder man hängt sie justierbar mit Rundstahlankern in Stahlkonsolen, die an den Stützen angeschraubt sind (**154**.2); liegen die Betonplatten unmittelbar an den Stützen an, entfallen die abstandhaltenden IPB-Konsolen.

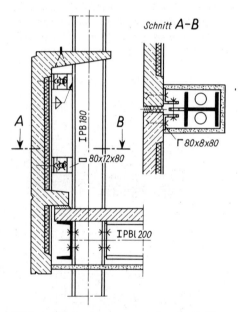

154.1 Auf die Decke gesetztes und an der Stahlstütze befestigtes Stahlbeton-Brüstungselement

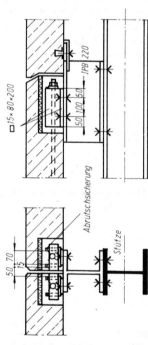

154.2 An Konsolen der Gebäudestütze aufgehängtes Stahlbeton-Wandelement

## Leichtfassaden

Rahmenwände bestehen aus einem tragenden, geschoßhohen Rahmenwerk, das beiderseits mit Wandschalen beplankt ist; dazwischen befindet sich die Wärmedämmung. Die Außenschicht wird gebildet aus ebenen oder gefalteten bzw. in räumliche Formen gepreßten Blechen aus anodisch oxydiertem Aluminium, aus emailliertem, verzinktem oder kunststoffbeschichtetem Stahl, aus rostfreiem Stahl, Bronze, Glas oder Kunststoffen. Die Wärmedämmung besteht aus Papierwaben mit Vermiculitefüllung, Aluminiumwaben, Schaumstoffen und Glas- oder Mineralfaserplatten. Die Innenschicht kann aus den gleichen Stoffen wie die Außenschicht hergestellt werden.

Bei Verbundwänden (Paneele) ist die Wärmedämmschicht schubfest mit den Deckplatten zu einem steifen, tragfähigen Element verbunden (**155.**1).

Sofern in den Wandelementen selbst keine ausreichend tragfähigen vertikalen Aussteifungen zur Übertragung der Windlasten an die Geschoßdecken enthalten sind, werden die Tafeln beiderseits an den engstehenden Gebäudestützen befestigt, oder, falls deren Abstand größer ist als die Elementbreite, an Fassadenpfosten, die die Außenwand gegen Windlasten aussteifen und in passendem Abstand justierbar an den Geschoßdecken angeschlossen sind (**155.**2). Nach dem Ausrichten werden die Befestigungswinkel am festen Lager meist verschweißt. Die Rahmen der Fassadenplatten werden gegen den Flansch der Sprosse unter Zwischenlage einer Dichtung mittels Klemmverbindung angepreßt. Die Brüstungsplatte ist mit Kitt und Dichtungsstreifen in den Rahmen eingesetzt. Die Sprossen können als Laufschienen für den Fensterputzaufzug dienen, der notwendig ist, wenn die Fenster bei voll klimatisierten Gebäuden nicht zu öffnen sind.

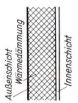

155.1 Dreischichtiger Aufbau von Wandplatten

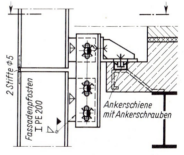

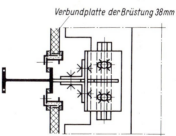

155.2
Justierbare Befestigung der Fassadenpfosten an der Geschoßdecke

Um die großen Dehnungen der Fassade bei Temperaturschwankungen auszugleichen, sind alle Fugen beweglich auszubilden. Für die in Bild **156.**1 nur grundsätzlich gezeigten Möglichkeiten der Fugendichtung zwischen den Wandelementen sind vielgestaltige Sonderprofile (Strangpreßprofile) entwickelt worden. Auch die Fassadenpfosten werden untereinander beweglich verbunden (**156.**2), wobei entweder das untere Ende des einzelnen Pfostens an der Decke gestützt oder mit dem oberen Ende an der Decke aufgehängt wird (wie im Bild).

Müssen Brüstung, Abschluß des Deckenhohlraumes und Sturz feuerbeständig sein, wie z. B. bei Hochhäusern, genügen Leichtfassaden nicht immer den Anforderungen. Die Brüstungsplatte wird dann durch eine Hintermauerung (**156**.3) oder durch ein Betonbrüstungselement ergänzt. Die Luftraum zwischen Außenhaut und Hintermauerung wird belüftet, um Schwitzwasserbildung zu vermeiden.

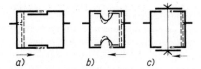

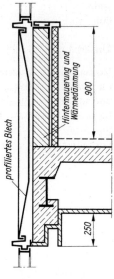

**156**.1 Bewegliche Fugendichtung zwischen
    den Rahmen der Wandelemente
    a) Überdeckungsstoß
    b) Federbleche
    c) Deckschienen

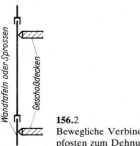

**156**.2
Bewegliche Verbindung der Fassadenpfosten zum Dehnungsausgleich

**156**.3 Feuerbeständige
    Außenwand

## 6.4.2  Innenwände

Innenwände im Skelettbau sind Trennwände ohne statische Funktion, die vor allem den Anforderungen des Feuer- und Schallschutzes zwischen den Räumen genügen müssen. Darauf ist auch beim Einbau der Wände zu achten. Setzt man etwa die Wände auf den schwimmenden Estrich, nützen die schalldämmenden Eigenschaften einer Wand nicht viel, weil der Estrich den Schall von einem Raum zum anderen unter der Wand hindurchleitet. Es ist schalltechnisch besser, den Estrich zu unterbrechen und die Wand auf die Rohdecke zu stellen; allerdings ist dann das Versetzen der Wand in eine andere Achse sehr erschwert. Oben kann man die Wand bis unter die Decke führen und schließt auf diese Weise auch den Deckenhohlraum oberhalb der Unterdecke schalldicht ab. Der Anschluß der Wand an die Decke muß dann entweder vertikal beweglich ausgeführt werden, oder es ist eine zusammendrückbare Schicht zwischenzuschalten, damit sich die Decke ungehindert durchbiegen kann und sich nicht auf die Wand aufsetzt. Auch diese Ausführung erschwert das Umsetzen der Wand. Einfacher wird es, wenn die Wand nur bis zur Unterdecke reicht. Diese muß die Wand aussteifen und entweder selbst schalldämmend und -absorbierend sein, oder der Hohlraum muß oberhalb der Wand gesondert abgeschottet werden. Bei der Wahl der Wandkonstruktion muß man zwischen den einander widersprechenden Forderungen einen Kompromiß finden.

**Feste Wände**

Sie können aus ½ Stein dickem M a u e r w e r k aus schweren oder leichten Wandbausteinen gemauert oder aus P l a t t e n aufgesetzt werden. Man kann sie ggfs. abreißen, aber nicht wiederverwenden.

**Umsetzbare Wände**

Voll umsetzbare Innenwände sind wegen des Schallschutzes in der Regel zweischalig und werden weitgehend vorgefertigt. W a n d e l e m e n t e werden fertig angeliefert und montiert. Bei der T a f e l b a u w e i s e wird ein Traggerippe montiert und beidseitig mit Deckplatten bekleidet. Alle Einzelteile sind voll vorgefertigt.

Für beide Wandtypen ist eine Vielzahl von Konstruktionen auf dem Markt. Technischer Fortschritt und Neuentwicklungen haben eine stetige Änderung des Angebots zur Folge.

# 7 Kranbahnen

## 7.1 Allgemeine Anordnung und Berechnung

Mittels aufgelegter Kranschienen dienen Kranbahnträger im Freien oder in Hallen als Fahrbahn für Laufkrane. Sie sind nicht vorwiegend ruhend belastete Bauteile und werden als einfache Balken oder auch als Durchlauf- und Gelenkträger ausgebildet. Ihre Auflagerung erfolgt auf Kranbahnstützen (**183**.1) oder Konsolen an den Hallenrahmen (**25**.2a); Aufhängen an der Dachkonstruktion ergibt eine stützenfreie Halle, aber schwere Binder (**187**.1). Quer zur Fahrtrichtung werden die Kranbahnstützen im Fundament eingespannt; da sie in Längsrichtung in der Regel als Pendelstützen wirken, macht ein unterhalb der Kranbahnträger lotrecht zwischen 2 Stützen eingebauter Bremsverband die Kranbahnanlage standsicher und führt die in Längsrichtung der Kranbahn wirkenden Kräfte hinunter in das Fundament. − Liegt der Boden des Kransteuerstandes mehr als 5 m über Flur, muß oberhalb, neben oder unterhalb der Kranbahn auf ganzer Länge ein Fahrbahnlaufsteg vorhanden sein, der über mindestens eine Treppe zugänglich ist (s. Abschn. 8.1).

Die verschiedenen Kranarten sind nach den Hubmöglichkeiten in 4 Hubklassen H1···H4 und nach den Spannungsspielbereichen und Spannungskollektiven in 6 Beanspruchungsgruppen B1···B6 eingeteilt. Ein Kran, der im angestrengten Dauerbetrieb stets die volle Nutzlast zu heben hat (z. B. bei Greiferbetrieb) wird demnach in B5 oder B6 einzustufen sein. Die Klassifizierung der Krane ist für die Berechnung und Konstruktion der Kranbahnen von Bedeutung (Tafel **158**.1).

Tafel **158**.1   Beispiele für Einstufung von Kranarten in Hubklassen und Beanspruchungsgruppen

| Kranart | | Hub-klassen | Bean-spruchungsgruppen |
|---|---|---|---|
| Maschinenhauskrane | | H1 | B2, B3 |
| Lagerkrane | unterbrochener Betrieb | H2 | B4 |
| Lagerkrane, Traversenkrane, Schrottplatzkrane | Dauerbetrieb | H3, H4 | B5, B6 |
| Werkstattkrane | | H2, H3 | B3, B4 |
| Brückenkrane, Fallwerkkrane | Greifer- oder Magnetbetrieb | H3, H4 | B5, B6 |
| Verladebrücken, Halbportalkrane, Vollportalkrane mit Laufkatze oder Drehkran | Hakenbetrieb | H2 | B4, B5 |
| | Greifer- oder Magnetbetrieb | H3, H4 | B5, B6 |

Wegen des umfangreichen Inhalts der einschlägigen Normen und Vorschriften für Berechnung, Durchbildung und Ausführung der Kranbahnen ist eine erschöpfende Behandlung im Rahmen des Buches nicht möglich. Die Grundlagen können nur soweit dargestellt werden, wie es für das Verständnis notwendig ist; sie stützen sich auf DIN 15018 − Krane − und auf DIN 4132 − Kranbahnen · Stahltragwerke. Genaue Angaben sind den jeweils gültigen DIN-Blättern zu entnehmen.

## 7.1.1  Lastannahmen

### 7.1.1.1  Hauptlasten (H)

**Ständige Last**

Neben dem Eigengewicht der Bauteile gehören dazu auch die ständigen Wirkungen von planmäßigen Baumaßnahmen (Vorspannung) und von ungewollten Änderungen der Stützbedingungen.

**Verkehrslasten von Kranlaufrädern**

Für die Berechnung der Kranbahn benötigt man die größten und kleinsten Raddrücke des Laufkrans (max $R$, min $R$). Man erhält sie von der Lieferfirma des Krans über den Bauherrn. Notfalls kann man sie Herstellerangaben entnehmen [17, 21]. Die Radlasten sind in jeweils ungünstigster Stellung anzusetzen. Sie wirken bei den Beanspruchungsgruppen B1 bis B3 in Schienenkopfmitte, bei B4 bis B6 mit einer Ausmitte von ±1/4 der Schienenkopfbreite. Stütz- und Schnittgrößen werden zur Berücksichtigung der Schwingungen infolge Fahrens oder Hebens der Nutzlast mit dem Schwingbeiwert $\varphi$ vervielfacht (Tafel **159**.1). Wirken gleichzeitig mehrere Krane, ist für den Kran mit dem größten Wert $\varphi \cdot R$ mit dessen Schwingbeiwert und für die übrigen mit dem Schwingbeiwert der Hubklasse H1 zu rechnen.

Ohne $\varphi$ werden Grundbauten, Bodenpressungen, Formänderungen und die Standsicherheit berechnet.

Tafel **159**.1    Schwingbeiwerte $\varphi$

| Bauteil | Hubklasse des Krans | | | |
|---|---|---|---|---|
| | H1 | H2 | H3 | H4 |
| Träger | 1,1 | 1,2 | 1,3 | 1,4 |
| Unterstützungen oder Aufhängungen | 1,0 | 1,1 | 1,2 | 1,3 |

### 7.1.1.2  Zusatzlasten (Z)

**Lasten quer zur Kranbahn**

Ihre Größe ist vom Bauherrn anzugeben. Wenn diese Werte im Zeitpunkt der Bearbeitung der Kranbahn noch nicht vorliegen, muß man sie unter Benutzung der Formeln, die in DIN 15018 angegeben sind, selbst berechnen. Dazu muß von der

Bauart des Laufkrans bekannt sein, ob Laufradpaare drehzahlgekoppelt (W) oder einzeln gelagert bzw. einzeln angetrieben sind (E) sowie ob es sich bezüglich der seitlichen Lagerung des Laufrads im Kopfträger um ein Festlager (F) oder ein Loslager (L) handelt.

1. **Massenkräfte aus Katzfahren.** Diese können zwar für die Berechnung von Hallenrahmen von Bedeutung sein, sind jedoch für die Bemessung der Kranbahn im allg. nicht maßgebend. Sie werden daher hier nicht näher behandelt.

2. **Anfahren (Bremsen) von Brückenkranen.** Die Summe der längsgerichteten Antriebskräfte des Krans berechnet sich aus der Summe der **kleinsten** Raddrücke der auf beiden Kranbahnseiten angetriebenen Räder (**160**.1):

$$Kr_1 + Kr_2 = 1,5 \cdot 0,2 \,(\min R_{Kr,1} + \min R_{Kr,2})  \tag{160.1}$$

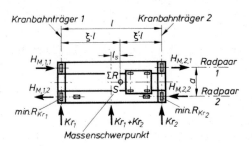

**160**.1
Horizontale Massenkräfte $H_M$ für Laufkrane EFF beim Anfahren. Laufkatze in äußerster seitlicher Stellung.

Sie wirkt in der Mitte der Kranstützweite und hat gegenüber dem Schwerpunkt des Krans den Hebelarm $l_s$. Bei einseitig angefahrener beladener Laufkatze wird $l_s = (\xi - 0,5)\, l$. Hierin ist $\xi = \dfrac{\Sigma \max R}{\Sigma R}$ die bezogene Summe der Radlasten auf dem mehrbelasteten Kranbahnträger. Das entstehende Moment $M = l_s\,(Kr_1 + Kr_2)$ wird in ein horizontales Kräftepaar mit Hebelarm $a$ aufgelöst und proportional zu $\xi$ bzw. $\xi' = 1 - \xi$ auf die beiden Kranbahnseiten verteilt (**160**.1), sofern alle Laufradpaare Festlager haben:

$$H_{M1,1} = H_{M1,2} = \xi' \frac{l_s}{a}\,(Kr_1 + Kr_2)  \tag{160.2}$$

$$H_{M2,1} = H_{M2,2} = \xi\, \frac{l_s}{a}\,(Kr_1 + Kr_2)  \tag{160.2a}$$

Falls diese Massenkräfte durch den Kranbetrieb bedingt regelmäßig wiederholt in einem bestimmten Kranbahnbereich auftreten, sind sie als Hauptlasten einzustufen und daher bei der Betriebsfestigkeitsuntersuchung zu berücksichtigen.

3. **Kräfte aus Schräglauf.** Durch Schräglauf des Krans entsteht am Spurkranz des vorderen Rades eine vom Kraftschlußbeiwert $f$ abhängige formschlüssige Kraft $S$, die in den Aufstandflächen der Laufräder Reaktionskräfte $H_S$ verursacht. Die Berechnung der Horizontalkräfte nach den Formeln der DIN 15018 vereinfacht sich im Sonderfall des Laufkrans mit 2 Radpaaren und der Bauart EFF. Es wirkt dann nur an den vorderen Kranrädern eine von der Summe der größten Raddrücke auf der mehrbelasteten Kranbahn abhängige Horizontalkraft (**161**.1)

$$H_{S2,1} = S - H_{S1,1} = 0,3 \frac{\Sigma \max R}{2} \qquad (161.1)$$

Da in dieser Gleichung max $f = 0,3$ berücksichtigt wurde, ist die Überlagerung der Schräglaufkräfte mit den Massenkräften $H_M$ nicht notwendig. Für den Nachweis der Kranbahn ist die ungünstigere Belastung $H_S$ oder $H_M$ maßgebend.

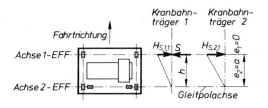

**161.1**
Kräfte $S$ bzw. $H_S$ aus Schräglauf für Laufkrane EFF

### Waagerechte Lasten längs der Fahrbahn

Sie entstehen beim Anfahren oder Bremsen des Krans und wirken in Höhe der Schienenoberkante (SO) in der Größe

$$L = 1,5 \cdot f \cdot \Sigma R_{KrB} \qquad (161.2)$$

mit $f = 0,2$  Reibungsbeiwert Stahl auf Stahl und

$\Sigma R_{KrB}$  bei Kranen mit Einzelantrieb (Zentralantrieb) die Summe der kleinsten (größten) ruhenden Lasten aller angetriebenen oder gebremsten Räder des unbelasteten Krans auf einer Fahrbahnseite.

Es sind höchstens 2 ungünstigste Krane zu berücksichtigen.

### Verkehrslast auf Laufstegen

Wandernde Einzellast $P = 3$ kN; an Geländern eine waagerechte Holmkraft $P_H = \pm 0,3$ kN. Diese Lasten können bei Bauteilen, die von Kranlasten beansprucht werden, außer acht bleiben.

### Windlast, Schneelast, Wärmewirkung

Lastannahmen s. DIN 4132.
Verkehren mehrere Laufkrane, geben die Vorschriften Möglichkeiten, Haupt- und Zusatzlasten verringert anzusetzen, um der geringeren Wahrscheinlichkeit des gleichzeitigen Zusammentreffens Rechnung zu tragen.

### 7.1.1.3  Sonderlastfälle

### Pufferendkräfte

Sie sind vom Bauherrn anzugeben und müssen notfalls selbst nach DIN 15018 berechnet werden. Die Anfahrgeschwindigkeit des Krans gegen den Anschlag ist 85% der Nennfahrgeschwindigkeit $v_F$:

$$v = 0,85 \, v_F \qquad (161.3)$$

Bei Einrichtungen zum selbsttätigen Herabsetzen der Geschwindigkeit darf $v$ entsprechend verringert werden, jedoch $v \geqq 0,7\, v_F$. Das notwendige Arbeitsvermögen der Puffer ist

$$E = m \cdot v^2/2 \qquad\qquad (162.1)$$

Die Masse $m$ errechnet sich aus der Summe der größten Raddrücke einer Kranbahnseite bei Katze in äußerster Stellung, aber ohne frei auspendelnde Nutzlasten.

Die Pufferendkraft $Pu$ in Abhängigkeit von $E$ kann den Angaben der Hersteller entnommen werden.

Zur Abschätzung ihrer Größenordnung kann für ein Federelement aus zelligem Polyurethan-Elastomer mittlerer Dicke angenommen werden

$$Pu \approx 74\, E^{0,54} \qquad\qquad (162.2)$$

und bei weicheren (dickeren) Puffern

$$Pu \gtrless 50\, E^{0,6} \qquad\qquad (162.2\,\mathrm{a})$$

in kN mit $E$ in kNm.

Bei dreieckförmiger Pufferkennlinie ist $Pu$ mit dem Schwingbeiwert $\varphi = 1,25$ zu vervielfachen. Zusammen mit $Pu$ sind nur noch Hauptlasten, aber keine Schwingwirkung anzusetzen bei erhöhter Spannung

$$\text{zul } \sigma_{\mathrm{HS}} = 1,1 \text{ zul } \sigma_{\mathrm{HZ}}.$$

Weitere Sonderlasten s. DIN 4132.

### 7.1.1.4   Beispiel

Für einen 4-Rad-Brückenkran mit einer Traglast von 5 t und dem System EFF sind die horizontal auf die Kranbahn wirkenden Lasten zu berechnen. Stützweite des Krans: $l = 16$ m. Radstand: $a = 2,6$ m. Bei äußerster Katz-Stellung links werden die

Radlasten:

| | | |
|---|---|---|
| max $R_{1,1}$ = 69 kN | | min $R_{2,1}$ = 34 kN |
| max $R_{1,2}$ = 57 kN | | min $R_{2,2}$ = 22 kN |
| Σ max $R$ = 126 kN | | Σ min $R$ = 56 kN |

$$\Sigma R = 126 + 56 = 182 \text{ kN}$$

Angetrieben und gebremst ist die Achse 1.

Nennfahrgeschwindigkeit: $v_F = 80$ m/min

#### 1. Massenkräfte aus Antrieb des Krans

$$Kr_1 + Kr_2 = 1,5 \cdot 0,2\,(34 + 34) = 20,4 \text{ kN} \qquad\qquad \text{n. Gl. (160.1)}$$

$$\xi = \frac{\Sigma \max R}{\Sigma R} = \frac{126}{182} = 0,6923 \qquad \xi' = 1 - 0,6923 = 0,3077$$

Lage des Schwerpunkts: $l_s = (0,6923 - 0,5)\,16,0 = 3,08$ m

Nach Gl. (160.2) werden die horizontalen Kräftepaare (**163**.1)

$$H_{M,1} = \frac{0,6923}{2,6}\ 3,08 \cdot 20,4 = \pm 16,7 \text{ kN}$$

$$H_{M,2} = \frac{0,3077}{2,6}\ 3,08 \cdot 20,4 = \pm 7,44 \text{ kN}$$

**2. Kräfte aus Schräglauf**

Nach Gl. (161.1) erhält man (**163**.2)    $H_S = 0,3\ \dfrac{126}{2} = 18,9 \text{ kN}$

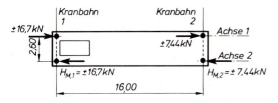

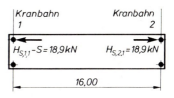

**163**.1 Größe und Richtung der Massenkräfte aus Antrieb    **163**.2 Kräfte aus Schräglauf

**3. Bremslast**

Nach Gl. (161.2) wird    $L = 1,5 \cdot 0,2 \cdot 34 = 10,2 \text{ kN}$

**4. Pufferendkraft**

Von $\Sigma$max $R$ darf der Anteil der pendelnden Nutzlast subtrahiert werden. Die äußerste Kranhakenstellung wird 1,2 m von der Kranbahnachse entfernt angenommen:

$$\Sigma\text{max } R - P = 126 - 50\ \frac{16,0 - 1,2}{16,0} = 79,8 \text{ kN}$$

Die auf der mehrbelasteten Kranbahnseite zu bremsende Masse ist damit

$$m = 79,8/10 = 7,98 \text{ t}$$

Anprallgeschwindigkeit n. Gl. (161.3): $v = 0,85\ v_F = 0,85 \cdot 80/60 = 1,133 \text{ m/s}$
Notwendiges Arbeitsvermögen der Puffer n. Gl. (162.1):

$$E = 7,98 \cdot 1,133^2/2 = 5,12 \text{ kNm}$$

Am Endanschlag und am Kopfträger wird je ein gleicher Puffer aus Cell-Polyurethan-Elastomer angebracht. $E$ verteilt sich je zur Hälfte auf beide Puffer:

$$E_1 = E/2 = 5,12/2 = 2,56 \text{ kNm}$$

Bei Puffern mittlerer Dicke liefert Gl. (162.2) als Anhaltswert für die Pufferendkraft

$$Pu \approx 74 \cdot 2,56^{0,54} = 123 \text{ kN}$$

$$\varphi \cdot Pu = 1,25 \cdot 123 = 154 \text{ kN}$$

## 7.1.2    Festigkeitsberechnungen

**Allgemeiner Spannungsnachweis**

Er ist für die Lastfälle H, HZ und HS mit den zulässigen Spannungen nach DIN 18800 Teil 1 zu führen. Hierbei sind die besonderen Kraftwirkungen der Krane zu berücksichtigen:

Der in Schienenoberkante wirkende Kranseitenschub $H_S$ hat gegenüber dem Trägerschwerpunkt den Hebelarm $a$ und verursacht neben dem Biegemoment $M_z$ noch das Torsionsmoment $M_T = H_S \cdot a$ (**164.**1a). Statt einer genaueren Torsionsberechnung weist man $M_z$ näherungsweise nur dem Obergurtquerschnitt (einschl. der evtl. mit ihm schubfest verbundenen Schiene) zu, während $M_y$ wie üblich vom Gesamtquerschnitt übernommen wird. Somit lautet der Spannungsnachweis

$$\text{im Punkt 1:}\quad \sigma = \frac{M_y}{W_{yu}} \leqq \text{zul } \sigma_H \tag{164.1}$$

$$\text{im Punkt 2:}\quad \sigma = \frac{|M_y|}{W_{yo}} + \frac{|M_z|}{W_{z,\,Gurt}} \leqq \text{zul } \sigma_{HZ} \tag{164.2}$$

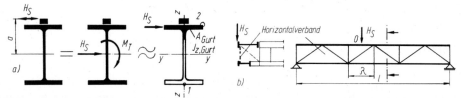

**164.**1  Wirkungen des Kranseitenschubs
  a) Aufnahme von $H_S$ durch den Obergurtquerschnitt
  b) Belastung des Horizontalverbands

Am Beginn der Ausrundung bzw. am Rand des Stegblechs ist die Vergleichsspannung $\sigma_V$ infolge $\sigma_x$, $\tau$ und $\bar{\sigma}_z$ (aus der Radlasteinleitung) nachzuweisen.

Nur bei sehr kleinen Stützweiten ist der Obergurt des einfachen Breitflanschträgers in der Lage, das von $H_S$ verursachte Moment $M_z$ zu übernehmen. Bei mittleren Stützweiten muß man deswegen den Obergurt bezüglich der z-Achse verstärken (**164.**2; **175.**1c). Bei großen Stützweiten reicht auch diese Maßnahme nicht aus und es wird notwendig, den Obergurt mit einem waagerechten Ver b a n d seitlich abzustützen. Eine zwischen den Knotenpunkten auf den durchlaufenden Gurt einwirkende Last $H_S$ erzeugt das Biegemoment $M_z \approx H_S \cdot \lambda/5$ (**164.**1b). Da der Kranbahnträger-Obergurt zugleich Gurt des Verbandes ist, muß der in Bild **164.**1a angelegte Gurtquerschnitt auch die Gurtstabkraft $O$ übernehmen:

$$\sigma = \frac{|O|}{A_{Gurt}} + \frac{|M_y|}{W_{yo}} + \frac{|M_z|}{W_{z,\,Gurt}} \leqq \text{zul } \sigma_{HZ} \tag{164.3}$$

Außerdem ist der Knicksicherheitsnachweis senkrecht zur z-Achse unter Berücksichtigung der Biegespannungen zu führen.

**164.**2  Kranbahnträger mit horizontal verstärktem Obergurt

**Spannungen aus Radlasteinleitung**

1. Am oberen Rand des Trägerstegs mit der Dicke $t_s$ entsteht bei zentrischer Radlasteinleitung die Druckspannung (**165.**1)

$$\bar{\sigma}_z = \frac{\varphi \cdot R}{(2h + 5) \, t_s}$$    (165.1)

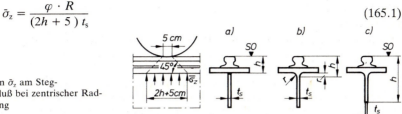

**165.**1
Spannungen $\bar{\sigma}_z$ am Stegblechanschluß bei zentrischer Radlasteinleitung

Darin ist $\varphi \cdot R$ der größtmögliche Wert; $h$ und $t_s$ in cm. $h$ bezieht sich auf die Oberkante der verschlissenen Kranschiene ($\approx 25\%$ der Schienenkopfhöhe abgefahren).

2. Bei den Beanspruchungsgruppen B4 bis B6 ist zusätzlich zu $\bar{\sigma}_z$ nach Gl. (165.1) ein exzentrischer Lastangriff mit 1/4 der Schienenkopfbreite als Hebelarm zu berücksichtigen. Das dadurch entstehende Moment (**165.**2)

$$M_g = \varphi \cdot R \cdot k/4$$    (165.2)

verursacht im Steg die Biegespannung[1])

$$\bar{\sigma}_{z,B} = \frac{6}{t_s^2} \cdot M_g \cdot \frac{\lambda}{2} \cdot \tanh\left(\frac{\lambda \cdot a}{2}\right)$$    (165.3)

$$\text{mit } \lambda = \sqrt{\frac{2,98 \, t_s^3}{a \cdot I_T} \cdot \frac{\sinh^2\left(\dfrac{\pi \cdot b}{a}\right)}{\sinh\left(\dfrac{2\pi \cdot b}{a}\right) - \dfrac{2\pi \cdot b}{a}}}$$    (165.4)

Dabei bedeuten:

$a$ Quersteifenabstand
$b$ Stegblechhöhe
$I_T = I_{T,\text{Gurt}} + I_{T,\text{Schiene}}$ St. Venantscher
    Torsionswiderstand

**165.**2
Gurttorsion und Stegbiegung bei exzentrischer
Radlasteinleitung
a) Verformung des Trägers zwischen den Stegblechquersteifen
b) Biegespannungen $\bar{\sigma}_{z,B}$ am Stegblechanschluß
infolge $M_g$

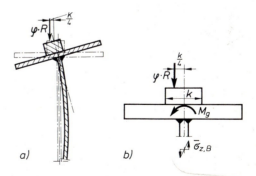

---

[1]) Oxfort, J.: Zur Biegebeanspruchung des Stegblechanschlusses infolge exzentrischer Radlasten auf dem Obergurt von Kranbahnträgern. Der Stahlbau 50 (1981)

Für Kranschienen Form A kann näherungsweise hierin gesetzt werden

$$I_{\text{T,Schiene}} \approx \frac{A^4}{40 \, (I_y + I_z)} \tag{166.1}$$

$A$, $I_y$ und $I_z$ sind die Querschnittswerte der Schiene mit 25% abgefahrenem Schienenkopf. Benutzt man statt dessen die Querschnittswerte der vollen Schiene, wird angenähert

$$I_{\text{T,netto}} \approx (0,818 - 0,00051 \, A) \cdot I_{\text{T,brutto}} \tag{166.1a}$$

mit der Querschnittsfläche $A$ in cm$^2$.

3. Schubspannungen:

$$\bar{\tau}_{xz} = 0,2 \, \bar{\sigma}_z \tag{166.2}$$

4. Zu führende Nachweise:
Allgemeiner Spannungsnachweis:

$$\bar{\sigma}_z \leqq \text{zul } \sigma$$

Betriebsfestigkeitsuntersuchung:

$$\bar{\sigma}_z \leqq \text{zul } \sigma_{\text{Be}} \qquad \text{(B1 bis B6)}$$
$$\bar{\sigma}_z + \bar{\sigma}_{z,B} \leqq \text{zul } \sigma_{\text{Be}} \qquad \text{(B4 bis B6)}$$
$$\tau_{xz} + \bar{\tau}_{xz} \leqq \text{zul } \tau_{\text{Be}} \qquad \text{(B1 bis B6)}$$

Bei den beiden letzten Nachweisen dürfen die erhöhten, über zul $\sigma$ des Allgemeinen Spannungsnachweises hinausgehenden zulässigen Spannungen angesetzt werden.

In Anbetracht ihrer gegenüber anderen Nahtformen günstigeren Einordnung in die Kerbfälle kommt für die Halsnähte am Obergurt im allg. nur die K-Naht mit Doppelkehlnaht in Betracht. Wegen der Torsionsbeanspruchung des Gurtes bei exzentrischem Lastangriff würden die Verbindungsnähte zwischen aufeinanderliegenden Gurtplatten sehr beansprucht. Deswegen soll man den Obergurtquerschnitt einteilig ausführen, wobei dann allerdings dicke, schweißtechnisch ungünstige Gurtplatten nicht immer zu vermeiden sind.

**Stabilitätsnachweise**

Maßgebend ist DIN 4114 sowie für Beulsicherheitsnachweise die DASt-Richtlinie 012. Auf folgende Besonderheiten der Kranbahnen ist zu achten:

Senkrechte Druckspannungen $\bar{\sigma}_z$ aus der unmittelbaren Radlasteinleitung erhöhen die Beulgefahr des Stegblechs und müssen beim B e u l s i c h e r h e i t s n a c h w e i s neben den sonstigen Schub- und Biegespannungen berücksichtigt werden[1]).

---

[1]) Wilkesmann, F. W.: Stegblechbeulung bei Längsrandbelastung. Der Stahlbau (1960) H. 10 und Klöppel, K./Wagemann, C. H.: Beulen eines Bleches unter einseitiger Gleichstreckenlast. Der Stahlbau (1964) H. 7

Infolge der ausmittig wirkenden Horizontallasten ist der Kranbahnträger in erhöhtem Maße kippgefährdet. Ein genauer Nachweis der Kippsicherheit nach Theorie II. Ordnung auf der Grundlage der DIN 4114 kann nach [12] geführt werden. Näherungsweise kann man statt dessen den Obergurt als Druckstab mit Biegung um die z-Achse nachweisen, wenn man den Kranbahnträger als „Sandwich"-Querschnitt (d. h. ohne Mitwirkung des Steges) auffaßt.

**Betriebsfestigkeitsuntersuchung**

Belastet man ein Bauteil pulsierend zwischen einer Unterspannung $\sigma_u$ und einer Oberspannung $\sigma_o$, wird die bei $2 \cdot 10^6$ Lastspielen gerade noch ohne Bruch ertragene Betriebsfestigkeit $\beta_{Be}$ mehr oder weniger unter der im statischen Zugversuch gewonnenen Zugfestigkeit $\beta_Z$ liegen. $\beta_{Be}$ wird hauptsächlich von folgenden Faktoren beeinflußt:

1. Verwendete Stahlsorte.
2. Gesamtzahl der vorgesehenen Spannungsspiele $N$ der Krananlage und Spannungskollektiv; hierunter versteht man die relative Summenhäufigkeit, mit der eine bestimmte Oberspannung $\sigma_o$ erreicht oder überschritten wird. Diese beiden Einflüsse bestimmen die Zuweisung eines Krans zu einer Beanspruchungsgruppe. Je höher die Beanspruchungsgruppe, um so kleiner ist die zulässige Betriebsspannung zul $\sigma_{Be}$ (Tafel **167**.1).

Tafel **167**.1    Zulässige Spannungen zul $\sigma_{Be,-1}$ für $\mathit{æ} = -1$ in N/mm²

| Beanspruchungs-gruppe | St 37 | | | St 52 | | | St 37 und St 52 | | | | |
|---|---|---|---|---|---|---|---|---|---|---|---|
| | W0 | W1 | W2 | W0 | W1 | W2 | K0 | K1 | K2 | K3 | K4 |
| B1 | 285,4 | 228,3 | 199,8 | 388,4 | 308,9 | 247,2 | 475,2 | 424,2 | 356,4 | 254,6 | 152,7 |
| B2 | 240,0 | 192,0 | 168,0 | 313,0 | 249,0 | 199,2 | 336,0 | 300,0 | 252,0 | 180,0 | 108,0 |
| B3 | 201,8 | 161,4 | 141,3 | 252,2 | 200,6 | 160,5 | 237,6 | 212,1 | 178,2 | 127,3 | 76,4 |
| B4 | 169,7 | 135,8 | 118,8 | 203,2 | 161,7 | 129,3 | 168,0 | 150,0 | 126,0 | 90,0 | 54,0 |
| B5 | 142,7 | 114,2 | 99,9 | 163,8 | 130,3 | 104,2 | 118,8 | 106,1 | 89,1 | 63,6 | 38,2 |
| B6 | 120,0 | 96,0 | 84,0 | 132,0 | 105,0 | 84,0 | 84,0 | 75,0 | 63,0 | 45,0 | 27,0 |

3. Kerbfälle. Bohrungen und Schweißnähte an einem Bauteil setzen je nach Lage und Ausführung die Betriebsfestigkeit herab. Geschraubte und genietete Bauformen werden in die Kerbfälle W0···W2 eingereiht, Bauteile und geschweißte Verbindungen sind in die Kerbfälle K0 (geringe Kerbwirkung) bis K4 (besonders starke Kerbwirkung) eingeteilt. Mit größer werdender Kerbwirkung sinkt die zulässige Spannung zul $\sigma_{Be}$ ab (Tafel **167**.1). Es ist Kerbfall W0 zu berücksichtigen, falls zul $\sigma_{Be}$ dabei niedriger sein sollte.

Umfangreiche Tabellen für die Einordnung von über 50 Bauformen in die Kerbfälle enthalten die DIN-Blätter [25]; einige wenige Beispiele s. Tafel **168**.1.

Tafel **168**.1    Beispiele für die Einordnung von Bauformen in Kerbfälle

| Nr. | | K 0 | K 1 | K 2 | K 3 | K 4 |
|---|---|---|---|---|---|---|
| | | | | Kerbfälle | | |
| 11 | Mit *Stumpfnaht* quer zur Kraftrichtung *verbundene Teile* |  Sondergüte |  Stumpfnaht  Normalgüte |  Form-/Stab-Stahl |  einseitig auf Unterlage geschweißt  Stumpfnaht-Normalgüte | – |
| 21  23 | *Längs zur Kraftrichtung verbundene Teile* |  HV-Naht mit Kehlnaht, K-Naht mit Doppelkehlnaht; Nahtübergang kerbfrei |  *Stumpfnaht*-Normalgüte,  K-Stegnaht mit Doppelkehlnaht, Doppelkehlnaht, Kehlnaht | – | – | – |
| 41 | *Durchlaufendes Teil*, an dessen Kante Teile längs zur Kraftrichtung angeschweißt sind | – | – |  Stumpfnaht-Normalgüte |  Kehlnaht, Doppelkehlnaht  Nahtenden kerbfrei bearbeitet |  Doppelkehlnaht |
| 44 | *Durchlaufendes Teil*, auf das ein Gurtblech aufgeschweißt ist | – | – |  Die Endnähte sind im Bereich $\geqq 5\,t_o$ als Kehlnaht-Sondergüte ausgeführt  – |  $t_o \leqq 1,5\,t_u$ |  Umlaufende Kehlnaht |
| 53 | *Halsnaht* zwischen Gurt und Steg bei Angriff von Einzellasten Druck und Zug quer zur Naht (gilt nur für Querbeanspruchung der Naht) | – | K-Naht mit Doppelkehlnaht | | K-Stegnaht mit Doppelkehlnaht | Doppelkehlnaht |

Durch *Kursiv*-Druck ist angegeben, ob die Schweißnaht, das durch Schweißung beeinflußte durchlaufende Teil oder beide in den jeweiligen Kerbfall eingeordnet sind.

4. Spannungsverhältnis *æ*. Es ist das Verhältnis der Unterspannung $\sigma_u$ bzw. $\tau_u$ zur Oberspannung $\sigma_o$ bzw. $\tau_o$. Die Oberspannung ist die dem Betrag nach größte Spannung (max $|\sigma_o|$, max $|\tau_o|$); für $\sigma_u$ ist der Wert einzusetzen, der das arithmetisch kleinste *æ* ergibt:

$$\mathit{æ}_\sigma = \frac{\sigma_u}{\max \sigma_o}; \qquad \mathit{æ}_\tau = \frac{\tau_u}{\max \tau_o} \qquad\qquad (169.1; 2)$$

Die Tafel **167**.1 enthält in Abhängigkeit von der Stahlsorte, der Betriebsgruppe und vom Kerbfall die zulässige Oberspannung zul $\sigma_{Be,-1}$ für $\mathit{æ} = -1$. Für andere Spannungsverhältnisse kann zul $\sigma_{Be,æ}$ mit den in Tafel **170**.1 angegebenen Formeln umgerechnet werden.

Der Spannungsnachweis ist nur im Lastfall H für die Beanspruchungen $\sigma$ und $\tau$ für Bauteile und Verbindungsmittel durchzuführen. Er lautet bei Verkehr von nur einem Kran

$$\max \sigma_o \leqq \text{zul } \sigma_{Be,}; \qquad\qquad \max \tau_o \leqq \text{zul } \tau_{Be,} \qquad\qquad (169.3; 4)$$

Verkehren mehrere Krane, ist wegen der Aufsummierung der Spannungsspiele aus den Einzelkranen eine zusätzliche Bedingung einzuhalten; nähere Angaben hierzu sind DIN 4132 zu entnehmen. – Aber auch beim Verkehr nur eines Krans kann eine solche Aufsummierung auftreten, wenn bereits die einzelnen Räder je für sich eine Spannungsspitze $\sigma$ oder $\tau$ verursachen. In diesem Falle ist nachzuweisen

$$\sum \left( \frac{\max \frac{\sigma}{\tau}}{\text{zul } \frac{\sigma}{\tau} \text{Be}} \right)^k \leqq 1 \qquad\qquad (169.5)$$

Es bedeuten:

max $\frac{\sigma}{\tau}$      die Höchstspannung infolge der einzelnen Kranräder

zul $\frac{\sigma}{\tau}$Be     die zulässige Spannung der Beanspruchungsgruppe

$k = 6{,}635$ für die Kerbfälle W0 bis W2 bei St 37
$k = 5{,}336$ für die Kerbfälle W0 bis W2 bei St 52
$k = 3{,}323$ für die Kerbfälle K0 bis K4

Von zwei aufeinanderfolgenden Spannungshöchstwerten braucht nur der größere berücksichtigt zu werden, wenn dazwischen die zu ihm gehörige Mittelspannung nicht unterschritten wird. Der Nachweis nach Gl. (169.5) ist nicht erforderlich, wenn

$$\max \tfrac{\sigma}{\tau} < 0{,}85 \text{ zul } \tfrac{\sigma}{\tau}\text{Be, B6} \qquad\qquad (169.6)$$

Bei der Betriebsfestigkeitsuntersuchung von Fachwerkträgern sind die Zwängungsspannungen zu berücksichtigen. Statt einer genaueren Berechnung dürfen die am Gelenksystem berechneten Grundspannungen mit Faktoren $\delta$ multipliziert werden, die einer Tabelle der DIN 4132 entnommen werden können.

Tafel **170.1**  Umrechnung der zulässigen Spannungen für beliebige Spannungsverhältnisse $\varkappa^{1)}$

| | max $\sigma_o$ ist eine | |
|---|---|---|
| | Zugspannung | Druckspannung |
| Wechselbereich $-1 < \varkappa < 0$ | $\text{zul } \sigma_{Be,Z,\varkappa<0} = \dfrac{5}{3-2\varkappa} \cdot \text{zul } \sigma_{Be,-1}$ | $\text{zul } \sigma_{Be,D,\varkappa<0} = \dfrac{2}{1-\varkappa} \cdot \text{zul } \sigma_{Be,-1}$ |
| $\varkappa = 0$ | $\text{zul } \sigma_{Be,Z,0} = \dfrac{5}{3}\,\text{zul } \sigma_{Be,-1}$ | $\text{zul } \sigma_{Be,D,0} = 2 \cdot \text{zul } \sigma_{Be,-1}$ |
| Schwellbereich $0 < \varkappa < +1$ | $\text{zul } \sigma_{Be,Z,\varkappa>0} = \dfrac{\text{zul } \sigma_{Be,Z,0}}{1 - \left(1 - \dfrac{\text{zul } \sigma_{Be,Z,0}}{\text{zul } \sigma_{Be,Z,+1}}\right)\cdot\varkappa}$ | $\text{zul } \sigma_{Be,D,\varkappa>0} = \dfrac{\text{zul } \sigma_{Be,D,0}}{1 - \left(1 - \dfrac{\text{zul } \sigma_{Be,D,0}}{\text{zul } \sigma_{Be,D,+1}}\right)\cdot\varkappa}$ |
| $\varkappa = +1$ Festigkeits- und obere Eckwerte     St 37     St 52 | $\text{zul } \sigma_{Be,Z,+1} = $  277,5 N/mm²   390,0 N/mm² | $\text{zul } \sigma_{Be,D,+1} = $  333,0 N/mm²   468,0 N/mm² |
| Schubspannung    Bauteil | $\text{zul } \tau_{Be,\varkappa} = \text{zul } \sigma_{Be,Z,\varkappa}/\sqrt{3}$ mit zul $\sigma_{Be,Z,\varkappa}$ nach Kerbfall W0 | |
| Schweißnaht²) | $\text{zul } \tau_{Be,\varkappa} = \text{zul } \sigma_{Be,Z,\varkappa}/\sqrt{2}$ mit zul $\sigma_{Be,Z,\varkappa}$ nach Kerbfall W2 | nach Kerbfall K0; nach W0, wenn dafür $\sigma_{Be,Z,\varkappa}$ niedriger |
| Niete und Paßschrauben | $\begin{aligned}\text{zul } \tau_{a,Be,\varkappa} &= 0,8 \cdot \text{zul } \sigma_{Be,Z,\varkappa}\\ \text{zul } \sigma_{l,Be} &= 2,0 \cdot \text{zul } \sigma_{Be,Z,\varkappa}\end{aligned}\Big\}$  mit zul $\sigma_{Be,Z,\varkappa}$ nach Kerbfall W2 | Für einschnittige, ungestützte Verbindungen sind vorstehende Werte auf 75% abzumindern |

¹) Über die zulässigen Spannungen des allgemeinen Spannungsnachweises im Lastfall H hinausgehende Spannungswerte sind nur verwendbar
– wenn ein Tragsicherheitsnachweis nach der DASt-Richtlinie 008 geführt wird oder
– wenn Zwängungsspannungen berücksichtigt werden, z. B. bei der Radlasteinleitung in die Kranbahnträger oder bei Fachwerk-Kranbahnträgern und
– bei Anwendung der Formel (169.5)

²) Für Kehlnähte ist zul $\tau_{Be,\varkappa}$ mit dem Faktor 0,6 abzumindern. Für $\varkappa > 0$ darf gerechnet werden mit

$$\text{zul } \tau_{Be,\varkappa>0} = \frac{0,6\ \text{zul } \sigma_{Be,Z,0}/\sqrt{2}}{1 - \left(1 - \dfrac{0,6\ \text{zul } \sigma_{Be,Z,0}}{\text{zul } \sigma_{Be,Z,+1}}\right)\cdot\varkappa}$$

mit zul $\sigma_{Be,Z,0}$ nach Kerbfall K0 (nach W0, wenn niedriger)

**Beispiel:** Ein Kranbahnträger nach Bild **171**.1 mit einer Stützweite l = 5,0 m ist frei drehbar gelagert und wird von einem Laufkran aus dem Beispiel im Abschnitt 7.1.1.4 befahren. Es sollen die wesentlichen Nachweise geführt werden. Radlasten s. Bild **171**.2; Hubklasse H2 ($\varphi$ = 1,2), Beanspruchungsgruppe B4. Die maßgebende Horizontalbelastung ist der Schräglauf mit einer Einzellast $H_S$ = 18,9 kN. Ständige Last $g$ = 1,9 kN/m.

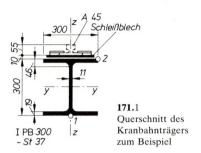

**171**.1
Querschnitt des
Kranbahnträgers
zum Beispiel

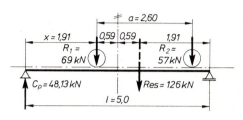

**171**.2 Maßgebende Laststellung für max $M_p$

**Schnittgrößen**

Ständige Last:
$$C_g = 1,9 \cdot 5,0/2 = 4,8 \text{ kN}$$
$$\max M_g = 1,9 \cdot 5,0^2/8 = 5,9 \text{ kNm}$$

Radlasten: Bei der maßgebenden Laststellung nach Bild **171**.2 ist

$$\max M_p = 48,13 \cdot 1,91 = 91,9 \text{ kNm}$$

Ist der Kran bis zum linken Auflager vorgefahren, erhält man die größte Querkraft

$$\max C_p = \max Q_p = 69 + 57 \cdot 2,4/5,0 = 96,4 \text{ kN}$$

Horizontallast aus Schräglauf: $H_S$ wirkt am vorderen Kranrad $R_1$:

$$M_z = 18,9 \cdot 1,91 \cdot 3,09/5,0 = 22,3 \text{ kNm}$$

Steht das Rad in Trägermitte, erhält man

$$\max M_z = 18,9 \cdot 5,0/4 = 23,6 \text{ kNm}$$

Mit diesem etwas größeren Wert wird zur Vereinfachung der Berechnung weitergerechnet. Radlasteinleitung: Höhe der abgenutzten Schiene A 45:

$$h'_1 = 5,5 - 0,25 \cdot 2,0 = 5,0 \text{ cm}$$

Von der Schienenoberkante bis zum Ausrundungsbeginn des IPB 300 wird ohne Berücksichtigung des Schleißblechs (**171**.1)

$$h = 5,0 + 4,6 = 9,6 \text{ cm}$$

und nach den Gl. (165.1; 166.2)

$$\text{für Rad 1} \quad \bar{\sigma}_{z,1} = \frac{1,2 \cdot 69}{(2 \cdot 9,6 + 5) \cdot 1,1} = 3,11 \text{ kN/cm}^2 < 16 \text{ kN/cm}^2$$

$$\bar{\tau}_{xz,1} = 0,2 \cdot 3,11 = 0,62 \text{ kN/cm}^2$$

für Rad 2  $\bar{\sigma}_{z,2} = 3{,}11 \cdot 57/69 = 2{,}57 \text{ kN/cm}^2$
$\quad\quad\quad\bar{\tau}_{xz,2} = 0{,}2 \cdot 2{,}57 = 0{,}51 \text{ kN/cm}^2$

Nach Gl. (166.1) wird für die abgenutzte Schiene

$$I_{\text{T, Schiene}} \approx (0{,}818 - 0{,}00051 \cdot 28{,}3) \; \frac{28{,}3^4}{40\,(91 + 169)} = 49{,}6 \text{ cm}^4$$

$$I_{\text{T, Gurt}} = 30 \cdot 1{,}9^3/3 \quad\quad\quad\quad\quad\quad = \underline{68{,}6 \text{ cm}^4}$$
$$I_{\text{T}} = 118{,}2 \text{ cm}^4$$

Quersteifenabstand (Steifen nur an den Auflagern): $a = 500$ cm
Steghöhe $b = 20{,}8$ cm

$$\frac{\pi \cdot b}{a} = \frac{\pi \cdot 20{,}8}{500} = 0{,}1307$$

Mit den Gleichungen (165.2) und (165.4) erhält man aus Gl. (165.3) die Biegespannung im Steg:

$$M_{\text{g}} = 1{,}2 \cdot 69 \cdot 4{,}5/4 = 93{,}2 \text{ kNcm}$$

$$\lambda = \sqrt{\frac{2{,}98 \cdot 1{,}1^3}{500 \cdot 118{,}2} \cdot \frac{\sinh^2 0{,}1307}{\sinh\,(2 \cdot 0{,}1307) - 2 \cdot 0{,}1307}} = 0{,}01965 \text{ cm}^{-1}$$

$$\bar{\sigma}_{z,\text{B}} = \frac{6}{1{,}1^2} \cdot 93{,}2 \cdot \frac{0{,}01965}{2} \cdot \tanh\left(\frac{0{,}01965 \cdot 500}{2}\right) = 4{,}54 \text{ kN/cm}^2$$

**Allgemeiner Spannungsnachweis (171.1)**

$$\max M_{\text{g}+\varphi\cdot\text{p}} = 5{,}9 + 1{,}2 \cdot 91{,}9 = 116{,}2 \text{ kNm}$$
$$\max M_{\text{z}} \quad = 23{,}6 \text{ kNm nur auf den Obergurt wirkend}$$

Im Punkt 1: $\sigma_{\text{Z}} = 11\,620/1680 = 6{,}92 < 16 \text{ kN/cm}^2$.
Im Punkt 2: Mit dem Widerstandsmoment des Oberflanschs $W_{\text{z,f}} \approx 571/2 = 285 \text{ cm}^3$ ist

$$|\sigma_{\text{D}}| = 6{,}92 + 2360/285 = 15{,}2 < 18 \text{ kN/cm}^2$$
$$\max Q_{\text{g}+\varphi\cdot\text{p}} = 4{,}8 + 1{,}2 \cdot 96{,}4 = 120{,}5 \text{ kN}$$
$$\tau_{\text{m}} = 120{,}5/30{,}9 = 3{,}90 < 9{,}2 \text{ kN/cm}^2$$

Weil $\tau_{\text{m}} < 0{,}5$ zul $\tau$ ist, braucht $\sigma_{\text{V}}$ nicht nachgewiesen zu werden.

**Kippsicherheitsnachweis**

Er wird näherungsweise durchgeführt, indem der Oberflansch als Druckstab mit Biegung nachgewiesen wird. Bei Vernachlässigung der Mitwirkung des Steges erhält der Oberflansch die größte Druckkraft

$$N_1 = \frac{\max M_{\text{y}}}{(h-t)} = \frac{11\,620}{30 - 1{,}9} = 414 \text{ kN}$$

Bei der Stellung der Radlasten gemäß Bild **171**.2 verteilt sich die Druckkraft über die Trägerlänge nach Bild **173**.1 und wird durch einen parabelförmigen Verlauf angenähert. Der Knicklängenbeiwert für eine solche Normalkraftverteilung ist [25]

$$\beta_K = \sqrt{\frac{1 + 1{,}09\,\dfrac{N_o}{N_1}}{2{,}09}} = \sqrt{\frac{1}{2{,}09}} = 0{,}692 \qquad s_K = 0{,}692 \cdot 500 = 346 \text{ cm}$$

$$i_{z,f} = b/\sqrt{12} = 30/\sqrt{12} = 8{,}66 \text{ cm} \qquad \lambda_z = \frac{346}{8{,}66} = 40 \qquad \omega = 1{,}14$$

$$\frac{\omega \cdot N}{A} + 0{,}9\,\frac{M_z}{W_{z,f}} = \frac{1{,}14 \cdot 414}{30 \cdot 1{,}9} + 0{,}9\,\frac{2360}{285} = 15{,}7 < 16 \text{ kN/cm}^2$$

**173**.1
Ersatz des Normalkraftverlaufs im Obergurt durch eine
Parabel

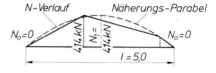

## Betriebsfestigkeitsuntersuchung

S p a n n u n g e n $\sigma$ im Trägerquerschnitt bei $x = 1{,}91$ m: Im Lastfall H sind die Spannungsbeträge am Ober- und Unterflansch des Trägers gleich.

$$\max \sigma_o = 6{,}92 \text{ kN/cm}^2 \qquad \sigma_u = \sigma_g = 0{,}35 \text{ kN/cm}^2 \qquad æ = 0{,}35/6{,}92 = 0{,}05 \approx 0$$

Der O b e r f l a n s c h ist wegen der angeschweißten Führungsknaggen der Kranschiene in den Kerbfall K 4 einzustufen; max $\sigma_o$ ist eine Druckspannung.

$$\text{zul } \sigma_{Be,D,0} = 2 \cdot \text{zul } \sigma_{Be,-1} = 2 \cdot 5{,}4 = 10{,}8 \text{ kN/cm}^2 \text{ (K 4)} > \max \sigma_o = 6{,}92 \text{ kN/cm}^2$$

Der U n t e r f l a n s c h gehört zu einem günstigeren Kerbfall; ein Nachweis erübrigt sich.
In der Beanspruchungsgruppe B 6 ist

$$\text{zul } \sigma_{Be,D,0}^{(B6)} = 2 \cdot 2{,}7 = 5{,}4 \text{ kN/cm}^2 \text{ (K 4)}$$

Weil 0,85 zul $\sigma_{Be,0}^{(B6)} = 0{,}85 \cdot 5{,}4 = 4{,}59 < 6{,}92$ kN/cm$^2$ ist, muß die Überfahrt der einzelnen Kranräder untersucht werden. Es werden die Biegespannungen $\sigma = M_y/W_y$ an der betrachteten Trägerstelle $x = 1{,}91$ m aus ständiger Last und den wandernden Radlasten berechnet und unter der jeweiligen Stellung des Rades $R_1$ aufgetragen (**174**.1 a). Zwischen den beiden Spannungsspitzen max $\sigma_1$ und max $\sigma_2$ befindet sich ein Minimum min $\sigma_1$. In diesem Fall ist min $\sigma_1 > 0{,}5$ (max $\sigma_1 - \sigma_g$). Deswegen braucht max $\sigma_2$ in Gl. (169.5) nicht berücksichtigt zu werden, so daß sich die Auswertung dieser Gleichung erübrigt.
In gleicher Weise wird der zeitliche Verlauf der S c h u b s p a n n u n g e n $\tau$ aufgetragen (**174**.1 b). Es ist

$$\max \tau_1 = \tau_{xz} + \bar{\tau}_{xz,1} = 0{,}16 + 3{,}74 + 0{,}62 = 4{,}52 \text{ kN/cm}^2$$

$$\tau_u = \tau_g = 0{,}16 \text{ kN/cm}^2 \qquad æ = 0{,}16/4{,}52 = 0{,}04 \approx 0$$

Nach Kerbfall W0 in der Beanspruchungsgruppe B 6 ist

$$0{,}85 \text{ zul } \tau_{Be,0}^{(B6)} = 0{,}85 \text{ zul } \sigma_{Be,Z,0}/\sqrt{3}$$

$$= 0{,}85 \cdot \frac{5}{3} \cdot 12{,}0/\sqrt{3} = 9{,}82 \text{ kN/cm}^2 > 4{,}52 \text{ kN/cm}^2$$

$$\max \tau_2 = 0,16 + 2,21 + 0,51 = 2,88 \text{ kN/cm}^2$$

$$\tau_u = 0,16 - 0,51 = -0,35 \text{ kN/cm}^2 \quad \mathit{æ} = -0,35/2,88 = -0,122$$

$$0,85 \text{ zul } \tau^{(B6)}_{\text{Be},-0,122} = 0,85\frac{5}{3 + 2 \cdot 0,122} \cdot 12,0/\sqrt{3} = 9,08 > 2,88 \text{ kN/cm}^2$$

Gl. (169.5) braucht nicht ausgewertet zu werden.

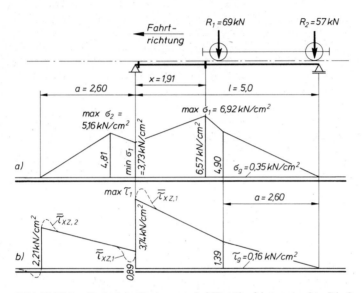

**174.1** Zeitlicher Verlauf der Spannungen bei Kranüberfahrt von rechts. Die Spannungen sind unter der
jeweiligen Stellung des Rades $R_1$ aufgetragen
a) Biegerandspannungen $\sigma$ bei $x = 1,91$ m
b) Schubspannungen $\tau$ am oberen Stegrand am linken Auflager

Stegspannung aus Radlasteinleitung:

$$\text{Rad 1: tot } \bar{\sigma}_z = \bar{\sigma}_z + \bar{\sigma}_{z,B} = 3,11 + 4,54 = 7,65 \text{ kN/cm}^2$$

$$\text{Rad 2: tot } \bar{\sigma}_z = 7,65 \cdot 57/69 = 6,32 \text{ kN/cm}^2$$

Hier soll die Anwendung der Gl. (169.5) gezeigt werden. Für $\mathit{æ} = 0$ ist im Kerbfall W 1

$$\text{zul } \sigma_{\text{Be},0} = 24 \text{ kN/cm}^2 \text{ und } k = 6,635$$

$$\left(\frac{7,65}{24}\right)^{6,635} + \left(\frac{6,32}{24}\right)^{6,635} = 0,001 < 1$$

## 7.2 Kranschienen

Flachschienen haben Rechteckquerschnitt mit $b \cdot h = 50 \times 30 \cdots 70 \times 50$ (**175.**1 a) und können mit abgeschrägten oder abgerundeten oberen Kanten geliefert werden. Kranschienen Form A mit Fußflansch für allg. Verwendung nach DIN 536, T. 1, haben Kopfbreiten von $45 \cdots 120$ mm (**175.**1 b, c); Kranschienen Form F (flach) nach DIN 536, T. 2, sind 80 mm hoch, haben Kopfbreiten von 100 oder 120 mm und werden für spurkranzlose Laufräder verwendet, bei denen so geringe Seitenkräfte auftreten, daß die schmale Schiene nicht kippen kann. Die Kennzahl in der Kranschienenbezeichnung gibt die Kopfbreite an (**175.**1 b und d). Werkstoff der Schienen nach DIN 536 ist Stahl mit $\beta_Z \geqq 590$ N/mm², für Hütten- und Walzwerkskrane $\beta_Z \geqq 690$ N/mm². Zu bevorzugende Kombinationen zwischen Raddurchmesser des Laufkrans und Kranschiene s. Tafel **176.**1.

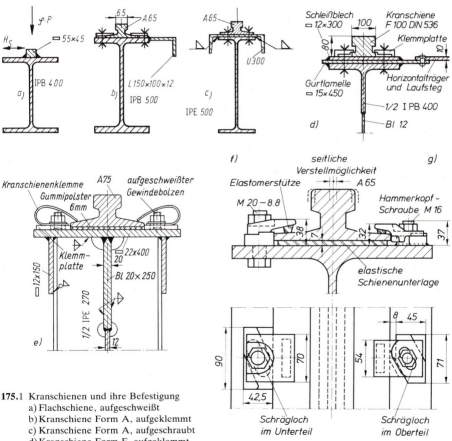

**175.**1 Kranschienen und ihre Befestigung
  a) Flachschiene, aufgeschweißt
  b) Kranschiene Form A, aufgeklemmt
  c) Kranschiene Form A, aufgeschraubt
  d) Kranschiene Form F, aufgeklemmt
  e) elastische Kranschienenbefestigung nach dem GKN-System (KSM Continental S.A.)
  f) elastische und einstellbare Kranschienenbefestigung der Fa. Gantry GmbH, geschraubt
  g) desgl. mit angeschweißter Knagge und niedriger Bauhöhe

Ist max $R$ die größte und min $R$ die kleinste Kraft des Laufrades, wird die zulässige Radlast nach DIN 15070

$$R = 5,6 \, d_1 \, (k-2r_1) \cdot c_1 \cdot c_2 \cdot c_3 \geqq \frac{\min R + 2 \max R}{3}$$

in N mit Raddurchmesser $d_1$, Schienenkopfbreite $k$ und Ausrundungsradius der Schienenkopfkanten $r_1$ in mm.

Der Beiwert $c_1 = 0,5 \cdots 1,25$ berücksichtigt die Zugfestigkeit des Laufradwerkstoffs und ist bei $\beta_Z = 590$ N/mm$^2$ $c_1 = 1$. Als Funktion der Laufraddrehzahl $n$ in min$^{-1}$ ist $c_2 \approx 1/(0,8 + 0,017 \cdot n^{0,7})$. $c_3 = 1,25 \cdots 0,8$ wird von der relativen Betriebsdauer des Fahrantriebs ($\leqq 16\% \cdots \geqq 63\%$) bestimmt und ist $c_3 = 1$ bei einer Betriebsdauer $> 25\% \cdots 40\%$. Oft kann $c_1 = c_3 = 1$ gesetzt werden.

Tafel **176**.1   Zuordnung der Kranschienen zum Laufraddurchmesser $d_1$

| $d_1$ in mm | 200, 250 | 315 | 400, 500, 630 | 800 | 1000 | 1250 |
|---|---|---|---|---|---|---|
| Kran- schienen | A 45 | A 45, A 55 | A 55, A 75 | A 65, A 100 | A 75, A 100 | A 100 |
| | – | | F 100 | | F 120 | – |

Kranschienen F nur für spurkranzlose Laufräder. Die Tafel enthält zu bevorzugende Kombinationen aus DIN 15072.

Flachschienen können auf dem Kranbahnträger nur a u f g e s c h w e i ß t werden (175.1a); es ist daher ein Werkstoff mit Eignung zum Schmelzschweißen zu wählen, z. B. St 52. Aufgeschweißte Schienen können nach Verschleiß kaum noch ausgewechselt werden. Kranschienen mit Fußflansch kann man a n s c h r a u b e n (175.1c). Die Schienen müssen nach den vorgegebenen Gurtlöchern passend gebohrt werden, was mit großem Kostenaufwand verbunden ist. Einfacher ist das A u f k l e m m e n der Schienen; bei den Schienen der Form F ist das die einzige Befestigungsmöglichkeit (175.1b, d–g). Seitenkräfte werden von einzelnen Knaggen in 500 bis 800 mm Abstand oder von durchgehenden Führungsleisten aufgenommen, die am Trägergurt angeschweißt werden und ggf. zum tragenden Querschnitt des Trägers mitgerechnet werden können. Bei aufgeklemmten Schienen muß das W a n d e r n verhindert werden, z. B. durch eine Schraubengruppe in der Mitte jeder Schienenlänge (**176**.2) oder mit Anschlagknaggen am Trägerflansch, die in Ausschnitte des Schienenfußes eingreifen.

Mit geeigneten Verbindungsmitteln s c h u b f e s t auf dem Kranbahnträger befestigte Schienen dürfen statisch als Verstärkung des Kranbahnträger-Obergurts mitgerech-

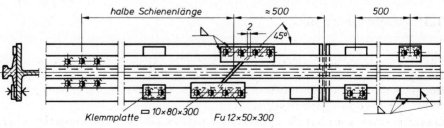

**176**.2  Schienenstoß

net werden, wobei 25% des Schienenkopfes als abgefahren anzusehen sind. Ihre zulässige Spannung entspricht der des zugehörigen Trägergurts. Nicht schubfest auf den Träger aufgelegte Schienen sollen bei Kranen der Betriebsgruppen B4···B6 ein statisch nicht mitgerechnetes Schleißblech von 6 bis 12 mm Dicke als Unterlage erhalten, um eine Schwächung des Trägergurtes durch Abrieb auszuschalten. Verwendet man als Zwischenlage $\geq$ 6 mm dicke, längsgerillte elastische Hartgummi-Unterlagsplatten mit Shore-A-Härte 90, wird die Lastverteilung unter dem Schienenfuß gleichmäßiger und die senkrechte Druckbeanspruchung $\bar{\sigma}_z$ des Trägerstegs verringert sich um $\approx$ 25%, jedoch wächst die Biegebeanspruchung des Trägergurts in Querrichtung und macht besondere Maßnahmen zu seiner Stützung notwendig (**175.**1 e).

Schienenstöße werden gegen den Trägerstoß $\approx$ 500 mm versetzt und unter 45° schräg ausgeführt; Versetzungen in Seiten- und Höhenlage müssen ggf. durch Schleifen ausgeglichen werden. Bei nicht biegefestem Trägerstoß muß das übergreifende Schienenende mit Klemmen oder Schrauben in Langlöchern längsbeweglich befestigt werden (**177.**1). Schienen Form A werden auch mit Thermit stumpf verschweißt, wobei sogar auf das Aufklemmen verzichtet werden kann, wenn die Schienen durch seitliche Knaggen geführt werden. Dehnungsfugen werden mit auswechselbaren Stücken aus vergütetem Stahl längsverschieblich überdeckt (**177.**1).

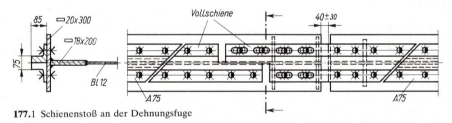

**177.**1 Schienenstoß an der Dehnungsfuge

An die Lagegenauigkeit jeder Schiene werden nach der Montage i. allg. folgende Anforderungen gestellt: Abweichung von der Sollage in Höhen- und Seitenrichtung $\leq \pm$ 10 mm; Stichmaß auf 2 m Meßlänge in der Höhe $\leq \pm$ 2 mm, im Grundriß $\leq \pm$ 1 mm. Die Spurweite $s$ darf vom Sollmaß höchstens abweichen:

bei $s \leq$ 15 m: $\Delta s = \pm$ 5 mm

bei $s >$ 15 m: $\Delta s = \pm [5 + 0,25\,(s - 15)]$

mit $s$ in m, $\Delta s$ in mm.

## 7.3   Kranbahnträger

Für ihren Querschnitt wählt man im Normalfall Breitflanschträger, deren Oberflansche erforderlichenfalls horizontal verstärkt werden können (**175.**1a−c). Bei größeren Stützweiten muß man zu geschweißten Blechträgern oder ausnahmsweise zu Fachwerkträgern übergehen.

Geschweißte Vollwandträger werden nach den Regeln des Abschnitts „Vollwandträger" entworfen und berechnet; vereinbarte kleine Durchbiegungsgrenzen bei ruhender Verkehrslast (z. B. $f_p = l/800$) bedingen große Trägerhöhen. Bei Berechnung und Konstruktion sind die bereits erwähnten Beanspruchungen des Obergurts und des Stegblechs aus Seitenkraft und Radlasteinleitung zu berücksichtigen. Torsionsweiche Gestaltung des Gurts mindert die aus exzentrischer Lastwirkung resultierende Beanspruchung, bei steifem Gurtquerschnitt lassen sich andererseits die Kräfte besser aufnehmen (**175.**1e, **2.**1h). Die Nahtform der Halsnaht wählt man im Hinblick auf die Betriebsfestigkeitsuntersuchung (Taf. **168.**1, Nr. 21, 53), ggf. muß der obere Stegblechstreifen verstärkt werden (**175.**1d, e). Die Quersteifen werden enger gesetzt als sonst üblich, um der Verdrehung des Gurts und der Beulung des Stegs zu begegnen; sie dürfen ebenso wie auch Schienenklemmplatten bei Kranbahnen der Betriebsgruppen B 5 und B 6 nicht an die von Kranradlasten befahrenen Gurte geschweißt werden. Die Dicke von direkt befahrenen einteiligen Gurtplatten darf im Zugbereich nicht größer als 50 mm und in der Druckzone ≦ 80 mm sein, geeignete Maßnahmen beim Schweißen vorausgesetzt.

Fachwerk-Kranbahnträger werden nach Abschn. „Fachwerke" konstruiert, die Stabkräfte werden i. allg. mit Einflußlinien ermittelt. Legt man die Schienen unmittelbar auf den Obergurt, rufen die Radlasten Biegespannungen im Gurt sowie recht große Zwängungsspannungen in allen Stäben hervor (**178.**1a). Bei mittelbarer Lasteinleitung wird die Radlast über einen Schienenträger ohne Gurtbiegung an die Fachwerkknoten abgegeben (**178.**1b); die Zwängungsspannungen sind kleiner.

Ist die Durchbiegung > 10 mm, erhält der Kranbahnträger eine Überhöhung für ständige Last und gemittelte Radlasten $R_m = (\max R + \min R)/2$ ohne Schwingbeiwert.

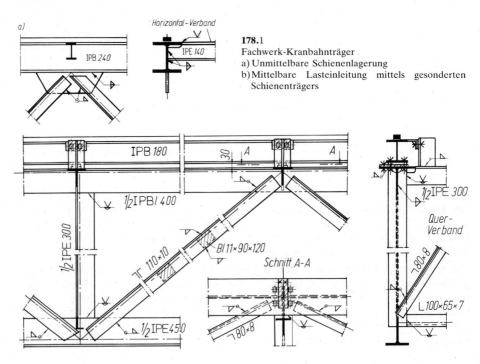

**178.1**
Fachwerk-Kranbahnträger
a) Unmittelbare Schienenlagerung
b) Mittelbare Lasteinleitung mittels gesonderten Schienenträgers

Bei Vollwand- und Fachwerkträgern werden die Seitenkräfte in der Regel nicht vom Obergurt, sondern von einem in Obergurtebene oder dicht darunter angeordneten Horizontalverband aufgenommen. Wird dieser vollwandig ausgeführt, so kann sein horizontal liegendes Stegblech als Laufsteg dienen (**175**.1d); bei der meist fachwerkartigen Ausführung ist hierfür eine Abdeckung mit Riffelblech oder Gitterrosten anzubringen (**183**.1). Den Innengurt des Horizontalverbandes bildet stets der Kranbahnträger; der Außengurt ist ein besonderes Konstruktionsteil, welches als Glied des Verbandes nicht nur Normalkräfte übernimmt, sondern vom Eigengewicht des Verbandes und Laufsteges sowie der zugehörigen Verkehrslast auch auf Biegung beansprucht wird. Im Halleninneren kann der Außengurt in kurzen Abständen von den Stielen der Fachwerkwand gestützt werden, im Freien hat er jedoch die gleiche Stützweite wie der Kranbahnträger. Bei kleinen Stützenabständen genügt ein U-Profil, bei größeren wird der Gurt mit Rücksicht auf Knicken und Durchbiegung durch einen schrägliegenden Fachwerkverband (**179**.1a) oder meist von einem leichten Fachwerk-Nebenträger unterstützt (b). Kranbahnträger, Horizontalverband und Nebenträger bilden mit den Querverbänden eine konstruktive Einheit, die bei vollwandiger Ausführung einen Kastenquerschnitt ergibt (c). Auf gleicher Höhe nebeneinander liegende Kranbahnen benachbarter Hallenschiffe erhalten einen gemeinsamen Horizontalverband (d).

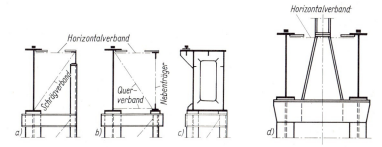

**179**.1 Stützung des Außengurts des Horizontalverbandes
    a) durch einen schrägliegenden Fachwerkverband
    b) durch einen Fachwerk-Nebenträger
    c) vollwandiger Kastenträger
    d) gemeinsamer Horizontalverband bei nebeneinanderliegenden Kranbahnen

Querverbände fassen Haupt-, Neben- und Horizontalträger zu einer konstruktiven Einheit zusammen. Sie sind am Auflager und mehrfach innerhalb der Trägerlänge zur Erhaltung der Querschnittsform und zur Einleitung von Windlasten in den Horizontalverband anzuordnen, ferner in engen Abständen zur Verteilung exzentrischer Lasten auf die Wände von Kastenquerschnitten.

Die Auflager der Kranbahnträger müssen die lotrechten und waagerechten Auflagerlasten aufnehmen. Zum Ausrichten der Kranbahn in Seiten- und Höhenlage sind an allen Befestigungsstellen Futter und Langlöcher vorzusehen; teilt man die Futterzwischenlagen in mehrere verschieden dicke Futterbleche auf, kann die Kranbahn bei der Montage oder nach eingetretener Stützenverschiebung durch Wegnehmen, Zulegen oder Austauschen passender Futter feinstufig reguliert werden.

Auch bei der Auflagerung auf Stahlbetonstützen sind Futter zum Ausrichten notwendig (**180**.1). Kranbahnträger, Horizontalverband und Nebenträger können nur gemeinsam ausgerichtet werden (**179**.1; **183**.1).

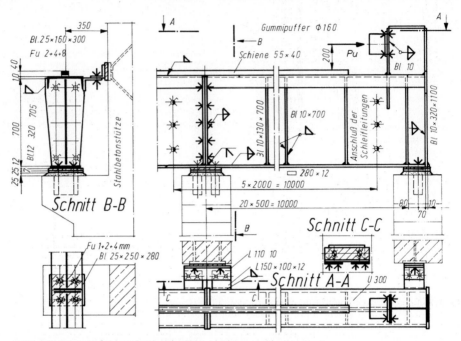

**180**.1 Kranbahnträger auf Stahlbetonstützen

An Hallenrahmen werden die Kranbahnträger auf Konsolen gelagert (**181**.1). Der Konsolenanschluß wird durch die Auflagerlast und das Einspannmoment beansprucht, die Konstruktion erfolgt sinngemäß wie bei Rahmenecken.

Bei frei aufliegenden Blechträgern kann man das Auflager nach Bild **181**.2 ausbilden; man erreicht zentrische Belastung der Stütze, und die Längsverschiebung am Kranschienenstoß infolge der Endtangentenverdrehung der Träger wird kleiner. Seitliche Führungen verhindern das Kippen der Träger. Dehnungsfugen der Kranbahn werden in gleicher Weise ausgeführt, doch entfallen die Anschlagknaggen der oberen Lagerstelle.

Jedes Kranbahnende erhält einen mit einem federnden Puffer bestückten Prellbock, dessen Anschluß an den Kranbahnträger biegefest sein muß. Der Puffer muß die Bewegungsenergie des anprallenden Krans mit hoher Dämpfung bei möglichst niedriger Endkraft elastisch aufnehmen. Geeignet sind z. B. Puffer aus Gummi oder aus Polyurethan-Zellkunststoff mit umhüllender Schutzhaut.

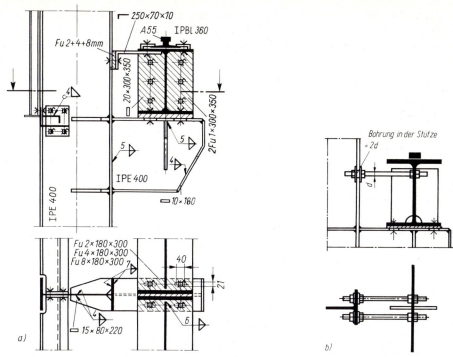

**181.**1  Auflagerung der Kranbahn auf einer Stützenkonsole

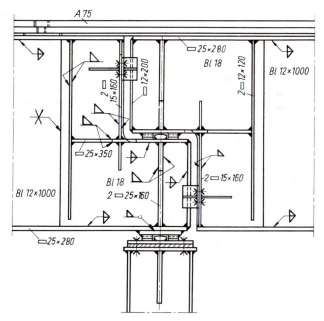

**181.**2
Auflagerung frei aufliegender
Kranbahnträger auf einer
Kranbahnstütze

## 7.4　Kranbahnstützen

Im Freien unterstützen sie nur die Kranbahn, in der Halle übernehmen sie i. allg. außerdem noch die Lasten aus der Dach- und Wandkonstruktion (**187**.2, **188**.1). Sie werden vollwandig oder als Fachwerk hergestellt und quer zur Längsachse der Kranbahn im Fundament e i n g e s p a n n t, um den Kranseitenschub und die Windlast aufzunehmen (**183**.1). Der schmale, aber in Momentenebene lange S t ü t z e n f u ß wird mit Hammerkopfschrauben im Fundament verankert (s. Teil 1). Der Kranpfosten trägt unmittelbar den Kranbahnträger.

Die Knicklänge der Fachwerkpfosten beim Ausknicken aus der Stützenebene entspricht der Stützenhöhe; die Knicklänge für Ausknicken in der Stützenebene ist gleich dem Abstand der Fachwerkknoten und damit viel kleiner als für die andere Knickachse. Durch richtige Profilwahl und zweckmäßige Anordnung der Füllstäbe kann man ungefähr gleiche Schlankheit des Druckstabes für beide Hauptachsen erreichen. Für den Pfosten der Kranbahnstütze nach Bild **183**.1 aus IPE 300 ist z. B. $\lambda_y = 772/12,5 = 62$ und $\lambda_z = 210/3,35 = 63$. Falls erforderlich, kann die Knicklänge $s_{Ky}$ für Ausknicken aus der Ebene nach DIN 4114, Ri 7.7, reduziert werden, weil die Druckkraft nicht konstant ist, sondern wegen der Wirkung der am Stützenkopf angreifenden Horizontalkräfte von oben nach unten anwächst.

Die Gurte v o l l w a n d i g e r Kranbahnstützen können ebenso wie die Pfosten der Fachwerkstützen aus der Stützenebene heraus ausknicken; deshalb erhalten auch sie einen knickfesten, meistens I-förmigen Querschnitt (**182**.1). Das auf Druck beanspruchte Stegblech muß durch Längs- und Quersteifen beulsicher gemacht werden; ihre halbrahmenartige Durchbildung sichert die rechtwinklige Querschnittsform und verhindert Drillknicken der Gurte.

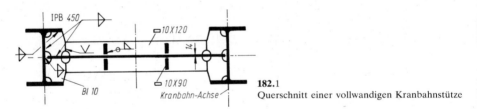

**182**.1
Querschnitt einer vollwandigen Kranbahnstütze

## 7.5　Bremsverband

Die Kranbahnstützen sind nur in Querrichtung eingespannt. Weil sie demgemäß in Längsrichtung wie Pendelstützen wirken, ist für die Standsicherheit in jedem Kranbahnabschnitt zwischen zwei Dehnungsfugen ein v e r t i k a l e r V e r b a n d in Kranbahnebene notwendig. Er wird zweckmäßig in der Mitte des Kranbahnabschnittes eingebaut; dadurch wird die von der Längendehnung der Kranbahn (bei Temperaturänderung) verursachte Schiefstellung der Stützen am Kranbahnende am kleinsten.

Der Verband wird von den Bremskräften $H_B$ der gebremsten Räder der zwei schwersten Laufkrane oder von der Pufferendkraft $Pu$ beansprucht, sofern diese maßgebend ist (s. Abschn. Lastannahmen).

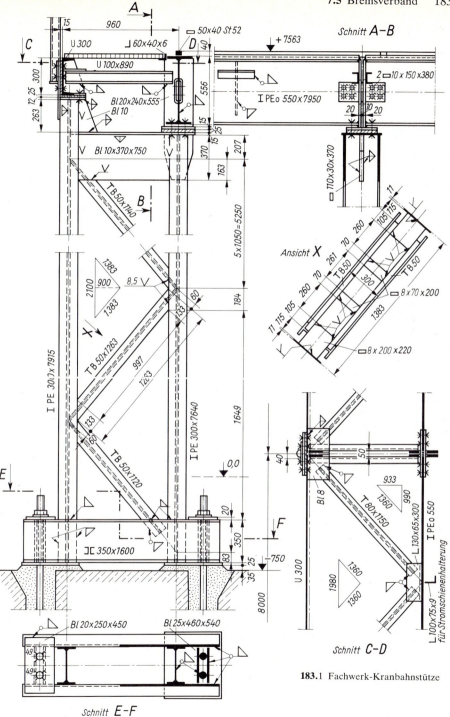

Schnitt A–B

Ansicht X

Schnitt C–D

**183**.1 Fachwerk-Kranbahnstütze

Schnitt E–F

Bei gekreuzten Diagonalen wird die Strebenkraft $D = \pm H_B/2 \cos \alpha$ (**184.**1a). Die Knicklänge für Knicken senkrecht zur Fachwerkebene hängt u. a. auch von der Stoßausbildung an der Kreuzungsstelle der Streben ab (s. Abschn. 3.2.2) und kann nach DIN 4114, Ri 6.4, berechnet werden.

Das K-Fachwerk behindert den Querverkehr unter der Kranbahn weniger als das Strebenkreuz. Damit der Verband von lotrechten Kranbahnlasten frei bleibt, muß sich der Kranbahnträger im Verbandsfeld ungehindert durchbiegen können. Die Bremskraft $H_B$ kann entweder durch Anschläge unmittelbar an der Strebenknoten abgegeben oder aber über die Trägerauflager in einen waagerecht unterhalb der Kranbahn angebrachten Fachwerkstab eingeleitet werden (**184.**1b, c).

Der Verkehrsraum unter der Kranbahn wird frei, wenn man den Bremsverband als Rahmen (Portal) ausführt. Das Rahmensystem ist so zu wählen, daß wie bei Fachwerkverbänden keine Beanspruchungen aus lotrechten Lasten entstehen (**184.**1d, e). Die konstruktive Gestaltung s. Abschn. Rahmen.

Innerhalb von Hallen können die Längskräfte der Kranbahn in die vertikalen Hallenverbände eingeleitet werden. Im Verbandsfeld ist dazu eine waagerechte Verbindung (Verband) zwischen dem Kranbahnträger und dem in der Wandebene befindlichen Vertikalverband anzuordnen.

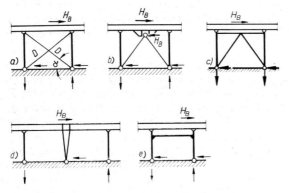

**184.**1 Systeme von Bremsverbänden und -rahmen

# 8 Hallenbauten

## 8.1 Allgemeines

Hallen sind eingeschossige Bauten, die als Fabrikations- und Lagerhallen, als Ausstellungs-, Fahrzeug- und Flugzeughallen sowie als Sporthallen und Versammlungsräume dienen. Bei großen Hallenbreiten bildet man durch eine oder mehrere Längsstützenreihen zwei oder mehr Hallenschiffe; je nach Verwendungszweck kann der Innenraum durch Zwischenwände und durch den Einbau von Decken oder Bedienungsbühnen für Maschinen unterteilt werden.

Maßgebend für den Entwurf der tragenden Konstruktion sind die Standfestigkeit der Halle bei lotrechter und waagerechter Belastung sowie die Baugrundverhältnisse. Weiterhin ist Rücksicht zu nehmen auf ausreichende natürliche und künstliche Belichtung, auf Lüftung und Heizung sowie auf den Einbau von Krananlagen und anderen Transporteinrichtungen.

Die gemäß der Unfallverhütungsvorschrift VBG 9 für den Durchgang von Laufkranen und für die Laufstege der Kranbahnen freizuhaltenden lichten Maße zeigt Bild **185.**1. Um gefahrloses Umgehen der Gebäudestützen auf dem Laufsteg zu ermöglichen, muß der Abstand zwischen bewegten Kranteilen und festen Bauteilen $\geqq$ 500 mm betragen.

Der Vorteil der Stahlhallen gegenüber anderen Bauweisen liegt in der von der Witterung unabhängigen, kurzen Bauzeit, in der Freizügigkeit bei der Gestaltung

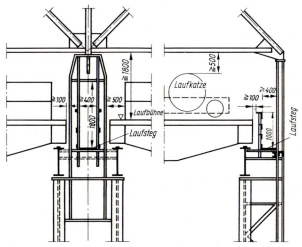

**185.**1
Sicherheitsabstände bei Laufkranen und Laufstegen

der Baukörper, in der gerade für den Industriebau sehr wichtigen Möglichkeit, nachträglich Änderungen und Verstärkungen einfach, zuverlässig und jederzeit durchführen zu können sowie schließlich in den niedrigen Abbruchkosten veralteter Anlagen.

## 8.2    Hallenquerschnitte

### 8.2.1    Eingespannte Stützen

Eine oder mehrere Stützen des Hallenquerschnitts werden in das Fundament einge-spannt und können quer zur Hallenlängsachse wirkende Horizontallasten aufneh-men. Die Dachbinder werden frei drehbar auf den Stützenköpfen gelagert. Die Binder sind Fachwerke oder Vollwandträger, die Stützen können bei nicht zu großen Hallenhöhen und Kranlasten vollwandig aus Walzprofilen und Blechen her-gestellt werden; bei großer Hallenhöhe und schweren Kranbahnen sind Fachwerk-stützen oft wirtschaftlicher.

Werden beide Stützen einer einschiffigen Halle im Fundament eingespannt und verbin-det man den Dachbinder unverschieblich mit beiden Stützenköpfen, ist der Hallenquerschnitt statisch unbestimmt (**186**.1). Für konstantes, gleich großes Trägheitsmoment beider Stützen ergibt die Berechnung der statisch unbestimmten Kraft $X_1$ z.B. für Belastung durch die Horizontalkomponente der Windlast auf das Dach ($W_{hD}$) und der Windlast auf die Wand ($W_{hW}$):

$$X_1 = W_{hD}/2 + 3/16\ W_{hW}$$

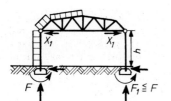

**186**.1
Binder auf 2 eingespannten Vollwandstützen

$X_1$ wirkt auf den Stützenkopf der unmittelbar dem Wind ausgesetzten Stütze entlastend, auf die andere Stütze belastend. Im Binder überlagert sich die Druckkraft $X_1$ mit den sonstigen Untergurtkräften; überwiegt der Druck, muß der Binderuntergurt knicksicher gemacht wer-den, z.B. durch Kopfstrebenpfetten. Da die Stützenköpfe in der Binderebene nicht gehalten sind, ist die Knicklänge der mehrbelasteten Stütze

$$s_K = 2h \cdot \sqrt{0{,}5\left(1 + \frac{F_1}{F}\right)} \tag{186.1}$$

Einen Hallenquerschnitt mit 2 eingespannten Fachwerkstützen, 2 übereinanderlie-genden Kranbahnen und mit einem Lüftungsaufbau auf dem Dach zeigt Bild **187**.1.

Führt man eine der beiden Stützen als Pendelstütze aus (**187**.2), wird der Quer-schnitt statisch bestimmt, was bei schlechten Gründungsverhältnissen vorteilhaft ist und die Berechnung vereinfacht. Die Pendelstütze mit oberer und unterer gelenki-ger Lagerung (s. Abschn. 2.3.1) lehnt sich über den Binderuntergurt (Druckkräfte!) gegen die eingespannte Stütze, die sämtliche Horizontallasten allein übernehmen muß und die wegen des großen Einspannmomentes ein großes Fundament erhält; dafür wird aber das Fundament der Pendelstütze kleiner.

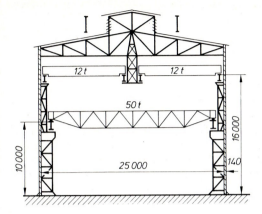

**187**.1 Querschnitt einer Werkhalle mit eingespannten Fachwerkstützen und Kranbahnen

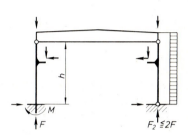

**187**.2 Hallenquerschnitt mit eingespannter Stütze und Pendelstütze

Da die eingespannte Stütze das seitliche Ausweichen der Pendelstütze verhindern muß, wird ihre Knicklänge nach DIN 4114, Ri 14.14, mit $J_0 = \infty$

$$s_K = 2h \sqrt{1 + 0,96 \cdot \frac{F_2}{F}}$$

Bei $F_2 = F$ wird $s_K = 2,8\,h$. Lehnen sich bei mehrschiffigen Hallen noch weitere Pendelstützen gegen die eingespannte Stütze (**187**.3), wird ihre Knicklänge noch weit größer. Für die Pendelstützen ist $s_K = h$. Beim Ausknicken der Stützen in der Wandebene ist der Abstand der in Längsrichtung unverschieblichen Wandriegel maßgebend.

**187**.3
Mehrschiffige Halle mit eingespannter Stütze und 4 Pendelstützen

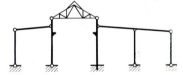

Um nicht die auf die Pendelstützen wirkenden Horizontallasten und Kranstöße durch die Dachkonstruktion leiten zu müssen, kann der Oberteil einer eingespannten Stütze als Pendelstütze ausgebildet werden und man erhält ein ebenfalls statisch bestimmtes System (**188**.1).

B a h n s t e i g ü b e r d a c h u n g e n werden nach Richtzeichnungen der DB ausgeführt. Die Stützen e i n s t i e l i g e r Dächer müssen in jedem Fall im Fundament eingespannt werden (**188**.2); sie stellen die Standsicherheit der Dachkonstruktion in Längs- und Querrichtung her. An Treppenaufgängen müssen u. U. statt der einstieligen Binder Zweigelenkrahmen angeordnet werden; auch sehr breite Bahnsteige erhalten zweistielige Dächer, um die Kraglänge der Binder herabzusetzen. Verbindet man die Kragarmenden benachbarter, einstieliger Bahnsteigbinder durch aufgesetzte Zweigelenkrahmen, entsteht eine geschlossene Hallenkonstruktion (**188**.3).

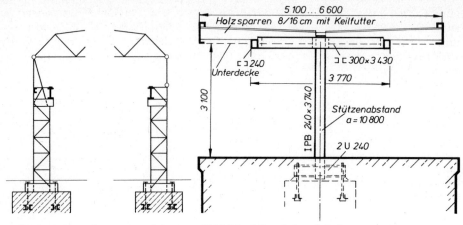

**188.**1 Auf eine eingespannte Stütze aufgesetzte Pendelstütze

**188.**2 Einstieliges Bahnsteigdach

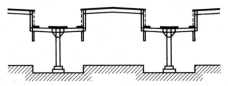

**188.**3
Aus einstieligen Bahnsteigdächern aufgebaute Bahnsteighalle

## 8.2.2   Rahmen

Schließt man die Dachbinder biegefest an eine oder mehrere Stützen an, entstehen Rahmen, die auch ohne Fußeinspannung der Stützen standfest sind. Berechnung und Konstruktion s. Abschn. 2. Sie können vollwandig (**25.**2a) oder als Fachwerke ausgeführt werden (**189.**2a, c, d), aber auch eine gemischte Bauweise ist durchaus üblich (**25.**2b, **189.**2b).

Der einhüftige Rahmen (**189.**1a) und der Rahmen nach Bild **189.**1b wirken bei lotrechten Lasten wie Balkenbinder mit nur lotrechten Auflagerlasten; lediglich bei horizontaler Belastung treten auch horizontale Auflagerlasten auf. Bei den Rahmen nach Bild **189.**2 entsteht jedoch bereits bei lotrechten Lasten ein Horizontalschub, der einerseits die Riegel entlastet, andererseits in den Stielen zusätzliche Biegemomente hervorruft. Der Dreigelenkrahmen (**189.**2a) ist statisch bestimmt; bei nicht zu flachen Rahmen ist daher der Einfluß von Fundamentbewegungen auf seine Schnittkräfte im Gegensatz zu statisch unbestimmt gelagerten Tragwerken unbedeutend. Beispiele für einfach statisch unbestimmte Zweigelenkrahmen s. Bilder **189.**2b und c, **25.**2d. Bei allen gelenkig gelagerten Rahmen ist die Beanspruchung der Fundamente viel geringer als bei Fußeinspannung der Konstruktion; dadurch werden die Fundamentabmessungen wesentlich kleiner und die Gründung ist auch bei weniger günstigem Baugrund möglich. Eine weitere Entlastung erfahren die

Fundamente, wenn der Horizontalschub aus lotrechten Lasten durch ein Zugband aufgehoben wird (**25.**2 a); es ist aber zu bedenken, daß das über die Hallenbreite reichende Zugband unter dem Hallenboden liegt und dauerhaft gegen Korrosion zu schützen oder besser in einem Kanal zugänglich zu halten ist, wodurch hohe Kosten entstehen können.

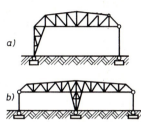

**189.**1
Rahmensysteme, die bei lotrechten Dachlasten keinen Horizontalschub aufweisen

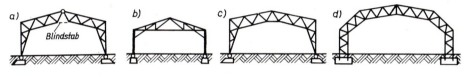

**189.**2 Hallenrahmen
    a) Dreigelenkrahmen   b) und c) Zweigelenkrahmen   d) eingespannter Fachwerkrahmen

Spannt man die Rahmenfüße in das Fundament ein, wird zwar der Aufwand für die Fundamente wieder entsprechend groß, andererseits verteilen sich die Biegemomente bei dem dreifach statisch unbestimmten e i n g e s p a n n t e n   R a h m e n gleichmäßiger, was zu Einsparungen führen kann (**25.**2b, **189.**2d). Wichtig ist, daß die Horizontalverschiebung des eingespannten Rahmens kleiner ist als beim Gelenkrahmen; deswegen ist er für hohe, stark horizontal belastete Rahmen geeignet.

Bei der Berechnung der Rahmen ist besonders bei vollwandiger Ausführung die K n i c k l ä n g e der Rahmenstiele für Knickung in Rahmenebene nach DIN 4114 nachzuweisen. Bei 2- und 3-Gelenk-Rahmen ist sie stets größer als die doppelte Stablänge; bei eingespannten Rahmen liegt sie zwischen dem 1- und 2fachen der Stablänge.

## 8.2.3   Pendelstützen mit Horizontalverband

Alle Stützen sind Pendelstützen, die ihre Horizontallasten unten an das Fundament und oben an einen Horizontalverband abgeben, der sich als parallelgurtiger Fachwerkträger über die ganze Hallenlänge erstreckt (**190.**1). Die Auflagerlast $H_w$ des Horizontalverbandes wird an den Giebelwänden von einem V e r t i k a l v e r b a n d übernommen, der sie in die Fundamente leitet. Bei flacher Dachneigung legt man den Horizontalverband in die Dachebene. Bei steiler Dachneigung kann er auch in der Untergurtebene der Dachbinder liegen, doch ist dann auf die Knicksicherheit der Binderuntergurte zu achten, da diese als Vertikalstäbe des Verbandes Druck erhalten; außerdem ist zusätzlich ein Knicksicherungsverband in Dachebene anzuordnen (**190.**2). Der Vertikalverband im Giebel kann erforderlichenfalls um Wandöffnungen herumgeführt werden.

Vorteilhaft bei dieser Bauweise sind die Ersparnisse bei den Stützen und ihren Fundamenten; nachteilig ist die schwierige Konstruktion der Verbände, die Weiterleitung von Erschütterungen durch die ganze Hallenkonstruktion sowie die Unmöglichkeit einer späteren Hallenverlängerung. Da das Tragwerk erst nach vollständiger Fertigstellung standfest ist, sind während der Montage umfangreiche Abspannungen oder Montageverbände notwendig.

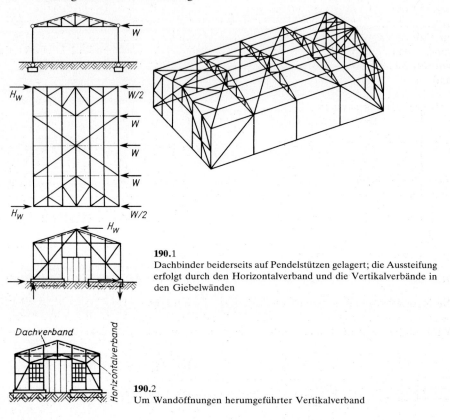

**190**.1
Dachbinder beiderseits auf Pendelstützen gelagert; die Aussteifung erfolgt durch den Horizontalverband und die Vertikalverbände in den Giebelwänden

**190**.2
Um Wandöffnungen herumgeführter Vertikalverband

## 8.3    Hallenwände

### 8.3.1    Tragwerk der Wände

Bei Hallenbauten werden oft geringere Ansprüche an den Wärme- und Schallschutz gestellt; die Wände dienen dann im wesentlichen dem Wetterschutz und werden als Stahlfachwerkwände mit A u s m a u e r u n g oder P l a t t e n v e r k l e i d u n g ausgeführt. Die Gebäudestützen, die horizontalen Riegel und die vertikalen Stiele der Fachwerkwand bilden Rechtecke, deren Seitenabmessungen von der zulässigen Stützweite der verwendeten Wandplatten bei Windbelastung bestimmt werden. Damit die durch W i n d belasteten Träger der Stahlfachwerkwand möglichst kurze Stütz-weiten haben, spannen sie sich bei H a l l e n l ä n g s w ä n d e n als R i e g e l horizontal zwischen den Hallenstützen, wobei Zwischenstiele zur sekundären Unterteilung der Gefache, zur Versteifung der Riegel und ggf. zur Abstützung der Wandlasten die-nen (**191**.1). Bei G i e b e l w ä n d e n verläuft die kürzeste Stützweite meist vertikal vom Fundament zum Dach, so daß hier die tragenden Elemente als vertikale S t i e l e vorgesehen werden, während die Zwischenriegel die Wandfläche unterteilen bzw. zur Befestigung der Wandtafeln dienen (**191**.2). Die für die Träger der Fachwerk-wand anzunehmenden B e l a s t u n g s b r e i t e n $b$ für Windlast sind in Bild **191**.1 schraffiert eingezeichnet und sind bei den tragenden Stielen der Giebelwand sinnge-mäß anzunehmen.

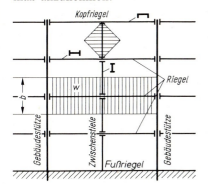

**191**.1 Ausfachung der Längswand

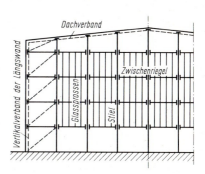

**191**.2 Ausfachung der Giebelwand

Die R i e g e l können entweder zwischen den Stielen liegen (**191**.3) oder man führt sie außen vor den Stielen vorbei (**192**.1). Da die Belastung der Wandprofile durch Wind relativ klein ist, brauchen die Träger am Anschluß nicht ausgeklinkt zu wer-

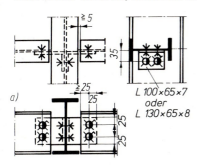

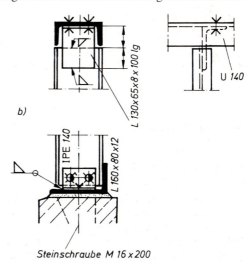

**191**.3
Zwischen den Wandstielen liegende Riegel
a) Anschluß der Riegel am Stiel
b) Anschluß des Stiels am Kopfriegel und an der Fußschwelle

den, wodurch sich die Konstruktion verbilligt und die Montage einfacher wird. Die Befestigungswinkel können in der Werkstatt angeschraubt oder angeschweißt werden. Sind neben horizontalen Kräften aus Wind auch größere Vertikallasten aus dem Eigengewicht der Wand anzuschließen, muß der Riegel ggf. abgestützt werden, besonders, wenn das Wandgewicht exzentrisch angreift (**192.**1c,d; **197.**1). Die Wandstiele werden entweder mit Fußplatten auf das Fundament gesetzt und mit Steinschrauben befestigt, oder sie erhalten zwecks besseren Ausrichtens eine durchgehende, im Fundament verankerte Fußschwelle (**191.**3b).

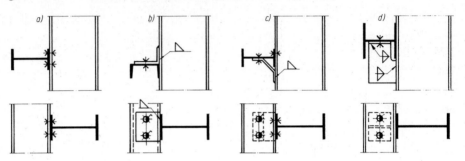

**192.**1 Vor den Hallenstützen liegende Riegel mit verschiedenen Befestigungsmöglichkeiten

## 8.3.2   Ausgemauerte Fachwerkwände

Im Hinblick auf die Belastbarkeit des Mauerwerks durch Winddruck darf die Größe der von den Riegeln und Stielen der Stahlfachwerkwand umschlossenen Wandflächen die Werte nach Tafel **192.**2 nicht überschreiten. Damit die ½ Stein dicke Ausmauerung von den Flanschen der Stahlprofile umfaßt und festgehalten werden

Tafel **192.**2   Zulässige Größtwerte der Ausfachungsfläche von nichttragenden Außenwänden ohne rechnerischen Nachweis

| *1* | | *2* | *3* | *4* | *5* | *6* | *7* |
|---|---|---|---|---|---|---|---|
| Wanddicke | | Zulässiger Größtwert der Ausfachungsfläche in m² bei einer Höhe über Gelände von | | | | | |
| | | 0 bis 8 m | | 8 bis 20 m | | 20 bis 100 m | |
| | cm | $\varepsilon = 1{,}0$ | $\varepsilon \geqq 2{,}0$ | $\varepsilon = 1{,}0$ | $\varepsilon \geqq 2{,}0$ | $\varepsilon = 1{,}0$ | $\varepsilon \geqq 2{,}0$ |
| *1* | 11,5[1]) | 12 | 8 | 8 | 5 | 6 | 4 |
| *2* | 17,5 | 20 | 14 | 13 | 9 | 9 | 6 |
| *3* | $\geqq 24$ | 36 | 25 | 23 | 16 | 16 | 12 |

[1]) Bei Verwendung von Steinen der Festigkeitsklasse 15 MN/m² und höher dürfen die Werte dieser Zeile um ⅓ vergrößert werden.

Hierbei ist $\varepsilon$ das Verhältnis der größeren zur kleineren Seite der Ausfachungsfläche. Bei Seitenverhältnissen $1{,}0 < \varepsilon < 2{,}0$ dürfen die zulässigen Größtwerte der Ausfachungsflächen geradlinig interpoliert werden.

kann, ist die Mindestprofilhöhe 140 mm. Werden vorgefertigte Massivplatten zwischen die Stahlprofile gesetzt, sind die Mindestprofile nach der Plattendicke festzulegen. Beim Anschluß der Wand ist dafür zu sorgen, daß Druck- und Sogkräfte aus Windbelastung sicher an die Stahlprofile abgegeben werden (**193**.1). Die Fugen zwischen den Stahlträgern und dem Mauerwerk müssen dicht mit Zementmörtel gefüllt werden. Zwecks besserer Wärmedämmung kann die Wand 2schalig mit zwischenliegender belüfteter Luftschicht ausgeführt werden (**193**.2).

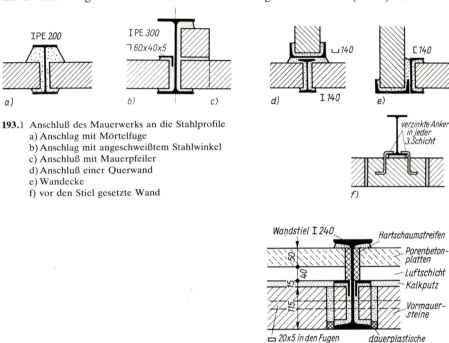

**193**.1 Anschluß des Mauerwerks an die Stahlprofile
    a) Anschlag mit Mörtelfuge
    b) Anschlag mit angeschweißtem Stahlwinkel
    c) Anschluß mit Mauerpfeiler
    d) Anschluß einer Querwand
    e) Wandecke
    f) vor den Stiel gesetzte Wand

**193**.2
Zweischalige Ausmauerung der Fachwerkwand

Liegen die Riegel flach in der Wand und ist die Wand so gestützt, daß ihr Gewicht unmittelbar von der Gründung oder besonderen Tragteilen aufgenommen wird, ohne daß Biegespannungen in den Riegeln auftreten, dann brauchen sie nicht auf senkrechte Biegung infolge der Wandlasten berechnet zu werden; sie sind dann nur für Windlast zu bemessen. Fachwerkriegel über Fenster- und Toröffnungen müssen jedoch für die Wandlasten nach DIN 1053 berechnet werden; sie erhalten einen für Doppelbiegung geeigneten Querschnitt (z.B. IPB) oder werden mit einem lotrecht stehenden U-Profil verstärkt (**201**.1). Bei breiten Öffnungen können sie zusätzlich mit Streben abgefangen werden (**199**.1b). Auch bei der Auflagerung von Zwischendecken sind die Riegel in gleicher Weise zu verstärken.

Für eingemauerte, auf Druck beanspruchte Stiele und Stützen darf die Querstützung durch das ½ Stein dicke Mauerwerk bei der Bestimmung der wirksamen Knicklänge nicht berücksichtigt werden; die Knicklänge ist gleich dem Abstand der an die Stiele angeschlossenen Riegel, die durch Verbände dauernd gegen Verschieben in der Wandebene gesichert sind. Ist das Mauerwerk mehr als ½ Stein dick, entspricht die Knicklänge in der Wandebene mindestens der für das Gebäude maßgebenden Türhöhe.

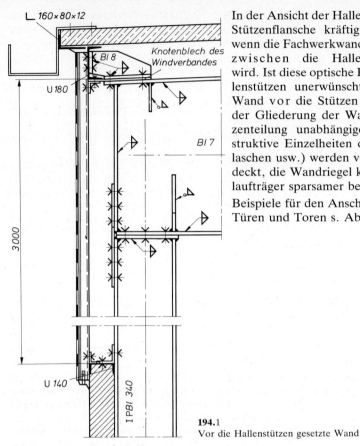

In der Ansicht der Halle treten die breiten Stützenflansche kräftig in Erscheinung, wenn die Fachwerkwand wie in Bild **201.**1 z w i s c h e n die Hallenstützen gesetzt wird. Ist diese optische Betonung der Hallenstützen unerwünscht, kann man die Wand v o r die Stützen setzen und ist in der Gliederung der Wand von der Stützenteilung unabhängiger (**194.**1). Konstruktive Einzelheiten der Stützen (Zuglaschen usw.) werden von der Wand verdeckt, die Wandriegel können als Durchlaufträger sparsamer bemessen werden.

Beispiele für den Anschluß von Fenstern, Türen und Toren s. Abschn. 9.3.

**194.**1
Vor die Hallenstützen gesetzte Wand

### 8.3.3  Wandverkleidungen

Statt die Gefache der Stahlfachwerkwand auszumauern, kann man das Skelett von außen mit T a f e l n aus Metall oder anderen Baustoffen verkleiden. Durch innenliegende Wärmedämmplatten oder durch eine innere Wandschale und Ausfüllen des Zwischenraumes mit Wärmedämmstoffen kann der Wärmedurchgang durch die Wand verringert werden. Die Stahlkonstruktion muß zur ungehinderten Befestigung der Platten eine vollkommen ebene Außenfläche haben. Die Profile der Fachwerkwand werden nach der statischen Beanspruchung bemessen, ohne daß man i. allg. Mindestabmessungen fordert.

Wenn nicht Tafeln verwendet werden, die aus druckfestem Baustoff bestehen und mit kraftschlüssigen Horizontalstößen ihr Eigengewicht selbst nach unten abtragen können, muß das Stahlskelett der Fachwerkwand neben der waagerechten Windlast außerdem das G e w i c h t der Wandverkleidung tragen. Um die vertikale Biegebeanspruchung der Riegel klein zu halten, verkürzt man ihre Stützweite für lotrechte Lasten durch eine V e r h ä n g u n g in Wandebene ähnlich der Pfettenverhängung in Abschn. 5.4.2.3. Das Verhängungssystem nach Bild **195.**1a ruft im Kopfriegel zusätzliche Druckkräfte hervor, das System b beansprucht ihn auf

Biegung. Bei hohen Wänden werden die Kräfte in der Verhängung zu groß. Man teilt dann die Wandhöhe in mehrere einzeln verhängte Zonen auf. Anstelle der Aufhängung kann man die Riegel auch mit Zwischenstielen nach unten abstützen (**191.**1); bei biegesteifem Anschluß verhindern diese auch ein Verdrehen der Riegel, das von der exzentrischen Befestigung der Wandplatten verursacht wird.

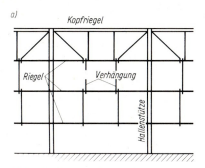 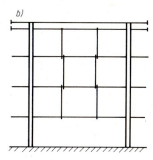

**195.**1 Verhängung der Wandriegel

**Wellplatten aus Asbestzement (196.**1)

Je nach Winddruck, Plattenprofil und -länge beträgt der Riegelabstand bei 100 mm Stoßüberdeckung 1175···2400 mm. Zur Befestigung der Wellplatten an den Riegeln der Stahlfachwerkwand dienen Hakenschrauben. Für die Ausbildung am Traufpunkt, für die Wandecke und für den Fußpunkt der Wand beim Übergang zu Mauerwerk verwendet man Formstücke.

Erhält die Wellasbestzementwand eine Wärmedämmung, z.B. aus 40···50 mm dicken Glasfaserplatten mit einseitiger Drahtnetzbewehrung, wird zuerst die Dämmplattenwand auf Kunststoffwinkeln montiert und mit Spezialklemmen mit den Wandriegeln verbunden. Die S-Haken zur Aufnahme und die L-Haken zur Befestigung der Asbestzement-Wellplatten werden durch die Dämmplatten gesteckt. Der Zwischenraum zwischen beiden Wandschichten muß ständig belüftet sein; der vertikale, dicke Schenkel des Kunststoffwinkels sorgt für den nötigen Abstand.

**Wellblech**

Der größte Riegelabstand wird bestimmt von der Tragfähigkeit des gewählten Wellblechprofils. Die Befestigung und konstruktive Durchbildung erfolgen ähnlich wie bei Asbestzement-Wellplatten [15]. Wellblechtafeln werden nur noch äußerst selten angewendet.

**Trapezbleche**

Sie werden von verschiedenen Herstellern beiderseits feuerverzinkt und auf Wunsch einbrennlackiert oder kunststoffbeschichtet in Längen ≦ 15 m geliefert. Durch Farbgebung und Lage der schmalen Trapezrippen nach außen oder innen (**196.**2) läßt sich die architektonische Wirkung der Wand beeinflussen.

Der Riegelabstand ist abhängig von der Tragfähigkeit und Lieferlänge des Profils und von der Größe der Windlast; er wird Belastungstabellen der Hersteller entnommen und beträgt i. allg. 1,5···5,0 m, bei großen Profilhöhen und Blechdicken ausnahmsweise bis zu 9,0 m. Die

Wandelemente werden an der Stahlkonstruktion z. B. mit Gewindeschneidschrauben in gleicher Weise befestigt wie die Dachelemente.

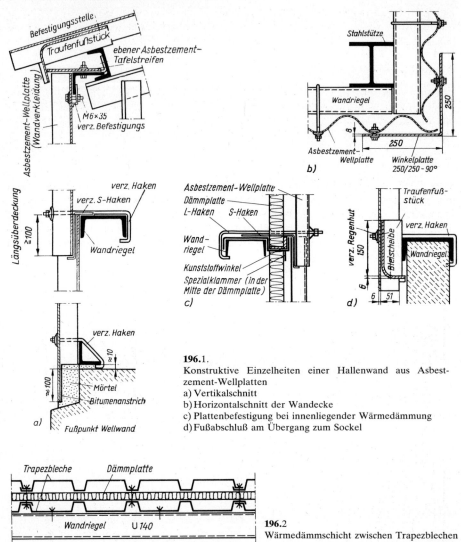

196.1.
Konstruktive Einzelheiten einer Hallenwand aus Asbestzement-Wellplatten
a) Vertikalschnitt
b) Horizontalschnitt der Wandecke
c) Plattenbefestigung bei innenliegender Wärmedämmung
d) Fußabschluß am Übergang zum Sockel

196.2
Wärmedämmschicht zwischen Trapezblechen

Wärmedämmplatten können mit oder ohne Abstand hinter dem Trapezblech angeordnet werden (45.1; 196.1c); bei starker mechanischer Beanspruchung der Wandinnenseite kann die Dämmschicht von einer inneren Blechverkleidung geschützt werden (196.2). Bei der Wandkonstruktion nach Bild 197.1 sind die Riegel an Konsolen so weit vor den Hallenstützen befestigt, daß sich die Wärmedämmung dazwischenschieben kann. Kältebrücken werden dadurch weitgehend vermieden, Wandprofile und Verbände finden im belüfteten Hohlraum zwischen Außen- und

Innenschale Platz. Die vertikal wenig biegesteifen Riegel müssen wegen des Wandgewichts verhängt (**195**.1) oder von Zwischenstielen gestützt werden.

Zur Konstruktion von Traufpunkten, Wandecken, Verwahrungen von Fensteröffnungen usw. werden ebene Bleche aus demselben Material wie die Trapezbleche passend abgekantet und mit Schrauben oder Nieten befestigt.

### Aluminiumbleche

Entsprechend ihrem Profil werden sie wie Wellblech oder Trapezblech verwendet. Wegen der großen Lieferlänge der Profilbänder kommt man bei normalen Wandhöhen meist ohne waagerechte Stöße aus. Die Befestigung an der Stahlkonstruktion entspricht sinngemäß der Befestigung der Dachplatten nach Abschn. 5.2.3.

### Wandelemente

Statt die Außen- und Innenhaut und die Dämmschicht einzeln zu montieren, kann man sie bereits im Werk zu einem Verbundelement vereinigen. Bei der H o e s c h - I s o w a n d verbindet eingeschäumter Kunststoffhartschaum 2 ebene oder einseitig flach profilierte, feuerverzinkte und kunststoffbeschichtete Bleche fest miteinander, ohne daß Wärmebrücken entstehen (**197**.2). Angaben für ein Wandelement: Dicke

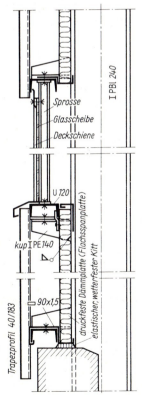

**197**.1
Vertikalschnitt
durch eine wär-
megedämmte
Hallenwand mit
Trapezblechen

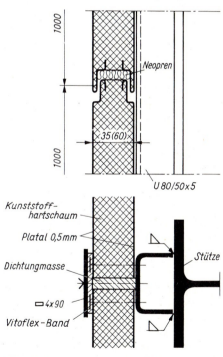

**197**.2 Befestigung waagerecht verlegter isowand-
Elemente an den Stützen

35 (60) mm, Breite 1017 mm, Nutzbreite 1000 mm, Länge $\leq$ 10 m, Stützweite $\leq$ 3,0 (4,5) m, Gewicht 10,0 (12,5) kg/m$^2$, Wärmedurchgangszahl 0,758 (0,384) W/(m$^2$K). Außerdem sind außen oder auch innen trapezförmig profilierte Wandelemente Isowand T lieferbar.

Ist der Abstand der Hallenstützen bzw. Wandstiele höchstens gleich der zulässigen Stützweite der Wandelemente, kann man auf Wandriegel verzichten, wenn man die Elemente w a a g e r e c h t verlegt (**197**.2). Sie werden mittels Deckschienen und Dichtungsbändern an den Stielen festgeschraubt. Ist der Stützenabstand größer, spannt man die Elemente v e r t i k a l zwischen Wandriegel (**198**.1) und befestigt sie unsichtbar mit Flachstahlklemmen in den lotrechten Stoßfugen.

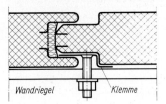

*Wandriegel*          *Klemme*

**198**.1
Klemmbefestigung vertikal stehender isowand-Elemente an den Wandriegeln (Horizontalschnitt)

Die Firma DLW stellt Wandelemente her, deren Tragschale aus schwalbenschwanzförmig profiliertem, verzinktem Bandstahl besteht und mit Polystyrol-Hartschaum ausgeschäumt ist (**114**.2); die Außenbekleidung bilden Aluminium-Trapezbleche. Die Elementbreite ist 600 mm, die Länge 2,5···8 m, die Stützweite je nach Last und Stützung 2,9···5 m.

Das Angebot für Wand- und Dachelemente ist vielfältig und in steter Wandlung begriffen. Der neueste Stand ist jeweils den Firmenprospekten zu entnehmen.

### Vorgefertigte Wandplatten aus Stahlbeton

Man bildet die Platten und ihre waagerechten Fugen möglichst so durch, daß die Stahlkonstruktion nicht das schwere Wandgewicht tragen muß, sondern nur zur horizontalen Stützung dient. Hierfür müssen die Wandelemente an den Riegeln zug- und druckfest verankert werden (**198**.2). Die Wandplatten können bereits einschließlich der Wärmedämmschicht vorgefertigt werden, oder es wird eine zweite Wandschale innen vorgesetzt.

Legt man die Wandplatten w a a g e r e c h t, können sie sich bei ausreichender Dicke und Bewehrung ohne Zwischenstiele von Stütze zu Stütze spannen; Fenster und Lichtbänder werden an ihnen befestigt. Bei s e n k r e c h t e r Spannrichtung und Querschnittsausbildung als Rippenplatten können sie den Abstand zwischen Fundament und Kopfriegel frei überbrücken, falls die Wand nicht allzu hoch ist; Zwischenriegel sind dann zu ihrer Stützung unnötig und dienen nur noch der Knicksicherung der Hallenstützen.

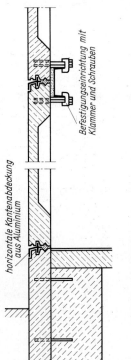

*Befestigungseinrichtung mit Klammer und Schrauben*

*horizontale Kantenabdeckung aus Aluminium*

**198**.2
Befestigung von Stahlbeton-Wandplatten an Wandriegeln

## 8.4   Verbände

Wie im Abschn. 8.2 erläutert wurde, werden quer zur Hallenlängsachse wirkende Horizontallasten von den Tragwerken des Hallenquerschnitts übernommen. In Wandebene sind die Stützen und ihre Anschlüsse jedoch in der Regel so wenig steif, daß sie als Pendelstützen betrachtet werden müssen, die alleine nicht in der Lage sind, in Hallenlängsrichtung wirkende Horizontallasten aus Wind und ggf. aus Kranbahnen aufzunehmen. Diese Aufgabe fällt horizontalen und vertikalen Verbänden zu. Damit die Windlasten der Giebelwand möglichst unmittelbar in die Verbände gelangen, haben diese ihren Platz tunlichst nahe den Hallenenden. Ihre weitere Funktion, nämlich Druckglieder, wie Binderobergurte und Stützen, gegen Knicken zu sichern, teilen sie mit weiteren Stabilitätsverbänden in Dach- und Wandebene, die in jedem 4. bis 5. Binderfeld vorzusehen sind.

Die tragenden Stiele der Giebelwand lehnen sich bei Windbelastung unten gegen das Fundament und oben gegen den Windverband im Dach an. Dieser nimmt als parallelgurtiger Fachwerkträger die anteilige Windlast der Giebelwand auf und gibt seine Auflagerkräfte an den Kopf der im gleichen Binderfeld befindlichen Vertikalverbände in den Längswänden ab, die die Kräfte dann in die Fundamente leiten (**199.**1). Auch die Giebelwand erhält einen Vertikalverband, der das Trägersystem der Giebelwand unverschieblich macht und den Wind auf das letzte Längswandfeld aufnehmen muß.

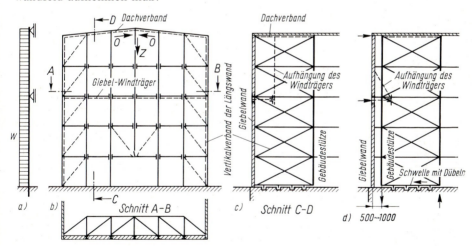

**199.**1 Windverbände am Ende einer Halle
  a) Statisches System eines Giebelwand-Stiels bei großer Wandhöhe
  b) Ansicht der Giebelwand; Fachwerk-Giebelwindträger
  c) Vertikalverbände im Endfeld der Längswand; die Giebelwand trägt die Pfettenlage
  d) Die Giebelwand steht unbelastet vor den Hallenstützen; horizontale Lasten des Vertikalverbands aus Auflagerlasten des Dachverbands und Windträgers

Bei sehr hohen Giebelwänden erhalten die Wandstiele große Biegemomente und müssen ggf. als Vollwandträger ausgeführt werden. In diesem Falle verkürzt man ihre Stützweite durch Einbau eines Giebelwindträgers etwa in halber Höhe der

Wand bzw. in Höhe der Kranbahnverbände und vermindert so die Biegemomente und Formänderungen der Wandstiele (**199.**1 b bis d). Zur weiteren Verbesserung der statischen Verhältnisse kann man die Stiele im Fundament einspannen (a). Der fachwerkartige oder auch vollwandige Giebelwindträger spannt sich horizontal von Längswand zu Längswand und gibt seine Auflagerlasten ebenso wie der Dachverband an die Vertikalverbände in den Längswänden ab. Der Innengurt des Windträgers wird an den Pfetten (c) oder an den Wandstielen angehängt (d). Steht die Giebelwand im Binderabstand vor den letzten Gebäudestützen, müssen die Wandstiele die Auflagerlast der Pfetten und evtl. die Kranbahn tragen (c), jedoch spart man an jedem Hallenende einen Dachbinder mit den zugehörigen Stützen ein. Ist mit einer späteren Hallenverlängerung zu rechnen, läßt man die Giebelwand besser unbelastet und setzt sie dicht vor die letzten Binderstützen, damit sie einfacher demontiert und an das neue Hallenende versetzt werden kann (d).

System sowie Berechnung des D a c h v e r b a n d s für Windlasten und Stabilisierungskräfte s. Abschn. 5.6. Folgt der Dachverband der Dachneigung, haben die Gurtkräfte $O$ im Knickpunkt des Firstes die Umlenkkraft $Z$ zur Folge, die bei Berechnung und Konstruktion der Giebelwand beachtet werden muß (**199.**1 b). Weil nicht nur Winddruck-, sondern auch Windsogkräfte aufzunehmen sind, werden die D i a g o n a l e n in Kreuzform angeordnet und nur auf Zug bemessen. Sofern nicht eigene Stäbe hierfür eingebaut werden, zieht man die vorhandenen Pfetten als V e r t i k a l s t ä b e des Verbandes heran. Neben ihrer Biegung aus den Dachlasten erhalten sie daher zusätzliche Druckbeanspruchung, die im Verbandsfeld zu einer Profilverstärkung der Pfetten führt. Da in den Hallen-Windverbänden wesentliche Kräfte wirken, sind sie sorgfältig mit mittiger Zusammenführung der Systemlinien zu entwerfen (**201.**1); die einfache, nur für gering belastete Stabilisierungsverbände geeignete Konstruktion nach Bild **137.**1 kommt hier nicht in Betracht.

Zur Einsparung von Montagekosten geht das Bestreben dahin, auch Dachverbände in transportfähiger Breite vorzufertigen. Die Bindergurte können dann aber nicht mitbenutzt werden, sondern es sind eigene Verbandsgurte notwendig. Dachelemente, die eine S c h e i b e n w i r k u n g aufweisen, wie z. B. entsprechend durchgebildete Trapezbleche, können im fertigen Bauwerk die Funktion der Dachverbände voll ersetzen. Während der Montage ist die Stabilität der Konstruktion mit Montageverbänden zu sichern.

Die V e r t i k a l v e r b ä n d e ordnet man in der Regel im gleichen Feld an wie die Horizontalverbände. Sie wirken wie im Fundament eingespannte Kragträger. Ihre D i a g o n a l e n werden ebenfalls als auf Zug bemessene Strebenkreuze ausgebildet. Lediglich bei dem meist in Hallenmitte gelegenen Verband, in den die längs der Kranbahn wirkenden Brems- und Anprallasten eingeleitet werden, bemißt man die Diagonalen mit Rücksicht auf den häufigen Richtungswechsel der Lasten besser auf Druck. Als V - S t ä b e des Verbandes wirken die, ggf. verstärkten, Wandriegel. Sie werden grundsätzlich an die Knotenpunkte der Vertikalverbände angeschlossen, da nur solche Riegel zur Sicherung der Stützen gegen K n i c k e n in der Wandebene herangezogen werden dürfen, die in ihrer Längsrichtung unverschieblich sind. Sollen die Längsriegel das Biegedrillknicken der Hallenstützen verhindern, müssen sie nach Abschn. 2.2.1.3 rahmenartig mit den Stützen verbunden werden.

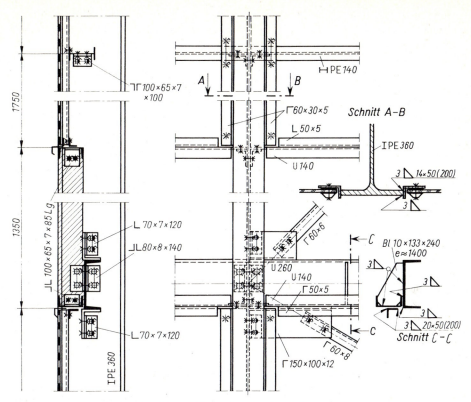

**201.**1 Ausgemauerte Fachwerkwand mit Lichtbändern und Verbandsanschlüssen

## 8.5  Dachaufbauten

### 8.5.1  Oberlichter

Die in einer Halle in Höhe der Arbeitsfläche zur ordnungsgemäßen Ausführung der Arbeit erforderliche Beleuchtung mit Tageslicht wird durch den Tageslichtquotienten ausgedrückt. Hilfsmittel zu seiner Berechnung enthält DIN 5034. Reichen Fenster und Lichtbänder in den Wänden zur Belichtung der Arbeitsplätze im Inneren der Halle nicht mehr aus, sind Oberlichter im Dach notwendig. Da Schnee erst bei $\alpha > 50° \cdots 60°$ abrutscht, sind die Oberlichte möglichst steil anzuordnen. Nur ausnahmsweise geht man bis zur unteren Grenze der Selbstreinigung der Glasflächen bei $\alpha = 35° \cdots 40°$ herunter.

Ist das Dach steil genug, kann die Glasfläche in der Dachebene angeordnet werden (**202.**1); bei Eindeckung mit Asbestzement-Wellplatten gibt es hierfür transparente Platten mit gleichen Abmessungen aus glasfaserverstärktem Kunststoff. Das Regenwasser der höher liegenden Dachflächen muß in Rinnen abgefangen werden, um Verschmutzungen des Glases zu vermeiden.

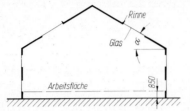

**202.**1
Steildach mit Lichtbändern in der Dachfläche

Weil die Dächer meistens jedoch flach geneigt sind, muß das Oberlicht aus der Dachfläche herausragen. Das Firstoberlicht liegt parallel zur Längsachse der Halle (**25.**2a und b, **53.**2, **54.**1 und 2, **55.**1, **134.**1). Mansardenoberlichte, in der Dachfläche neben der Traufe längslaufend, belichten die an der Wand liegenden Arbeitsplätze und ergeben zusammen mit dem Firstoberlicht eine gleichmäßige Ausleuchtung der Halle (**54.**2). Ebenfalls parallel zur Traufe in mind. 2 m allseitigem Abstand werden selbsttragende vorgefertigte Belichtungselemente mit Einzellängen $l \leqq 20$ m eingebaut (**203.**1). Wegen der Verwendung brennbarer Baustoffe sind die Brandschutzvorschriften zu beachten.

Raupenoberlichte liegen quer zur Gebäudeachse und liefern eine gute, gleichmäßige Lichtverteilung. Sie werden entweder zwischen zwei Bindern angeordnet (**202.**2a), oder man legt die Binder in die Oberlichte hinein, um das Volumen der Halle bei festliegender Lichthöhe klein zu halten (**202.**2b und c, **93.**1). Senkrechte Oberlichte (**25.**2a, **53.**2b, **202.**2c) haben eine schlechtere Lichtausbeute als Oberlichte mit geneigten Glasflächen. Die Glasfläche der Oberlichte beträgt etwa ⅓ ··· ½ der Hallengrundfläche.

Anstelle durchgehender Oberlichter, oder falls nur einzelne Räume bzw. Arbeitsplätze zu belichten sind, werden 1- oder 2schalige Lichtkuppeln aus glasfaserverstärktem Polyester mit kreisförmigem Grundriß bis zu 1300 mm lichtem Durchmesser oder mit quadratischem bzw. rechteckigem Grundriß $\leqq$ 1500/2800 mm lichter

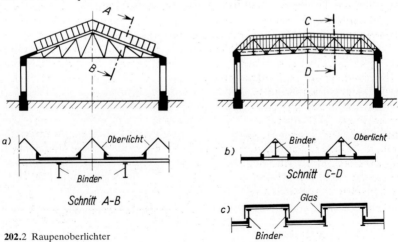

**202.**2 Raupenoberlichter

Weite verwendet. Sie werden entweder mit 100 mm breitem, ebenem Rand dicht in die Dachpapplage eingeklebt oder auf Aufsatzkränze aufgeschraubt (**203**.2). Zur Rauch- und Wärmeabfuhr können sie auch aufklappbar sein.

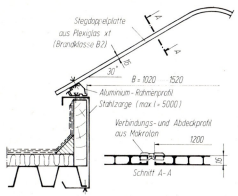

**203**.1 Vorgefertigtes Oberlicht aus Plexiglas
(„Toplicht" der Fa. Eberspächer)

**203**.2 Aufsatzkranz mit 2schaliger
Lichtkuppel (SAG)

Unterhalb der äußeren Oberlichte werden u.U. in Sälen, Sammlungsräumen usw. in der Unterdecke i n n e r e   O b e r l i c h t e (Staubdecken) angebracht und mit Milchglas verglast. Die inneren Oberlichte können sehr leicht gehalten werden, da sie nur beim Reinigen belastet werden.
K o n s t r u k t i v e   E i n z e l h e i t e n der Oberlichte s. Abschn. 5.2.5 Glaseindeckung.

## 8.5.2   Lüftungen

Wärme, Dämpfe und Gase werden aus einer Halle durch Abluftöffnungen im Dach im Zusammenwirken mit Zuluftöffnungen in der Nähe der Arbeitsplätze abgeführt. Bei der f r e i e n   L ü f t u n g erzeugt der Temperatur- und Dichteunterschied zwischen Außenluft und Abluft eine natürliche Förderkraft; reicht sie nicht aus, werden Gebläse erforderlich. Die Lüftung über Fensterflügel ist von den Windverhältnissen abhängig, kaum regulierbar und daher nicht zu empfehlen. Vorgefertigte, 2,50 m lange L ü f t u n g s e l e m e n t e (Fa. Eberspächer) können einzeln verwendet oder zu langen Lüftungsaufbauten aneinandergereiht werden (**203**.3); W i n d l e i t b l e c h e machen ihre Leistung vom Wind fast unabhängig. Die elektrische, pneumatische oder manuelle Betätigung der Drehklappen kann mit Thermosicherungen für den Brandfall ausgerüstet werden. Mit untergehängten Kulissenschalldämpfern läßt sich die Abstrahlung des Arbeitslärms nach außen reduzieren.

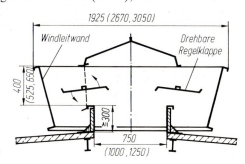

**203**.3 Flächenlüfter

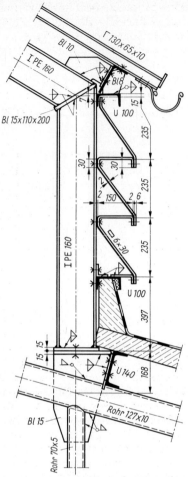

Reicht die Breite der Lüftungselemente nicht aus, setzt man im Dachfirst Laternen auf, deren lotrechte Seitenwände von festen oder beweglichen Lüftungsklappen (Jalousien) gebildet werden, die gegen Regen schützen (**54**.2, **187**.1); auch hier sind parallel laufende Windleitwände zweckmäßig.

Bei der festen Lüftung nach Bild **204**.1 werden die 2 mm dicken, verzinkten Jalousiebleche von einfachen Stühlen aus □ 30 × 6 unterstützt und ≈ alle 1500 mm mit lotrechten Pfosten verschraubt, die das Eigengewicht der Jalousiewand an die obere Pfette, die waagerechte Windlastkomponente an die obere und untere Pfette abgeben. Dazwischen hängt man die vorderen Blechkanten gegen Durchhängen noch einmal mit einem Flachstahl am oberen Rahmenträger auf. Die Breite der Jalousiebleche legt man so fest, daß kein Schnittverlust entsteht.

**204**.1
Lüftungslaterne mit feststehenden Jalousien

## 8.6   Shed-Hallen

Bei Shed-Dächern wird die Hitzewirkung und Schattenbildung infolge der durch Oberlichte sonst ungehindert einstrahlenden Sonne vermieden. Die steile, verglaste Fläche weist nach Norden und muß einen Neigungswinkel von 60° ··· 90° haben. Eine schrägliegende Glasfläche hat gegenüber der lotrechten den Vorteil besserer Lichtausbeute, jedoch bedingt sie die Verwendung von Drahtglas, zudem kann ihre Wirkung durch Schmutz- und Schneebelag beeinträchtigt werden. Die Dachfläche mit undurchsichtiger Dachhaut hat meist 30° Neigung, bei großen Shedstützweiten auch flacher, damit die Glasflächen nicht zu hoch werden. Im Hinblick auf möglichst gleichmäßige Beleuchtungsstärke in der Arbeitsfläche macht man die Shedstützweite um so kleiner, je niedriger die Halle ist. Man wählt sie häufig zwischen 6 und 8 m, doch werden auch größere Sheds ausgeführt.

Es ergeben sich einfache statische Verhältnisse, wenn man Fachwerkbinder (**52.**1f, g) oder Vollwandbinder unmittelbar auf Stützen legt (**205.**1). Zur Aufnahme der Windlasten werden die Stützen eingespannt. Es genügt aber auch, wenn in jeder Reihe eine Stütze eingespannt ist und die übrigen Pendelstützen sind; Vergrößerung der Knicklänge s. Abschn. 8.2.1.

Weil viele engstehende Stützen für die Nutzung der Halle oft hinderlich sind, kann man 2 bis 4 Shedbinder auf einen vollwandigen Unterzug setzen und erhält bis zu 25 m breite, stützenfreie Hallenschiffe mit Nordrichtung quer zu ihrer Längsachse (**205.**2).

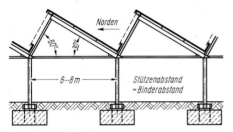

**205.**1 Shedbinder auf Einzelstützen

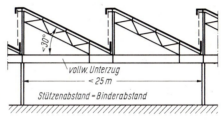

**205.**2 Unterzug unter den Shedbindern

Liegt Norden in Längsrichtung der Hallenschiffe, spannt man unter jede Shedrinne einen Unterzug parallel zur Glasfläche und stützt die Shedbinder darauf ab. Der Stützenabstand entspricht dann der Shedstützweite (**205.**3). Auch hier kann der Shedbinder ein Fachwerk- oder Vollwandbinder sein; bei kleinen Shedstützweiten bis etwa 4,1 m lassen sich typisierte Shedkonstruktionen mit vielfältigem Zubehörprogramm, wie z. B. das „Shedlicht" der Firma Eberspächer, verwenden. Der meist aus Walzträgern hergestellte Riegel unter der undurchsichtigen Dachfläche kann bei größeren Stützweiten mit einer Unterspannung versehen werden, er kann als Fachwerkträger (**205.**2), R-Träger oder als geschweißter Vollwandträger ausgeführt werden. Wird er mit dem Pfosten der Glasfläche im First gelenkig verbunden, wirkt der Shedbinder als 3-Gelenkrahmen; bei Ausbildung einer Rahmenecke entsteht ein 2-Gelenkrahmen. Da der Unterzug außer von den Dachlasten noch horizontal durch Wind beansprucht wird, vergrößert man seine seitliche Biegesteifigkeit durch Verbreitern des Obergurts (**206.**1) oder man führt ihn als Hohlkasten aus, der ggf. als Lüftungskanal benutzbar ist. Bei großen Spannweiten muß der Unterzug wegen des Rinnengefälles, das durch Füllbeton hergestellt wird, überhöht werden.

Falls die Stützenentfernung in beiden Achsrichtungen vergrößert werden soll, unterstützt man die unter der Shedrinne liegenden Unterzüge aus IPB-Profilen durch

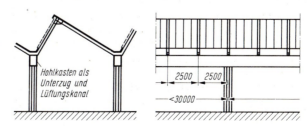

**205.**3
Unterzug unter der Shedrinne

Fachwerkträger, die in jeder 4. bis 6. Binderreihe durch Zusammenfassen mehrerer Shedzähne entstehen (**206**.2). Der im Freien liegende Obergurt des Fachwerkträgers kann durch Ummanteln gegen die Witterung geschützt werden. Die Durchdringungspunkte der Stahlkonstruktion durch die Dachhaut müssen besonders gut gedichtet werden. In allen flachen Dachflächen sind Dachverbände als Montage- und Knicksicherungsverbände anzuordnen; gehen diese Verbände über die Shedlänge durch, können sie bei entsprechender Konstruktion und Berechnung zur Entlastung der unter der Rinne liegenden Unterzüge herangezogen werden.

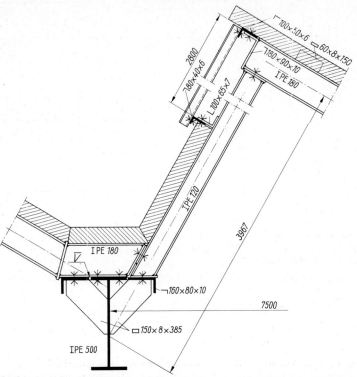

**206**.1 Vollwandiger Shedbinder als Dreigelenkrahmen auf vollwandigem Unterzug unterhalb der Shedrinne

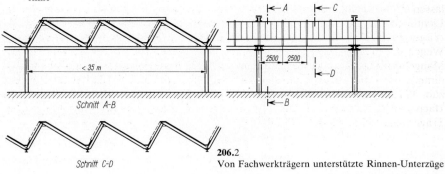

Schnitt A-B

Schnitt C-D

**206**.2 Von Fachwerkträgern unterstützte Rinnen-Unterzüge

Legt man in die Ebenen der Glas- und Dachfläche über die ganze Shedlänge span-
nende Tragwerke, entsteht ein F a l t w e r k (**207**.1). Die von den Shedbindern (Fach-
werk- oder Vollwandbinder) an die Kanten des Faltwerks abgegebenen K n o t e n l a -
s t e n $F$ werden in die Komponenten $F_G$ des Glaswandträgers und $F_D$ des Dachflä-
chenträgers zerlegt, mit denen jedes der beiden Tragwerke einzeln berechnet wird.
In gemeinsamen Baugliedern beider Tragwerke (Gurte) überlagern sich die Kräfte.
Steht die Glasfläche lotrecht, wird der Dachverband nur durch Wind beansprucht.

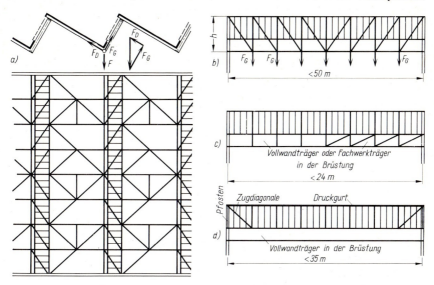

207.1 Sheddach als Faltwerk
   a) Übersicht und Kräftewirkung
   b) bis d) Tragwerke in der verglasten Dachfläche:
   b) Fachwerk
   c) Träger in der Brüstung
   d) Vollwandträger mit zusätzlichem Druckgurt

Das Tragwerk in der u n d u r c h s i c h t i g e n Dachfläche ist immer ein Fachwerk
(**207**.1a). Die Konstruktion wird sehr wirtschaftlich, wenn auch in der G l a s f l ä c h e
ein F a c h w e r k t r ä g e r ausgeführt wird (b). Bei ausreichender Netzhöhe $h \approx l/10$
lassen sich sehr große Stützweiten erzielen. Wenn selbst schlanke Zugdiagonalen im
Lichtband unerwünscht sind, muß das Tragwerk als V o l l w a n d - oder F a c h w e r k -
t r ä g e r in die Seitenfläche der Rinne unterhalb des Glasbandes gelegt werden (c).
Wegen der beschränkten Bauhöhe sind die möglichen Stützweiten kleiner. Dieser
Mangel kann behoben werden, wenn man in den Endfeldern eine Diagonale in Kauf
nimmt, mit ihrer Hilfe einen oberhalb des Fensterbandes liegenden D r u c k g u r t
zum Tragen heranzieht und so den Vollwandträger entlastet (d); das Tragwerk ist
1fach statisch unbestimmt. Der Träger in der Glaswand kann auch als Vierendeel-
Träger ausgeführt werden (**25**.2 d).

# 9 Bauwerksteile

## 9.1 Treppen

Für den Entwurf von Treppen gelten allgemein folgende Angaben (**208.**1):

L a u f b r e i t e $l$: Einfamilienhäuser $\geqq$ 800 mm; Wohngebäude mit $\leqq$ 2 Vollgeschossen $\geqq$ 900 mm, mit > 2 Vollgeschossen $\geqq$ 1000 mm; in Hochhäusern $\geqq$ 1250 mm; im Industriebau bevorzugt $l$ = 800 oder 1000 mm; Treppenzugänge zu Krananlagen $l \geqq$ 500 mm.

A u f t r i t t  $a$: Bei Hochbauten $a \geqq$ 260 mm (Einfamilienhäuser $\geqq$ 210 mm); bei Industrietreppen ist $s:a$ = 1:1,73 bis 1:1. Mit diesen Maßen ergibt sich aus der Regel

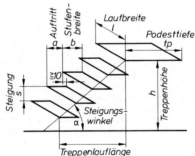

$$2s + a \approx 630 \text{ mm} \qquad (208.1)$$

die mit der Treppenhöhe abzustimmende Steigung $s$.

**208.**1
Bezeichnungen und Maße bei Treppen

P o d e s t t i e f e  $t_\text{p} \geqq l \geqq$ 1000 mm; bei Zwischenpodesten in Laufrichtung, die nach $\leqq$ 18 Trittstufen anzuordnen sind, ist $t_\text{p} = a + n\,(2s + a)$ mit $n$ = Anzahl der Schritte innnerhalb des Podestes.

L i c h t e  D u r c h g a n g s h ö h e  $\geqq$ 2000 mm. In Hochbauten müssen Treppen von 2 Vollgeschossen ab aus nicht brennbaren Baustoffen bestehen und ab 6 Geschossen feuerbeständig sein.

D i e  T r e p p e n s t u f e n  liegen beiderseits auf oder zwischen Wangenträgern (**208.**2a); sie können auch einseitig in die Wand gelegt oder an ihr befestigt werden, doch ist bei der konstruktiven Durchbildung zu berücksichtigen, daß die Durchbiegung des Wangenträgers zu einer Verdrehung der Stufe an der Wand führt (**208.**2b).

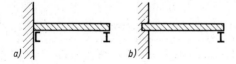

**208.**2
Zweiseitige Unterstützung von Treppenstufen
a) 2 Wangenträger
b) Mauerauflager und 1 Wangenträger

Für die Stufen können alle üblichen Baustoffe angewendet werden, z. B. vorgefertigte Stahlbetonstufen (**209**.1), Holzstufen mit oder ohne Setzstufen (**209**.2), Hohlstufen aus Blech mit Mineralwollefüllung zur Schalldämpfung und mit beliebigem Stufenbelag (**209**.3) oder, im Industriebau, Stufen aus Gitterrosten (**209**.4).

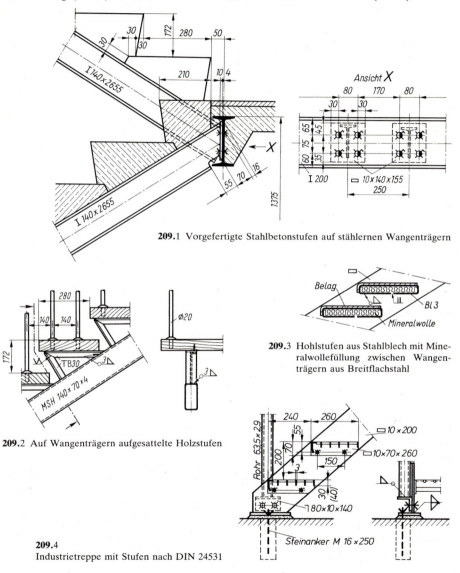

**209**.1 Vorgefertigte Stahlbetonstufen auf stählernen Wangenträgern

**209**.3 Hohlstufen aus Stahlblech mit Mineralwollefüllung zwischen Wangenträgern aus Breitflachstahl

**209**.2 Auf Wangenträgern aufgesattelte Holzstufen

**209**.4
Industrietreppe mit Stufen nach DIN 24531

Die Wangenträger schließen an Podestträgern an bzw. liegen unten auf dem Fundament auf. Man verwendet für sie hochkant stehende Breitflachstähle, bei langen Treppenläufen zwecks größerer Seitensteifigkeit auch Formstähle oder

Hohlprofile. Bei torsionssteifem Hohlquerschnitt genügt als Tragelement ein Mittelträger, von dem die Stufen beidseitig auskragen (**210.**1). Dieser Mittelträger kann nicht nur die bei geraden Treppenläufen infolge einseitiger Verkehrslaststellung entstehenden Torsionsmomente aufnehmen, sondern es sind auch im Grundriß gekrümmte Treppen ausführbar (**210.**2).

Als Turmtreppen oder Nottreppen geeignet sind Wendeltreppen, bei denen die Stufen aus einer meist aus Stahlrohr gefertigten Spindel auskragen (**210.**3). An ihrer schmalsten Stelle müssen die Stufen eine Breite von mindestens 100 mm aufweisen (**210.**4)

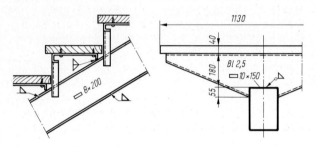

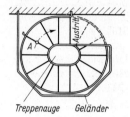

**210.**2  Grundriß einer Wendeltreppe mit Auge

**210.**1  Treppe mit torsionssteifem Mittelträger

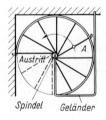

**210.**3  Grundriß einer
  Wendeltreppe
  mit Spindel

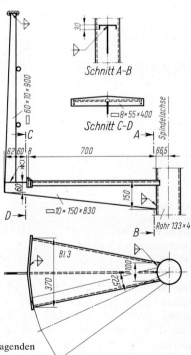

**210.**4
Wendeltreppe mit Rohrspindel und auskragenden
Stahlblechstufen

## 9.2 Geländer

Die Mindesthöhe von Geländern beträgt im Hochbau 90 cm, im Industriebau, bei Kranbahnanlagen und Brücken 1,0 m, bei Absturzhöhen über 10 m (im Industriebau 12 m) und an der Innenseite von Wendeltreppen 1,1 m. Geländer bestehen meist aus lotrechten Stützen, dem Handlauf und den Füllungsgliedern. Der Lichtabstand zwischen den Füllungsstäben muß ≦ 12 cm sein. In Industrieanlagen und bei Dienstwegen genügt abweichend davon eine in halber Höhe angebrachte Knieleiste und bei Absturzhöhen > 10 m eine Fußleiste (**211.**1 a, b). Sind Geländerpfosten aus ästhetischen Gründen unerwünscht, kann man die Füllstäbe zum Tragen heranziehen und sie unten einspannen (**211.**1c und **209.**2). Werden die Stäbe einbetoniert, muß im Beton ein durchgehender Schlitz ausgespart werden, und die Füllstäbe werden durch einen im Beton liegenden Distanzstab verbunden. Die Montage wird einfacher, wenn man die Füllstäbe unten in ein torsionssteifes Hohlprofil einspannt, das in größeren Abständen von kurzen Pfosten gehalten wird (**211.**1 d; **212.**3 b).

Einfache Geländer stellt man aus U-, L-, □-Stahl her, sonst aus Rohren, Hohlprofilen und Rundstahl. Für die Geländerfüllungen kann man auch Drahtgeflechte, Glas, Kunststoffplatten und Bleche verwenden.

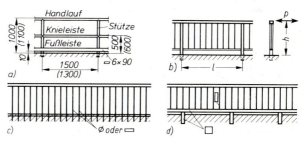

**211.**1 Geländerformen
a) einfaches Industriegeländer
b) Geländer mit tragenden Stützen und enger Füllstabteilung für öffentliche Verkehrsflächen
c) Geländer mit tragenden, im Boden eingespannten Füllstäben
d) in torsionssteifer Fußschwelle eingespannte Füllstäbe

Als Belastung ist in jeder Richtung eine horizontale Streckenlast $p$ in Handlauf-Oberkante anzusetzen. Ihre Größe ist in Wohngebäuden 0,5 kN/m, in allen anderen, insbesondere öffentlichen Gebäuden, 1,0 kN/m und bei Brücken 0,8 kN/m. Geländer von Krananlagen sind mit einer wandernden Einzellast von 0,3 kN zu berechnen. Nachzuweisen sind die Biegespannungen im Handlauf und in der Stütze sowie die durch das Einspannmoment beanspruchte Pfostenbefestigung.

Die Stütze wird angeschweißt (**210.**4), angeschraubt oder einbetoniert. Bei geschraubten Anschlüssen löst man das Einspannmoment infolge der Stützenlast $P$ in ein Kräftepaar auf (**212.**1 und 2); den Hebelarm $e$ macht man so groß wie möglich, damit die Kräfte $Z$ und $D$ klein bleiben und eine unnachgiebige Befestigung erreicht wird. Wenn die Verdrehung des Deckenrandträgers durch die Deckenkonstruktion nicht verhindert wird, muß das Einspannmoment der Geländerpfosten mit

Hilfe von Traversen (Fl 8 × 120) in ein auf die benachbarten Längsträger lotrecht einwirkendes Kräftepaar *V* aufgelöst werden. Bei einbetonierten Geländerstützen (**212.**3) kann man die Betonpressung wie bei einer eingespannten Stütze im Hülsenfundament nachweisen (s. Teil 1). Geländer im Freien, besonders Brückengeländer, erhalten an jedem Stoß eine Bewegungsfuge; dazu werden die Hohlprofile des Handlaufs und der Fußleiste längsbeweglich an angeschweißten Zapfen geführt. Am Fahrbahnübergang macht die Dehnungsfuge des Geländers das volle Bewegungsspiel der Brücke mit und muß einen ausreichend großen Spielraum erhalten.

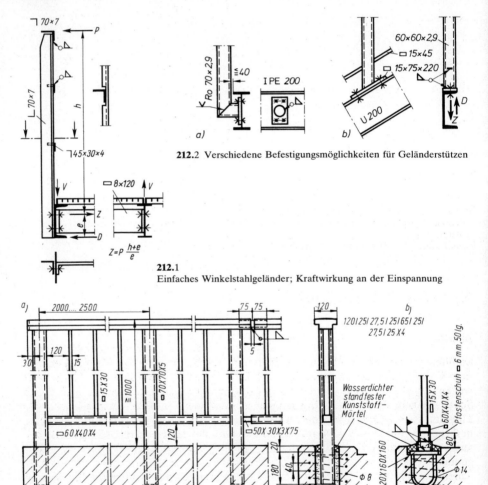

**212.**2 Verschiedene Befestigungsmöglichkeiten für Geländerstützen

**212.**1
Einfaches Winkelstahlgeländer; Kraftwirkung an der Einspannung

**212.**3 In massiver Fahrbahnplatte befestigtes Brückengeländer
a) Füllstabgeländer mit Stützen; Teilstücklänge 2 bis 3 Felder
b) Variante der Stützenverankerung; pfostenloses Füllstabgeländer nach Bild **211.**1 d

Als zusätzliche Sicherung gegen den Absturz von Fahrzeugen werden in den Handlauf der Geländer von Straßenbrücken auf ganzer Geländerlänge durchgehende Stahlseile eingebaut und an jedem Pfosten befestigt (**213**.1).

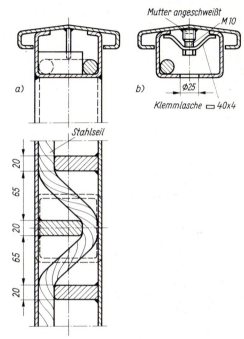

**213**.1
Geländerhandlauf mit eingebautem Stahlseil
a) Verklammerung des Seils über jedem Geländerpfosten
b) unsichtbare Verschraubung des Handlaufs

## 9.3    Fenster, Türen, Tore

### Stahlfenster

Stahlfenster für Industriebauten, Wohn- und Geschäftshäuser, Schulen usw. bieten den Vorteil, daß die feingliedrigen Profile den Lichteinfall wenig behindern; wegen der Maßhaltigkeit der Profile sind die Fenster dicht gegen Zugwind und Schall, und sie bleiben dicht und gangbar, da Stahl weder quillt noch schwindet. Alle Flügelarten, wie Dreh-, Wende-, Kipp-, Klapp- oder Schwingflügel können einzeln, in Gruppen, in Kombination mit festen Flügeln oder als durchlaufende Lichtbänder ausgeführt werden. Fensterrahmen und Sprossen müssen einen in einer Ebene liegenden Kittfalz bilden. Dieser liegt wegen des Winddrucks meist außen. Die Scheiben sind durch Stifte (**116**.2), Glashalter (Clipse) aus dünnem Blech oder Glashalteleisten (**214**.2) zu sichern. Bänder werden aus Stahl oder Bronze, Dorne stets aus Bronze hergestellt, so daß die Flügel nicht festrosten können. Alle waagerechten Teile erhalten kleine Löcher, evtl. mit Entwässerungsröhrchen, um Schwitzwasser abzuleiten. Die Stahlfenster werden in bekannter Weise gegen Rost geschützt. Weitere Einzelheiten s. [1] und [11].

Beispiele für Fenster von Industriebauten s. Bild **214**.1, für Wohn- und Geschäfts-
bauten s. Bild **214**.2. Bei Fensterprofilen mit doppeltem Anschlag bietet der dazwischen eingeschlossene Luftkörper besseren Schutz gegen Wärmeverlust.

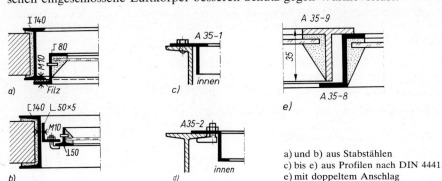

a) und b) aus Stabstählen
c) bis e) aus Profilen nach DIN 4441
e) mit doppeltem Anschlag

**214**.1 Fenster für Industriebauten. Fensterrahmen

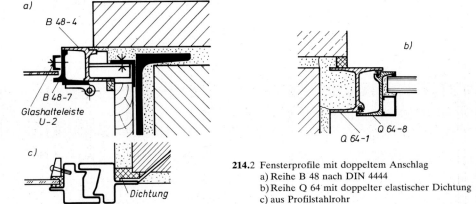

**214**.2 Fensterprofile mit doppeltem Anschlag
a) Reihe B 48 nach DIN 4444
b) Reihe Q 64 mit doppelter elastischer Dichtung
c) aus Profilstahlrohr

## Stahltüren

Einwandige Stahltüren für Industriebauten bestehen aus mit kalt geformten
Hohlrahmenprofilen punktverschweißten Füllungsblechen (**215**.1). Rahmen- und
Rippenprofile können beiderseits der Füllungsbleche liegen oder aber auch nur
einseitig, um von einer Seite her eine glatte Ansichtsfläche zu erreichen. Feuerbeständige Stahltüren erhalten einen allseitig geschlossenen Mantel aus Stahlblech;
der Hohlraum wird mit feuerbeständigem Dämmstoff gefüllt (**215**.2).

Zum Einbau in massive Wände dienen Stahlzargen aus Stabstahl oder Stahlblech,
die mit Mauerankern befestigt sind.

## Tore für Hallen- und Industriebau

Ein- oder zweiflügelige Drehtore hängen in Drehzapfen an der Torleibung und
erhalten bei großem Gewicht an der Schlagleiste ggf. eine Stützrolle.

Schiebetore, oben oder unten auf Schienen laufend, werden seitlich weggeschoben, sofern hierfür Platz zur Verfügung steht. Bei beschränktem Raum können 2 oder mehr Torblattsektionen teleskopartig hintereinander angeordnet werden.

Falttore sind mehrflügelige Tore mit Stützrollen, die sich nach den Seiten hin zusammenfalten lassen. Das Faltschiebetor ist eine Kombination aus Falt- und Schiebetor (**215.3** und **216.1**).

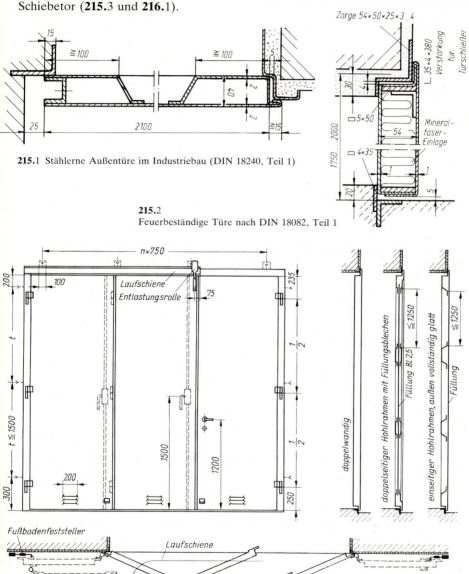

215.1 Stählerne Außentüre im Industriebau (DIN 18240, Teil 1)

215.2
Feuerbeständige Türe nach DIN 18082, Teil 1

215.3 Faltschiebetor mit verschiedenen Querschnittsformen

Element-Hubtore bestehen aus wenigen quergespannten, mit Scharnieren untereinander verbundenen Elementen, die zum Öffnen unter die Decke geschoben
werden.

Rolltore werden unter der Decke aufgerollt.

Große Tore erhalten als Durchgang eine Schlupftüre. Die Bewegung der Tore
geschieht entweder manuell oder mit elektrischem Antrieb.

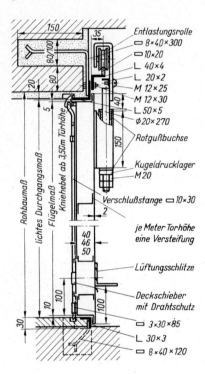

**216**.1
Einzelheiten zu Bild **215**.3

# 10 Stahlbrückenbau

## 10.1 Überblick über die Brückentragwerke

Je nach dem überführten Verkehrsweg teilt man in Eisenbahn-, Straßen-, Kanal-, Rohr- und Förderbrücken ein; nach dem unter der Brücke liegenden Geländehindernis unterscheidet man Strom-, Fluß- und Talbrücken, und schließlich gibt es feste und bewegliche Brücken. Während man sich früher mit Rücksicht auf technische Schwierigkeiten und Kosten bemühte, rechtwinklige Kreuzungsbauwerke zu schaffen, muß sich heute das Brückenbauwerk in Trasse und Gradiente dem Verkehrsweg anpassen. Dadurch entstehen schiefe Brücken (**217.**1), die zudem im Gefälle, in einer Kuppen- oder Wannenausrundung (**218.**1 c) oder in einer Kurve liegen können und dadurch geometrisch und statisch schwierig zu bearbeiten sind.

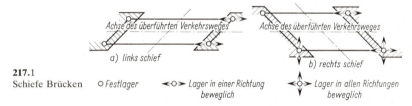

**217.**1
Schiefe Brücken ○ Festlager ◄○► Lager in einer Richtung beweglich ◄○► Lager in allen Richtungen beweglich

Die Brückenhauptträger werden aus ästhetischen Gründen bevorzugt als Vollwandträger ausgeführt, doch sind Fachwerke bei großen Stützweiten und schwerer Belastung (Eisenbahnbrücken) unentbehrlich. Die verfügbare Bauhöhe hat großen Einfluß auf die Wahl des Tragwerks. Sie ist definiert als Abstand zwischen der Fahrbahnoberkante auf der Brücke und der Konstruktionsunterkante.

### 10.1.1 Feste Brücken

In Bild **218.**1 sind einige gebräuchliche Systeme für Brückenhauptträger zusammengestellt. Der Balken auf 2 Stützen (a) kann als Vollwand- oder Fachwerkträger ausgeführt werden; als Ausfachung wählt man meist das Strebenfachwerk und das Rautenfachwerk (**53.**1a, b), bei denen auch in der schrägen Durchsicht keine unschönen Stabüberschneidungen auftreten. Hilfspfosten, wie sie früher zur Knicksicherung der Obergurte und zum Anschluß der Fahrbahnquerträger vorgesehen wurden (**51.**1a), werden heute nicht mehr ausgeführt. Ist die verfügbare Bauhöhe groß genug, wird eine Deckbrücke ausgeführt, bei der die tragende Konstruktion unter der Fahrbahn liegt (**218.**1b, c, g). Andernfalls ragt der Hauptträger über die

Fahrbahn nach oben heraus und beeinträchtigt den freien Blick von der Brücke (a, d, e, f, h). Balkenbrücken können über mehrere Felder mit Gelenken als G e r b e r - t r ä g e r oder ohne Gelenke als D u r c h l a u f t r ä g e r gebaut werden (b, c). Durchlaufende, vollwandige Balkenbrücken werden bis zu Stützweiten über 200 m ausgeführt. Eine geschwungene Bauwerksunterkante mit Vergrößerung der Trägerhöhe über den Innenstützen ist für den freien Vorbau der Mittelöffnung zweckmäßig. Ist diese gegenüber den Seitenöffnungen sehr groß, kann der Durchlaufträger durch einen dritten Gurt (Druckgurt) verstärkt werden, und es entsteht ein v e r s t e i f t e r S t a b b o g e n (**218.**1 d) mit Stützweiten bis ≈ 250 m. Bei s e i l v e r s p a n n t e n B a l - k e n (Schrägseilbrücken) (e, f) wird der Durchlaufträger in Zwischenpunkten elastisch mit Schrägseilen am Pylon aufgehängt. Die Seil„harfe" (f) wirkt im schrägen Durchblick besser als das Seil„büschel" (e). Beim B o g e n t r a g w e r k (g) wird die nicht mittragende Fahrbahn auf den Bogen abgestützt oder am Bogen angehängt, wenn dieser oberhalb der Fahrbahn liegt. Die Tragbögen können als eingespannte Bögen oder als 2- bzw. 3-Gelenkbögen ausgeführt werden. Fachwerkbögen haben

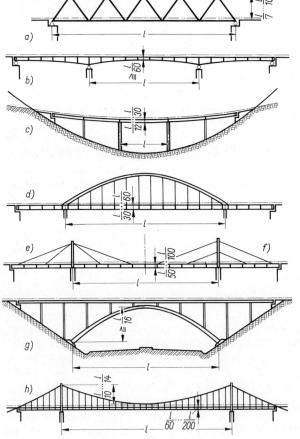

**218.**1
Hauptträgersysteme fester Brücken
a) einfacher Balken; Strebenfachwerk
b) vollwandiger Durchlaufträger mit veränderlicher Trägerhöhe
c) vollwandiger Durchlaufträger in einer Wannenausrundung
d) versteifter Stabbogen
e) und f) seilverspannter Balken (Schrägseilbrücke)
g) Bogenbrücke mit aufgeständerter Fahrbahn
h) Hängebrücke

Stützweiten $\leqq$ 500 m, vollwandige bis über 250 m. Bei Straßen ist die H ä n g e b r ü k-
k e für größte Spannweiten (weit über 1000 m) geeignet. Am Tragkabel aus patent-
verschlossenen Drahtseilen oder aus parallelen Einzeldrähten hängt mit Drahtseil-
hängern die Fahrbahn, deren Versteifungsträger nur untergeordnete Tragfunktionen hat (**218**.1 h). Das Tragkabel wird von Pylonen getragen und am Ufer in Widerlagern verankert (echte Hängebrücke) oder am Versteifungsträger befestigt, der
dann den Horizontalzug des Kabels als Druckkraft übernehmen muß.

## 10.1.2 Bewegliche Brücken

Steht für die Rampenentwicklung des überführten Verkehrsweges kein Platz zur
Verfügung (z.B. Hafengelände), kann man dem unterführten Verkehr mit einer
beweglichen Brücke zeitweise den Weg freigeben. Das so klein wie möglich gehalte-
ne Eigengewicht der Brücke wird mit Rücksicht auf die Antriebsmaschinen durch
Gegengewichte ausgeglichen. Im abgesenkten Zustand sollen sich die Überbauten
auf Lager absetzen, damit der Bewegungsmechanismus nicht durch Verkehrslasten
beansprucht wird. Verriegelungen und Schranken in gegenseitiger Abhängigkeit
sorgen zusammen mit weiteren Sicherungseinrichtungen für gefahrlosen Betrieb.

Die K l a p p b r ü c k e (**219**.1 a) klappt um eine horizontale Drehachse hoch, wobei
sich der Gegengewichtsarm im wasserdichten Brückenkeller abwärts dreht. Die
Antriebskraft greift an der Drehachse oder mit Triebrädern am Ende des Gegenge-
wichtsarmes an Zahnkränzen im Brückenkeller an.

Die D r e h b r ü c k e (b) dreht sich um eine vertikale Achse, wobei der Drehzapfen
beim Drehvorgang entweder das Brückengewicht trägt oder auch nur zur Führung
dient, während das Brückengewicht auf einem Walzenkranz ruht.

Die H u b b r ü c k e (c) hängt an Seilen oder Ketten, die am Kopf von Führungstür-
men über Seilrollen laufen und am anderen Seilende das Gegengewicht tragen.

Außer den genannten beweglichen Brücken gibt es noch H u b r o l l b r ü c k e n, die
hydraulisch etwas angehoben und anschließend mittels Rollen auf einer festen Fahrbahn in der Brückenachse zurückgerollt werden.

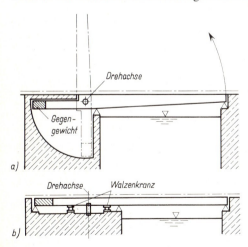

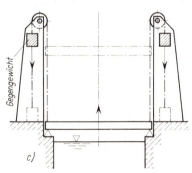

**219**.1 Bewegliche Brücken
    a) Klappbrücke
    b) Drehbrücke
    c) Hubbrücke

## 10.2   Eisenbahnbrücken

### 10.2.1   Lastannahmen und Nachweise

Nachfolgend wird nur eine Auswahl der wichtigsten Lasten aufgeführt; weitere zu berücksichtigende Lasten sind in DS 804 enthalten.

**Hauptlasten**

Zu den ständigen Lasten sind zu zählen: Eigenlasten der Bauteile (Massen der tragenden oder stützenden Bauteile, vorwiegend unveränderliche Massen, Massen, die vorübergehend entfernt werden können, wie z. B. Schotter, Kabel usw.); eisenbahnspezifische ständige Lasten; ständige Erd- und Wasserdrucklasten.

Für eine eingleisige Fahrbahn mit durchgehendem Schotterbett nach Regelquerschnitt einschließlich Schwellen und Schienen ist eine Last von 55 kN/m anzusetzen, bei 2gleisiger Fahrbahn 105 kN/m.

Als Verkehrslast ist das Lastbild UIC 71 anzusetzen (**220.**1 a bzw. b). Zur Ermittlung der größten positiven oder negativen Schnitt- und Stützgrößen oder Formänderungen ist, soweit erforderlich, die Anzahl der Achsen zu mindern und die Streckenlast zu teilen. Bei Durchlaufträgern ist zusätzlich auch die Belastung mit dem Lastbild SW zu untersuchen (**220.**1 c); es wird nicht geteilt und nicht gekürzt. − Für Tragwerke als Einfeld- und Durchlaufträger können die Schnitt- und Stützgrößen Tafeln der DS 804 entnommen werden.

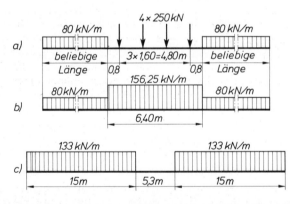

**220.**1
Verkehrslasten für Eisenbahnbrücken
a) Lastbild UIC 71
b) Vereinfachtes Lastbild UIC 71 für mindestens 10 m lange Einflußflächen gleichen Vorzeichens
c) Ergänzendes Lastbild SW für Durchlaufträger

Schnitt- und Stützgrößen infolge des Lastbildes UIC 71 sind mit einem Schwingfaktor $\Phi$ zu vervielfältigen. In Abhängigkeit von der für das jeweilige Bauteil maßgebenden Länge $l_\Phi$ (die nicht immer mit der tatsächlichen Länge übereinstimmt) hat $\Phi$ die Größe:

$$\Phi = 1{,}67 \text{ für } l_\Phi \leqq 3{,}61 \text{ m und}$$

$$\Phi = \frac{1{,}44}{\sqrt{l_\Phi} - 0{,}2} + 0{,}82 \geqq 1{,}0 \text{ für } l_\Phi > 3{,}61 \text{ m}$$

Bei Brücken in Gleisbögen wirken 1,8 m über SO horizontale Fliehkräfte infolge der Radsatzlasten P bzw. der Streckenlast p

$$P_{\mathrm{H}} = P \ \frac{v^2}{127 \ r} \ \text{bzw.} \ p_{\mathrm{H}} = p \ \frac{v^2}{127 \ r}$$

mit der Höchstgeschwindigkeit $v$ in km/h und dem Bogenhalbmesser $r$ in m. Für $v > 120$ km/h können die Fliehkräfte vermindert werden.

Die Verkehrslast auf Gehwegen ist 5 kN/m$^2$.

Zu den Hauptlasten zählen weiterhin Vorspannungen, Kriechen und Schwinden des Betons, Wasserdruck, wahrscheinliche Baugrundbewegungen, Anheben des Tragwerks zum Auswechseln der Lager, zeitweilig wirkende Lasten bei Bauzuständen sowie Windlasten im Bauzustand.

### Zusatzlasten

Als Seitenstoß ist in Schienenoberkante (SO) eine horizontale Last von 100 kN rechtwinklig zur Gleisachse in ungünstigster Laststellung anzunehmen. Die Bewegungswiderstände stählerner Lager sind bei gleitender Reibung mit 1,0, bei rollender mit 0,05 der Stützgröße aus ständ. Last und Verkehrslast ohne $\Phi$ am beweglichen und festen Lager anzusetzen. Bei 1gleisigen Brücken ist der größere Wert aus Anfahr- oder Bremslast in kN in OK Fahrbahnkonstruktion wirkend anzunehmen:

$$F_{\mathrm{x, An}} = 33,3 \ \xi \cdot l \leqq 1000 \ \xi \quad \text{und} \ F_{\mathrm{x, Br}} = 20 \ \xi \cdot l$$

mit der maßgebenden Belastungslänge $l$ in m; der Reduktionsfaktor hat bei durchgehend geschweißtem Gleis und tot $l \leqq 90$ m die Größe $\xi = 0,5$.

Die Windlast ist als gleichmäßig verteilte Last anzunehmen, bei Füllstäben von Windverbänden aber als Wanderlast. Ihre Größe hängt ab von der Höhe $h_{\mathrm{Br}}$ der SO über dem tiefsten Geländepunkt. Im Lastfall ohne Verkehr (Klammerwerte für Lastfall mit Verkehr) ist für Tragwerke ohne Lärmschutzwand bei $h_{\mathrm{Br}} \leqq 20$ m $w = 1,75$ (0,9) kN/m$^2$, bei $20 < h_{\mathrm{Br}} \leqq 50$ m ist $w = 2,1$ (1,1) kN/m$^2$ und für $h_{\mathrm{Br}} > 50$ m wird $w = 2,5$ (1,25) kN/m$^2$. Die Höhe des Verkehrsbandes beträgt 3,5 m über SO. Für die Wärmewirkung sind Temperaturschwankungen von $\pm$ 35 K gegenüber einer Aufstellungstemperatur von +10 °C anzunehmen. Für ungleiche Erwärmung ist ein Temperaturunterschied von 15 K anzusetzen.

Zu den Zusatzlasten zählen weiterhin mögliche Baugrundbewegungen und die Verkehrslast öffentlicher Gehwege (3 kN/m$^2$) für Bauteile des Haupttragwerks.

### Sonderlasten

Für den Anprall von Straßenfahrzeugen gegen Stützen muß 1,2 m über Straße eine waagerechte Ersatzlast von 1 MN für die y- oder z-Achse der Stütze angesetzt werden. 1,8 m über SO ist eine Ersatzlast für Anprall von Eisenbahnfahrzeugen längs der Gleisachse oder in halber Größe quer dazu anzusetzen; je nach den baulichen Gegebenheiten beträgt diese waagerechte Last 0 MN, 1 MN oder 2 MN.

Weitere Ersatzlasten sind vorgeschrieben für Entgleisung von Eisenbahnfahrzeugen, Anprall von Schiffen, Bruch von Fahrleitungen, Eisdruck oder Erdbebenwirkungen.

### Nachweise

Die Stütz- und Schnittgrößen sind getrennt für die einzelnen Haupt-, Zusatz- und Sonderlasten zu ermitteln und zu Lastfällen zusammenzustellen. Es müssen nicht alle Zusatz- und Sonderlasten gleichzeitig, sondern nur in vorgeschriebenen Kombinationen berücksichtigt werden.

Es sind die von vorwiegend ruhend belasteten Bauteilen bekannten Nachweise zu führen, dazu kommt noch der Betriebsfestigkeitsnachweis für den Lastfall H:

In Abhängigkeit von der Kerbgruppe (W I bis W III und K II bis K X) und vom Spannungsverhältnis

$$\alpha_{Be} = \frac{\sigma_g + (\Phi \cdot \min \sigma_{UIC})/\psi}{\sigma_g + (\Phi \cdot \max \sigma_{UIC})/\psi} \tag{222.1}$$

wird die zulässige Doppelamplitude zul $\Delta\sigma_{Be}$ für Schweißverbindungen oder Werkstoff und Schraubverbindungen den Tafeln der Vorschrift entnommen. Der Nachweis lautet dann bei einfacher Beanspruchung

$$\Delta\sigma_{Be} = \frac{1}{\psi} \cdot (\Phi \cdot \max \sigma_{UIC} - \Phi \cdot \min \sigma_{UIC}) \leqq \text{zul } \Delta\sigma_{Be} \tag{222.2}$$

Bei zusammengesetzter Beanspruchung ist eine Interaktionsformel auszuwerten. Für Schubspannungen ist $\tau$ anstelle von $\sigma$ einzusetzen. $\psi \geqq 0,75$ ist ein Beiwert, der sich aus Faktoren für die maßgebende Länge des Tragwerkteils, Begegnungshäufigkeit von Zügen und Streckenbelastung errechnet.


## 10.2.2  Fahrbahn

Die Schienen sind auf dem Überbau und im Bereich der Widerlager durchgehend zu verschweißen. Bei langen Brücken ist im Bereich des beweglichen Lagers ein Schienenauszug einzubauen. Beiderseits der Gleise sind 10 bis 30 cm unter Schwellenoberkante $\geqq$ 75 cm breite Dienstgehwege anzuordnen.

### 10.2.2.1  Geschlossene Fahrbahn

Auf der Brücke ist das Schotterbett durchzuführen; die Regelmaße sind Bild **223.**1 zu entnehmen. Es dürfen keine Bauteile in die Fahrbahn hineinragen. Die Fahrbahntafel folgt in der Längsrichtung der Gradiente. Bis zu Längen von ca. 40 m reicht ein Spiegelgefälle aus; bei größerer Länge kann ein Quergefälle $\geqq$ 1:50 mit Wasserabflüssen in 20 bis 30 m Abstand zweckmäßig sein. Ggf. sind hierfür unterhalb der Fahrbahn korrosionsbeständige, zugängliche Entwässerungsrinnen mit ausreichend großem Querschnitt anzuordnen.

Die Mindestdicke der Schotterbegrenzungs- und Fahrbahnbleche beträgt 14 mm. Wird das Fahrbahnblech nur von Querträgern unterstützt, liegen sie in 500 bis 900 mm Abstand (**230.**1). Sind auch Längsrippen vorhanden, so ist deren Abstand 300 bis 600 mm; die Querträger liegen dann in etwa 1500 bis 2400 mm Entfernung. Das Flachblech wird als Teil der orthotropen Platte auf Biegung beansprucht, die Längsrippen sind als Träger auf elastischen Stützen zu berechnen und die Querträger sind an den Hauptträgern elastisch eingespannt, wobei $\geqq$ 50% des Bemessungsmoments des Querträgers anzuschließen sind. Das Fahrbahnblech bildet nach Maßgabe der mitwirkenden Breite den Gurt der Längs-, Quer- und Hauptträger.

Für die Bemessung darf das Lastbild UIC wegen der lastverteilenden Wirkung der Schwellen und des Schotterbetts durch zur Gleisachse symmetrische Flächenlasten von 3 m Breite ersetzt werden, und zwar 52 kN/m² auf 6,4 m Länge und 26,7 kN/m² anstelle der Streckenlast. Beim Betriebsfestigkeitsnachweis dürfen die zulässigen Spannungs-Doppelamplituden zul $\Delta\sigma_{Be}$ für alle Bauteile der Fahrbahnkonstruktion um 12% erhöht werden.

Lagerquerträger und -schotte müssen für den Fall bemessen werden, daß die mit Eigengewicht, 80% des Lastbildes UIC und mit Wind belastete Brücke mit Pressen angehoben wird, um Lager auszuwechseln. Die Pressenansatzpunkte sind konstruktiv durchzubilden (**223**.1).

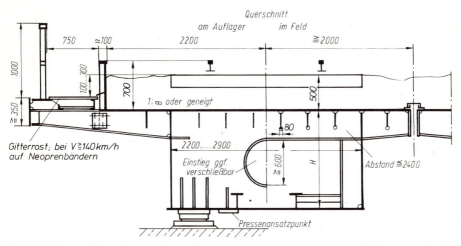

**223**.1 Hohlkastenträger mit obenliegendem Schotterbett

Nur nach einer Zustimmung im Einzelfall darf auf die Durchführung des Schotterbetts verzichtet werden. Die Schwellen werden dann mittels einer auf das Fahrbahnblech geschweißten Leiste längsbeweglich auf druckverteilenden Schwellenschuhen gelagert und von dem Führungswinkel im richtigen Abstand gehalten (**223**.2).

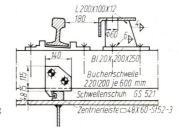

**223**.2
Längsbewegliche Schwellenlagerung

An den zur Seitenführung dienenden Nocken greift als Abhebesicherung eine Nase abwechselnd links oder rechts in die außenliegenden Führungsrillen der Zentrierleiste ein. Im Bereich des Festlagers werden 6···8 Schwellen festgelegt. Der Raum zwischen und neben den Schienen wird mit W a f f e l b l e c h e n oder Stahlgitterrosten abgedeckt.

Muß man bei der Bauhöhe der Brücke auch noch die Schwellenhöhe einsparen, können die Schienen unmittelbar gelagert werden, was wiederum einer besonderen Genehmigung bedarf.

Auf das Flachblech wird mit Kunstharzmörtel eine Grundplatte aufgeklebt und mit Schrauben gesichert. Unter Zwischenlage einer elastischen Gummiplatte wird darauf die zur Schienenbefestigung dienende Rippenplatte mit Federbügeln aufgeklemmt; sie ist zur Ableitung von Horizontalkräften mit der Grundplatte verzahnt (**224**.1). Jede Schienenbefestigung muß von einer Längs- oder Querrippe unmittelbar unterstützt sein.

Die Regelausführung mit durchgeführtem Schotterbett hat gegenüber den beiden anderen Schienenlagerungen zwar den Nachteil größerer ständiger Last, jedoch den Vorteil eines stetigen Übergangs der Gleisbettung vom Damm zur Brücke, sie ermöglicht eine rationelle Durcharbeitung des Gleises mit Oberbaumaschinen und vermindert außerdem den Schallpegel.

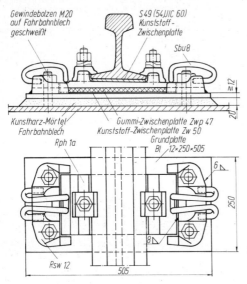

**224**.1
Schwellenlose Schienenbefestigung auf Flachblech

### Fahrbahnübergänge

Die Fahrbahn soll mit einem rechtwinkligen Abschluß ausgebildet werden. Der Übergang der Fahrbahn von der Brücke auf das Widerlager muß die Längsbewegungen des Überbaus möglichst zwängungsfrei gestatten.

Wird das Schotterbett über die Brücke mitgeführt, kragt das Fahrbahnblech über den Endquerträger hinaus bis zur Widerlagerkrone vor und wird von konsolartig verlängerten Längsrippen unterstützt. Sind Längsrippen nicht vorhanden, müssen sie am Brückenende zu diesem Zweck angeordnet werden (**225**.1). Das vom Bodenblech ablaufende Wasser wird in eine Entwässerungsrinne geleitet.

Bei längsbeweglicher Schwellenlagerung darf der lichte Schwellenabstand auch beim Fahrbahnübergang das Maß von 400 mm nicht überschreiten; die erste Schwelle hinter dem Widerlager muß bereits voll im Schotter eingebettet sein. Die Kammermauer des Widerlagers ist dementsprechend möglichst schmal auszuführen (**225**.2).

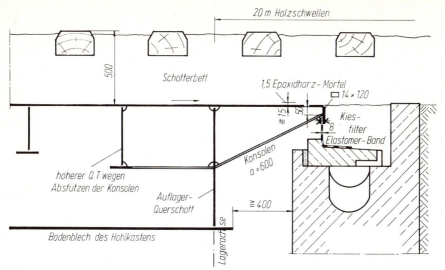

**225.**1 Fahrbahnübergang bei durchgehendem Schotterbett

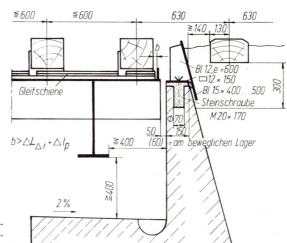

**225.**2
Fahrbahnübergang bei längsbeweglicher oder unmittelbarer Schienenlagerung

## 10.2.2.2  Offene Fahrbahn

Brücken mit offener Fahrbahn werden bei der Deutschen Bundesbahn nicht mehr ausgeführt. Sie sollen hier trotzdem besprochen werden, weil sich solche Brücken noch im Betrieb befinden und diese Bauweise für andere Zwecke Bedeutung hat, wie z. B. für Behelfsbrücken von Eisen- und Straßenbahnen; ferner läßt sich die Kenntnis von der Funktion der bei offener Fahrbahn notwendig werdenden Verbände auf die Konstruktion von Rohrbrücken, Laufstegen, Bandbrücken usw. übertragen.

Bei der offenen Fahrbahn liegen die Schwellen auf Längsträgern, die von Querträgern in etwa 5 m Abstand unterstützt werden (**226.**1). 2 Möglichkeiten der Befestigung von Hartholzschwellen auf den Längsträgern s. Bild **226.**2.

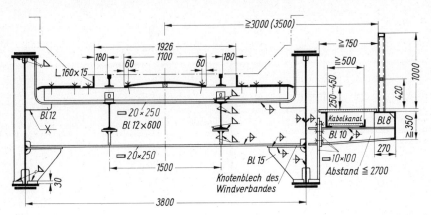

**226.**1 Querschnitt einer Eisenbahnbrücke mit versenkter, offener Fahrbahn (wird nicht mehr ausgeführt)

**226.**2
Befestigung der Querschwellen auf Längsträgern

Damit sich die Schwelle unter den Radlasten ungehindert zusammendrücken kann, ist ein Langloch zu bohren. Die Schwellenbefestigungen werden paarweise gegeneinander gesetzt, damit sich beim Bremsen oder Anfahren jede 2. Schwelle gegen ihre Befestigung stützen kann. Der Längsträgerobergurt wird unter der Schwelle gegen R o s t e n durch aufgeklebte, bituminöse Zwischenlagen aus Dichtungsbahnen oder Filz geschützt, oder man schweißt ein durchgehendes Rostschutzblech auf den Längsträger.

Die L ä n g s t r ä g e r sind als auf den nachgiebigen Querträgern elastisch gelagerte Durchlaufträger zu berechnen. Bei ausreichender Bauhöhe legt man die LT auf die QT. Die Befestigung muß den LT gegen Verschieben und Abheben sichern (**227.**1). Liegt die Oberkante der Längsträger in gleicher Höhe oder tiefer als die Oberkante der Querträger, löst man das Stützmoment in ein Kräftepaar auf; anders als im Hochbau wird nicht nur die Zugkraft am Oberflansch, sondern auch die Druckkraft des Unterflanschs von einer Lasche, die den Querträgersteg durchdringt, aufgenommen (**227.**2). Eine Kontaktwirkung kommt nicht in Frage, weil bei entsprechender Stellung der Verkehrslast auch positive Stützmomente auftreten. Bei genügender Querträgerhöhe sollen unter dem Längsträgeranschluß zusätzlich Konsolen angeordnet werden.

Für die Berechnung der Q u e r t r ä g e r gelten die Angaben im Abschn. 10.2.2.1. Der F a h r b a h n ü b e r g a n g kann ähnlich wie die Konstruktion in Bild **225.**2 durchgebildet werden.

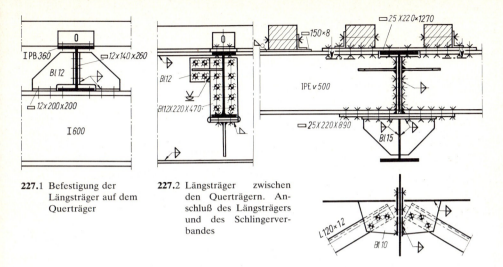

**227.**1 Befestigung der Längsträger auf dem Querträger

**227.**2 Längsträger zwischen den Querträgern. Anschluß des Längsträgers und des Schlingerverbandes

## 10.2.3   Querschnitte der Eisenbahnbrücken

**Deckbrücken**

Eisenbahnbrücken sind in der Regel als Deckbrücken (mit obenliegender Fahrbahn) auszuführen. Der Querschnitt weist entweder zwei getrennte Hauptträger auf (offener Querschnitt), oder die beiden Hauptträgerstege bilden zusammen mit dem gemeinsamen Boden- und Fahrbahnblech einen Kastenquerschnitt, der sich wegen seiner Verdrehungssteifigkeit auch für im Grundriß gekrümmte Brücken eignet (**223.**1). Zur Einleitung von Torsionsmomenten und zur Wahrung der Querschnittsform werden Querrahmen oder -schotte in ca. 3 m Abstand eingeschweißt; zur Besichtigung des Kasteninneren müssen sie Durchstiegsöffnungen haben. Das Fahrbahnblech dient nicht nur als Obergurt der Längs- und Querträger, sondern zusammen mit den Längsrippen auch als Gurt der Hauptträger. Als Bestandteile des Hauptträger-Obergurts werden die vorzugsweise aus Flachstählen hergestellten Längsrippen nicht an jedem Querträger gestoßen, sondern durch gut ausgerundete Schlitze der Stege hindurchgesteckt.

Die bei den Hauptträgern statisch mitwirkenden Querschnittsanteile des Fahrbahn- oder Bodenblechs können bei gleich großer Belastung beider Hauptträger näherungsweise mit Diagrammen der DS 804 berechnet werden. Wirkt die Last in einem offenen Brückenquerschnitt unsymmetrisch, darf sie nach dem Hebelgesetz auf die beiden Träger verteilt werden, die dann als unabhängige Biegeträger mit einem reduzierten Gurtquerschnitt zu behandeln sind.

Die Gehwegkonsole ist ein Kragarm der Fahrbahnquerträger. Ein Gitterrost unterhalb des Gehweges bildet einen Kabelkanal. Die konstruktive Gestaltung von Gehwegen ist in Richtzeichnungen geregelt.

Darf ausnahmsweise auf das Schotterbett verzichtet werden, können besondere Längsträger der Fahrbahn entfallen, wenn die Schwellen oder Schienen möglichst unmittelbar über den in engem Abstand ($\leq$ 2 m) angeordneten Hauptträgerstegen gelagert werden (**228.**1). Längssteifen sind an den Querverbänden angeschlossen und sichern alle Kastenwände gegen Beulen. Die Stegbleche erhalten in halber Höhe einen Baustellenstoß; oberer und unterer Kastenteil sind bereits während des Transports durch den entsprechend gestalteten Querverband ausreichend versteift.

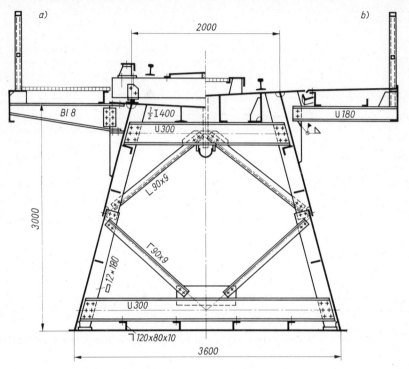

**228.**1 Querschnitt einer eingleisigen Eisenbahnbrücke mit trapezförmigem Hohlkasten
   a) mit längsbeweglicher Querschwellenlagerung
   b) mit unmittelbarer Schienenbefestigung

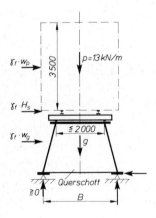

Die Hauptträger werden bei dieser Bauweise schräg gestellt, um eine genügend breite Aufstandbasis $B$ zur Erzielung der notwendigen Sicherheit gegen Umkippen zu gewinnen (**228.**2). Für diesen Nachweis ist die Belastung der Brücke mit leeren Wagen mit $p = 13$ kN/m maßgebend. Die Windlasten auf das Verkehrsband $w_p$ bzw. auf den Überbau $w_g$ und der Seitenstoß $H_S$ sind mit dem Teilsicherheitsbeiwert $\gamma_f$ zu vervielfachen; für die günstig wirkenden Lasten $g$ und $p$ (ohne $\Phi$) ist $\gamma_f = 1$.

Bei offener Fahrbahn tritt an die Stelle des Fahrbahnblechs ein horizontaler Windverband.

**228.**2
Lastansatz und Basisverbreiterung für die Kippsicherheit eines schmalen Überbaus

Für Überbauten mit durchgeführtem Schotterbett können bei Stützweiten $l \leqq 25$ m und einer Brückenschiefe 90 gon $\leqq \alpha \leqq 110$ gon W a l z t r ä g e r aus St 37−2 in B e t o n B 25 verwendet werden (**229**.1). Die freizuhaltenden Unterflansche erhalten Rostschutz, die einbetonierten Trägerteile bleiben unbehandelt. Abstandhalter sichern die einzelnen Träger gegen seitliches Ausweichen beim Betonieren; das

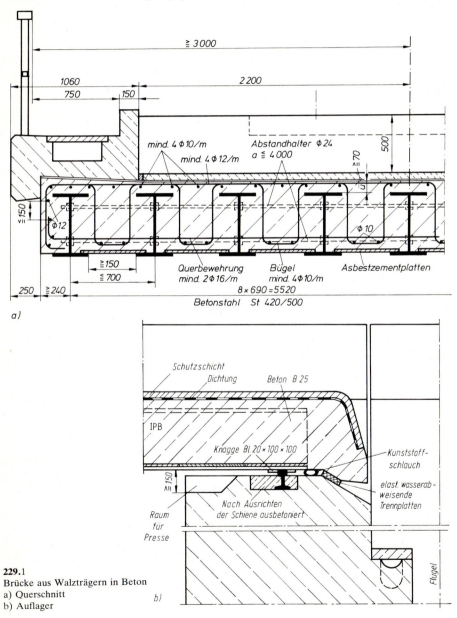

**229**.1
Brücke aus Walzträgern in Beton
a) Querschnitt
b) Auflager

Ausweichen der gesamten Träger muß durch seitliches Abstützen oder durch Montageverbände verhindert werden.

Die ständige Last wird auf alle Träger gleichmäßig verteilt, die Verkehrslast nur auf die Träger innerhalb der mitwirkenden Breite $b$. Für Stützweiten $l \leqq 5$ m ist $3{,}8$ m $\leqq b \leqq l$, für größere Stützweiten 4 m $\leqq b \leqq 5$ m bzw. $b \leqq 2\,a$, wobei $a$ der Abstand der Gleisachse vom Brückenrand ist.

Bei der Bemessung darf der Beton in der Druckzone als mitwirkend angenommen werden (Verbundquerschnitt). Die Momente aus den verschiedenen Lasteinwirkungen werden mit jeweils unterschiedlichen Teilsicherheitsbeiwerten multipliziert; ihre Summe ist das Biegemoment $M_u$ im rechnerischen Bruchzustand, welches die rechnerische Grenztragfähigkeit $M_{pl}$ der Querschnitte nicht überschreiten darf: $M_u \leqq M_{pl}$. Bei der Ermittlung von $M_{pl}$ ist anzunehmen, daß der Stahlverbundquerschnitt voll plastiziert ist (s. Teil 1, Verbundträger). $M_{pl}$ kann Tafeln der DS 804 entnommen werden. Die Betondeckung der oberen Trägerflansche darf höchstens so groß ausgeführt werden, daß die Nullinie noch in den Trägersteg fällt. Für die Quer-, Längs- und Bügelbewehrung sind Mindestmaße vorgeschrieben.

**Trogbrücken**

Brücken mit versenkter oder unten liegender Fahrbahn (**226.**1) dürfen nur mit besonderer Genehmigung im Einzelfall ausgeführt werden. Weil die Hauptträger teilweise oberhalb der Fahrbahn liegen, ist der Trogquerschnitt für stark beschränkte Bauhöhen geeignet, falls nicht mit Maßnahmen der Streckenführung eine für Deckbrücken genügende Bauhöhe geschaffen werden kann. Das Schotterbett ist in der Regel durchzuführen (**230.**1).

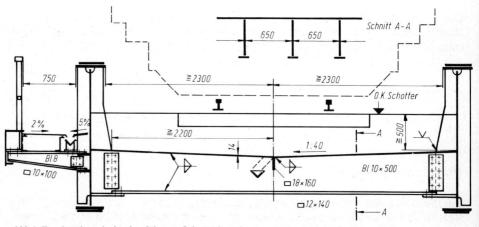

**230.**1 Trogbrücke mit durchgeführtem Schotterbett (nur nach Zustimmung im Einzelfall)

Das in Längsrichtung durchlaufende Flachblech wirkt als Obergurt der 650 mm entfernten Querträger. Die im Blech vorhandene Gurtkraft erzeugt am Knick des Blechs U m l e n k k r ä f t e, die die Längsrippe Fl 18 × 160 belasten. Das sich an der Knickstelle sammelnde Wasser läuft durch Rohrstutzen in eine Rinne, sofern man nicht auf diese Entwässerungsmaßnahme verzichten kann.

Bei u n m i t t e l b a r e r S c h i e n e n l a g e r u n g auf dem Flachblech kann durch Fortfall des Schotterbettes weiterhin an Bauhöhe eingespart werden (**231.**1); allerdings ist die Geräuschemission größer. Da jede Schienenbefestigung von einem QT unterstützt wird, wird das Flachblech nicht direkt von Verkehrslasten beansprucht, sondern wirkt nur als QT-Obergurt. Die Längsrippe an der Knickstelle übernimmt die Umlenkkräfte, die Rippen beiderseits der Schienen fangen entgleiste Fahrzeuge auf.

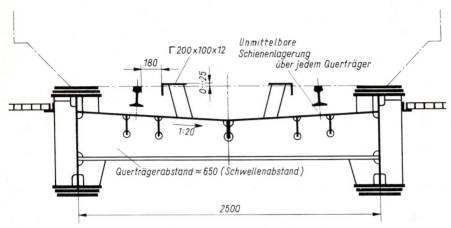

231.1 Brückenquerschnitt mit unmittelbarer Schienenlagerung auf Flachblech

Die gedrückten Hauptträgerobergurte müssen gegen seitliches Ausknicken gesichert werden. Zu diesem Zweck bilden die Querträger mit den Steifen des Hauptträgers einen Halbrahmen, der den Druckgurt elastisch abstützt (**231.**3).

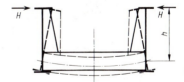

**231.**2
Querträgerbeanspruchung beim Kippen der Hauptträger

## 10.2.4  Hauptträger

Für die Konstruktion vollwandiger Träger gilt allgemein Abschn. 1, jedoch ist, wie stets im Brückenbau, darauf zu achten, daß die konstruktiven Einzelheiten so gewählt werden, daß die Einstufung der Konstruktion in die Kerbfälle nicht zu ungünstig für den Betriebsfestigkeitsnachweis wird. Für die Gurtplattendicke gilt 15 mm $\leqq$ $t_g \leqq$ 50 mm und für das Stegblech $t_s \geqq$ 10 mm, bei Konstruktionshöhen über 1,5 m $t_s \geqq$ 12 mm. Quersteifen sind am Druckgurt und möglichst auch am Zuggurt anzuschließen. Sofern die Träger nicht aus einem einzigen Walzprofil bestehen, darf bei $l > 10$ m die R a n d s p a n n u n g 1,05 · zul $\sigma$ erreichen, wenn die Schwerpunktspannung im Gurt zul $\sigma$ nicht überschreitet. Bei $l \leqq 20$ m sollen die Gurtplatten nicht abgestuft werden. In Hohlkastentragwerken sind an den Stützstellen vollwandige Schotte anzuordnen, Zwischenschotte können als Rahmen oder als Fachwerke ausgeführt werden (**223**.1). Zugängliche Hohlquerschnitte erhalten an beiden Enden einen Einstieg, nicht zugängliche müssen luftdicht abgeschlossen werden oder, falls nicht möglich, belüftet und entwässert sein. Überbauten mit $l \geqq 15$ m sind für ständ. Last und ¼ der ruhenden Verkehrslast zu überhöhen.

### 10.2.5   Verbände

Die Fahrbahntafel ist eine Scheibe, die sehr gut geeignet ist, horizontale Lasten zu den Auflagern abzutragen. Wegen ihrer großen Tragfähigkeit brauchen Spannungen aus Windlast und Seitenstoß bei unverschieblicher Lagerung quer zur Gleisachse erst berücksichtigt zu werden, wenn bei St 37 (St 52) die größte Stützweite größer als 30 m (40 m) ist. Zusätzlich können aber folgende Verbände notwendig werden: Querverbände zur Sicherung der Querschnittsform (s. Abschn. 10.2.4); Horizontalverbände zwischen den Untergurten von unten offenen Deckbrücken zur Aufnahme der auf den unteren Bereich der Hauptträger wirkenden Windlasten, zur Knicksicherung der im Stützbereich gedrückten Untergurte, zur Aufnahme von Schubflüssen aus Torsionsbeanspruchung oder zur Verhinderung von Querschwingungen.

Die Verbände sind als K-Verbände (**53**.1c), Rautenverbände (**53**.1b) oder Ständerfachwerk mit gekreuzten steifen Streben auszubilden (**53**.1d); andere Systeme sind nicht empfehlenswert.

Bei der Berechnung der Verbände ist ihr Zusammenwirken mit dem Tragwerk zu berücksichtigen. So erhalten z.B. gekreuzte Diagonalen dadurch zusätzliche Kräfte, daß die von der Verkehrslast verursachte Längenänderung $\Delta a$ des Hauptträgergurtes eine Längenänderung $\Delta d$ der Verbandsdiagonalen zur Folge hat (**232**.2). Die Feldquerkraft wird je zur Hälfte auf die in einem Schnitt liegenden Diagonalen verteilt. Andere Fachwerksysteme können infolge scherenartiger Verdrehung ihrer Füllstäbe Gurtquerverschiebungen und dadurch bedingt Biegebeanspruchungen in den Gurten verursachen; diese sind im Lastfall H in den Nachweis der Gurte einzubeziehen.

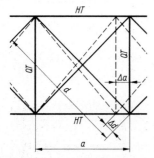

**232**.2
Einwirkung der Hauptträgerdehnungen auf die Windverbandsdiagonalen

Bei Brücken mit offener Fahrbahn fehlt die aussteifende Wirkung der Fahrbahntafel. Sie ist durch ein System zusammenwirkender Verbände zu ersetzen (**233**.1). Zwar werden Eisenbahnbrücken nicht mehr mit offener Fahrbahn ausgeführt, doch geben die früher hierfür geltenden Konstruktions- und Berechnungsvorschriften der DB Anhaltspunkte für Brücken mit anderem Verwendungszweck, sofern deren Fahrbahn keine Scheibenwirkung aufweist.

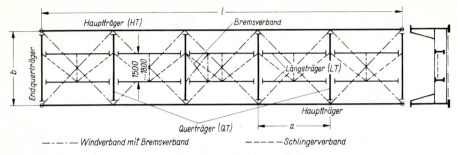

233.1 Horizontalverbände einer eingleisigen Eisenbahnbrücke mit offener Fahrbahn

## Schlingerverband

Er verbindet die Längsträger zu einem horizontalen Fachwerkträger mit Stützweite = QT-Abstand $a$. Er wird beansprucht durch Wind auf Fahrbahn und Verkehrsband sowie durch den Seitenstoß. Der Abstand der Fachwerkknoten darf bei schmalflanschigen Längsträgern 2,5 m, bei Breitflanschträgern 3,2 m nicht überschreiten (233.2). Beispiele für den Anschluß am QT (Punkt $A$) s. Bild 227.2, Punkte $B$ und $C$ s. Bild 233.3. Die V-Stäbe des Verbandes sichern die LT gegen Kippen, indem sie biegesteif ausgeführt und rahmenartig angeschlossen werden.

Liegt der Windverband dicht unter den Längsträgern, kann der V-Stab durch einen Kragarm an das Windverbands-Knotenblech angeschlossen werden und gibt dort die Horizontalkräfte ab; die Diagonalen des Schlingerverbandes entfallen (233.2 c).

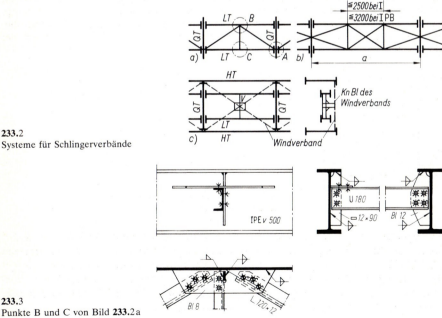

233.2
Systeme für Schlingerverbände

233.3
Punkte B und C von Bild 233.2 a

**Windverband**

Er erhält Belastungen aus Wind, Seitenstoß und Fliehkraft und leitet sie zu den Lagerstellen. Stützweite des Windverbandes = Brückenstützweite *l*. Gurte des Verbandes sind die Hauptträger, Verbandspfosten sind die Querträger, so daß nur die Diagonalen zusätzlich einzubauen sind. Weil Windverbandsknotenbleche an die QT und HT angeschlossen werden müssen, liegt der Windverband zweckmäßig in Höhe der Querträgeruntergurte (**233**.1).

Die Anschlüsse des Windverbandes werden bei der Montage zunächst verschraubt, nach dem Freisetzen der Brücke nacheinander gelöst, aufgerieben und endgültig verbunden, um Zusatzspannungen aus dem Eigengewicht der Brücke auszuschalten.

**Bremsverband**

Er übernimmt von den Längsträgern die Bremskraft $H_B$ und gibt sie an die Hauptträger ab, die sie an die Lager weiterleiten (**234**.1). Mindestens ein Bremsverband ist in eingleisigen Überbauten mit $l > 40$ m anzuordnen. Er wird meist als Fachwerk ausgeführt und kann in das System des Windverbands einbezogen werden. In diesem Fall müssen die Längsträger zur Einleitung der Bremskräfte mit dem tiefer liegenden Verband verbunden werden (**234**.2).

Weil sich die Hauptträgergurte bei Belastung dehnen, die Längsträger aber ihre Länge beibehalten, erfahren die Querträger horizontale Verbiegungen, die um so größer sind, je weiter ein QT vom Bremsverband entfernt ist. Zweckmäßig sind daher die Bremsverbände jeweils in der Brückenmitte bzw. in der Mitte zwischen den Fahrbahnunterbrechungen anzuordnen.

Werden hingegen zwei Bremsverbände an den Brückenenden eingebaut, entfällt die Querträgerverbiegung, jedoch müssen jetzt die LT die Dehnung der Hauptträgergurte mitmachen (**234**.3). Die Beanspruchungen aus diesem beabsichtigten Zusammenwirken sind in allen mitwirkenden Bauteilen zu erfassen; sie führen bei den LT zu größeren, bei den HT zu kleineren Schnittgrößen. Diese Bauweise ist oft wirtschaftlich. Wegen der großen Kräfte werden die Bremsscheiben meist vollwandig ausgeführt.

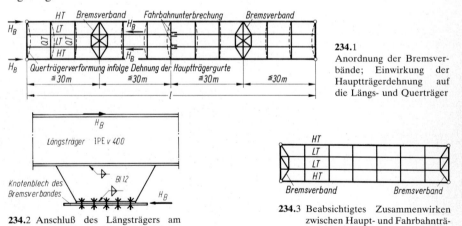

**234**.1 Anordnung der Bremsverbände; Einwirkung der Hauptträgerdehnung auf die Längs- und Querträger

**234**.2 Anschluß des Längsträgers am tieferliegenden Bremsverband

**234**.3 Beabsichtigtes Zusammenwirken zwischen Haupt- und Fahrbahnträgern

## 10.2.6  Lager

Sie übertragen die lotrechten und horizontalen Auflagerlasten des Überbaus auf die Widerlager oder Pfeiler. Damit sich die HT um die Auflagerlinie drehen können, sind die Lager als Linienkipplager auszubilden; wenn bei breiten Brücken ($b \gtreqqless$ 10 m) auch der Endquerträger merkliche Durchbiegungen aufweist, müssen Punkt-kipplager angeordnet werden. Um die Lager nicht durch Längsdehnungen der Brücke zu beanspruchen, erhält jeder HT nur ein Festlager, die anderen Lager sind beweglich (**217.**1a). Bei breiten Brücken muß auch die Dehnung der QT berück-sichtigt werden: man macht ein Lager fest, zwei Lager in einer Richtung beweglich und ein Lager allseitig beweglich (**217.**1b). Bei Brücken im Gefälle liegt das Festla-ger am tiefer liegenden Brückenende. Die Lager müssen für die Wartung zugäng-lich, nachstellbar und nach Anheben der Brücke um mind. 10 mm auswechselbar sein. Untere Lagerkörper werden mit Dollen gegen Verschieben gesichert.

### Festlager

Es besteht aus einer oberen und unteren Lagerplatte aus St 37−2, St 37−3, St 52−3 oder Stahlguß GS−52.

Beim Linienkipplager kann sich der obere Lagerkörper mit seiner ebenen La-gerfläche bei einer Verdrehung des HT auf der zylindrischen Fläche der unteren Platte abwälzen (**235.**1). Die dadurch bedingte Verschiebung der Auflagerkraft ist gering und um so kleiner, je kleiner der Krümmungsradius der Lagerfläche ist. Der Spannungsnachweis für die Berührungslinie erfolgt nach Gl. (48.1). Die Zwän-gungsbeanspruchung in der Auflagerlinie durch Einspannmomente der Lagerquer-träger ist dabei zu berücksichtigen. Das gilt auch für die Berührungslinie von Rol-lenlagern. 2 Knaggen legen die Lagerteile in Längsrichtung gegenseitig fest; sie übertragen die Bremslasten und die auch am festen Lager anzusetzenden Verschie-bungswiderstände der beweglichen Lager. Eine seitliche Nase überträgt Horizontal-kräfte quer zur Brückenachse, wobei das gegenüberliegende Lager in der anderen Kraftrichtung wirksam werden muß.

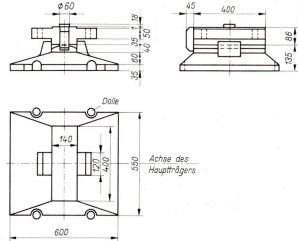

**235.**1
Festlager (Linienkipplager) aus Stahlguß GS−52

Beim Punktkipplager berühren sich die Kugelkalotte der unteren Lagerplatte und die mit größerem Radius gekrümmte hohlkugelförmige Lagerfläche des oberen Lagerkörpers punktförmig; dadurch werden Verdrehungen in beliebiger Richtung ermöglicht. Die obere Platte kann zur Vereinfachung der Fertigung auch eine ebene Lagerfläche erhalten. In diesem Fall errechnet sich die Spannung im Berührungspunkt nach Hertz zu

$$\sigma_{HE} = 0{,}388 \; \sqrt[3]{\frac{C \cdot E^2}{r^2}} \leqq \text{zul } \sigma_{HE} \tag{236.1}$$

mit zul $\sigma_{HE}$ nach Gl. (48.1).

Beispiele für feste Punktkipplager geben die Bilder **237**.2 und **238**.1, wenn die Gleitplatten und Gleitschichten weggelassen und die oberen Lagerplatten unverschieblich mit dem Überbau verbunden werden.

**Bewegliche Lager**

Sie sollen horizontale Lagerverschiebungen in einer oder zwei Achsrichtungen möglichst reibungsfrei gestatten. Werkstoffe der Lagerplatten wie bei Festlagern, für die Walzen auch Vergütungsstahl C 35 N.

Beim Ermitteln der Lagerbewegung sind zu berücksichtigen: Temperaturänderung von $-50\,°C \cdots +75\,°C$, Vorspannen, Kriechen und Schwinden (mit dem Sicherheitsfaktor 1,3 multipliziert), dazu Längenänderung des Gurtes in Lagerhöhe aus bewegter Last, Endtangentendrehung des Gurtes sowie Verschiebung und Verdrehungen der Stützung. Zur Berechnung der Nutzbreite $b_n$ des Rollenlagers ist nach beiden Seiten ein Sicherheitszuschlag von 20 mm hinzuzufügen, an dessen Ende eine Abrollsicherung vorzusehen ist.

Das Rollenlager erlaubt Bewegungen in einer Richtung. Es besteht aus einer oberen und unteren Lagerplatte mit ebener Lauffläche und aus dem zylindrischen Wälzkörper (**236**.1). An den Stirnflächen der Rollen befestigte Zahnleisten greifen in seitliche Nuten der Lagerplatten ein und halten die Rollen stets senkrecht zu ihrer Rollrichtung; die Enden der Zahnleisten sind so zu konstruieren, daß ihre Flanken immer Fühlung mit der Nut haben ohne zu klemmen. Führungsleisten an den Platten laufen in einer in Rollenmitte eingedrehten Nut und übertragen Horizontallasten, die quer zur Tragwerksebene wirken.

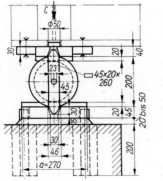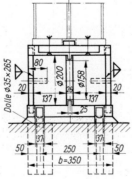

**236**.1 Rollenlager mit einer Rolle

Der Rollenradius $r$ errechnet sich aus Gl. (48.1). Die Lagerplatten sind für das auf ihre Breite $b$ entfallende Moment $M = \dfrac{C \cdot a}{8}$ zu bemessen. Bei allen Berechnungen ist der Verschiebeweg zu berücksichtigen. Der in beiden Richtungen wirkende Bewegungswiderstand des Rollenlagers ist zu 0,05 der Auflagerkraft aus ständ. Last und Verkehrslast ohne Schwingbeiwert anzunehmen.

Die Tragkraft des Rollenlagers läßt sich steigern, ohne zu dem konstruktiv sehr aufwendigen Mehrrollenlager übergehen zu müssen, wenn für die Laufflächen und den Wälzkörper ($D \leqq 220$ mm) nichtrostender Walz- und Schmiedestahl X40Cr13 mit vorgeschriebener Härte verwendet wird (**237.**1). Für die Kreutz-Edelstahl-Lager ist die Hertzsche Pressung zul $\sigma_{HE} = 2150$ (2365 im Lastf. HZ) N/mm$^2$ zugelassen.

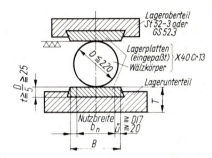

**237.**1
Prinzip eines Edelstahllagers

Beim Corroweld-Lager wird im Bereich der Rollwege auf die aus homogenem Baustahl (z.B. GS−52.3, St 52−3) bestehenden Lagerplatten und Rollen ($D \leqq 244$ mm) eine korrosionsbeständige, chromlegierte Hartstahlschicht mit einer Dicke $\geqq D/20$ mittels Auftragsschweißung aufgebracht. Hierfür ist die Hertzsche Pressung zul $\sigma_{HE} = 1650$ (1815) N/mm$^2$.

Statt mit Rollen läßt sich die Bewegungsmöglichkeit eines Lagers auch mit Gleitflächen verwirklichen.

Hierbei gleitet die stählerne, mit Azetalharz oder mit austenitischem Stahlblech beschichtete Gleitplatte auf einer Platte aus Polytetrafluoräthylen (PTFE), die in eine Vertiefung der oberen Lagerplatte eingelassen ist. Runde Schmiertaschen im PTFE enthalten Silikonfett; die Gleitfuge ist gegen Verschmutzen zu schützen. Bei einer Flächenpressung von $10 \cdots 30$ N/mm$^2$ ist die Reibungszahl $\mu = 0,06 \cdots 0,03$.

Während bei dem Punktkipp-Gleitlager nach Bild **237.**2 die Bewegungsrichtung durch seitliche Führungsleisten vorgegeben ist, ist das Neotopf-Gleitlager

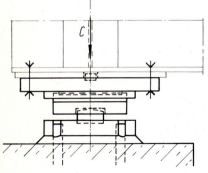

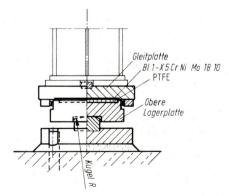

**237.**2 Einseitig bewegliches Punktkipp-Gleitlager

nach Bild **238.**1 allseitig beweglich. Die in dem gedichteten, kreisförmigen Lagertopf aus St 37−2 fest eingeschlossene Gummiplatte verhält sich unter der Auflagerpressung zul $\sigma$ = 250 N/cm$^2$ wie eine Flüssigkeit, die allseitige Kippbewegungen ohne große Drehmomente zuläßt. Folglich wirkt das Lager wie ein Punktkipplager. Es ist für große Auflagerlasten geeignet und weist eine sehr geringe Bauhöhe auf.

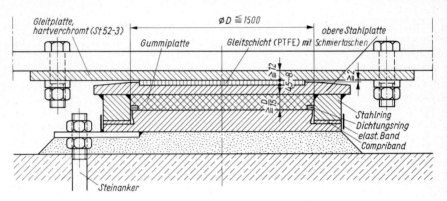

**238.**1 Allseitig bewegliches Neotopf-Gleitlager

## 10.3    Straßenbrücken

Die Angaben im Abschn. 10.2, Eisenbahnbrücken, über Anordnung, Funktion und Konstruktion der Fahrbahnträger, Hauptträger, Verbände und Lager gelten sinngemäß auch für Straßenbrücken. Abgesehen von eventuellen Montageverbänden sind Horizontalverbände in Fahrbahnhöhe nur in dem Ausnahmefall erforderlich, wenn die Fahrbahn keine horizontale Scheibe bildet, wie z. B. bei Holzbohlenbelag. Querschotte, Querrahmen oder -verbände sind stets vorzusehen, besonders in der Auflagerlinie, ggf. auch Verbände in Untergurtebene der Hauptträger, deren Zweck bereits im Abschn. 10.2.5 erläutert wurde.

Die wichtigsten Vorschriften sind:

DIN 1072    Straßen- und Wegbrücken; Lastannahmen

DIN 1073    Stählerne Straßenbrücken; Berechnungsgrundlagen

DIN 1076    Straßen- und Wegbrücken; Richtlinien für die Überwachung und Prüfung

DIN 1079    Stählerne Straßenbrücken; Grundsätze für die bauliche Durchbildung

Richtlinien für die Bemessung und Ausführung von Stahlverbundträgern

Bauteile, die durch Verkehrslasten nach DIN 1072 belastet werden, sind als nicht vorwiegend ruhend belastet einzustufen und dementsprechend möglichst kerbfrei durchzubilden. Ein rechnerischer Dauerfestigkeitsnachweis, der nach DS 804 geführt wird, ist aber nur für diejenigen Bauteile erforderlich, die gleichzeitig durch Schienenfahrzeuge beansprucht werden; die Straßenverkehrslasten brauchen hierbei nicht voll angesetzt zu werden.

## 10.3.1    Lastannahmen

Die Aufteilung der Lasten nach DIN 1072 in Haupt-, Zusatz- und Sonderlasten entspricht im wesentlichen der DS 804. Unterschiede in den Lastannahmen gegenüber der DS 804 bestehen u. a. bei den Verkehrslasten, den Schwingbeiwerten und bei der Bremslast.

Nach der Gesamtlast des jeweiligen Regelfahrzeugs werden die Brückenklassen 60/30 (für Bundesautobahnen und -straßen, Landesstraßen, Stadt-, Kreis- und Gemeindestraßen), 30/30 (für Wirtschafswege für schweren Verkehr) und 12 (möglich für untergeordnete Wirtschaftswege) unterschieden (**239**.1).

Die Gesamtlast des SLW verteilt sich gleichmäßig auf die 3 Achsen. Die rechnerische Hauptspur von 3 m Breite ist vor und hinter dem Regelfahrzeug mit einer gleichmäßig verteilten Regellast $p = 5$ kN/m² (4 kN/m² bei BrKl. 12) zu besetzen. Die Hauptspur und die Lage des Regelfahrzeugs sind an der für die Berechnung des jeweiligen Tragwerksteils maßgebenden Stelle der Fahrbahn anzunehmen. Die Flächen außerhalb der Hauptspur sind mit gleichmäßig verteilten Regellasten $p = 3$ kN/m² zu besetzen. Bei den Brückenklassen 60/30 und 30/30 ist parallel neben dem SLW der Hauptspur noch ein SLW 30 in der Nebenspur aufzustellen, bei BrKl. 12 desgleichen ein weiterer LKW. Bei BrKl. 30/30 sind Fahrbahn und Fahrbahnträger zusätzlich für eine Einzelachslast von 130 kN (**239**.1) zu untersuchen. Schwingbeiwerte $\varphi = 1{,}4 - 0{,}008\ l_\varphi \geqq 1{,}0$ sind abhängig von der maßgebenden Länge $l_\varphi$ des Bauteils für die Verkehrslasten der Hauptspur sowie die Verkehrslast eines Gleises anzunehmen.

Einzelteile der Geh- und Radwege sowie der Schrammbord- und Mittelstreifen werden mit $p = 5$ kN/m² oder, wenn ungünstiger, mit einer Radlast von 50 kN (40 kN bei BrKl. 12) berechnet. Die Verkehrslast für selbständige Geh- und Radwegbrücken ist $p = 5{,}5 - 0{,}05\ l$ mit 4 kN/m² $\leqq p \leqq$ 5 kN/m².

Die Bremslast von Kraftfahrzeugen ist in der Straßenoberkante zu ¹/₂₀ der Vollbelastung der Fahrbahn mit $p = 3$ kN/m² auf der ganzen Überbaulänge, mind. aber zu 0,3 der Last der aufgestellten Regelfahrzeuge, anzunehmen, und zwar stets ohne Schwingbeiwert.

Abweichend von den Angaben in Abschn. 10.2.1 sind die Verschiebewiderstände von Rollenlagern zu 0,03 der Stützlast aus ständiger Last, halber Straßenverkehrslast und voller Verkehrslast von Schienenfahrzeugen, jeweils ohne $\varphi$, anzunehmen.

Ausführliche Angaben siehe DIN 1072.

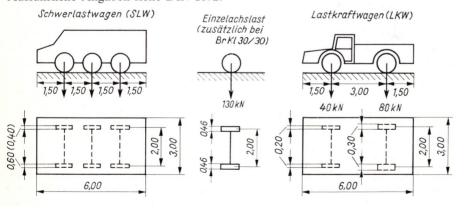

**239**.1 Regelfahrzeuge nach DIN 1072. Aufstandlänge der Radlasten in Fahrtrichtung 0,20 m

## 10.3.2  Fahrbahn

### Holzbohlenbelag

Bei B e h e l f s b r ü c k e n werden 12 ⋯ 16 cm dicke Holzbohlen mit 2 ⋯ 3 cm breiten Fugen quer zur Brückenachse auf Längsträgern verlegt und von unten mit Haken-schrauben, Schwellennägeln oder angeschraubten Flachstahlklemmen (ähnlich Bild **119**.2) abwechselnd links und rechts an den Trägerflanschen befestigt. 4 ⋯ 6 cm dicke, schräg zur Brückenachse liegende Fahrbohlen schützen den Tragbohlenbe-lag. Der L ä n g s t r ä g e r a b s t a n d ist 0,6 ⋯ 1,1 m.

### Stahlbetonplatte

Aus wirtschaftlichen Gründen werden Stahlbetonplatten in den Festigkeitsklassen B 25 bis B 55 stets mit der Stahlkonstruktion in V e r b u n d gebracht und wirken als Obergurt der Stahlträger. Sie können schlaff bewehrt oder vorgespannt werden. Auch v o r g e f e r t i g t e Platten kann man nachträglich mit den Stahlträgern in Ver-bund bringen (s. Abschn. 10.3.4 und Teil 1). Ihre M i n d e s t d i c k e beträgt bei allen Brücken $d \geq 20$ cm. Fahrbahnplatten müssen mit A b d i c h t u n g, S c h u t z s c h i c h t und B e l a g versehen werden. Unmittelbar befahrene Stahlbetonplatten sind nur ausnahmsweise bei fehlender Tausalzeinwirkung zugelassen; die Betondeckung der oberen Stahleinlagen ist dann um eine statisch unwirksame Verschleißschicht von 1,5 cm Dicke zu vergrößern. Für einen ggf. später aufzubringenden Belag ist eine zusätzliche Belastung von 2 kN/m$^2$ anzusetzen.

### Flachblechfahrbahn

Gegenüber Massivplatten hat die Stahlfahrbahn ein wesentlich kleineres Eigenge-wicht und ist daher für weitgespannte Straßenbrücken besonders wirtschaftlich. Das Flachblech wird durch Längs- und Querrippen versteift und hat die gleichen, vielfäl-tigen Tragfunktionen wie bei der Eisenbahnbrücke nach Bild **223**.1.

Nach den Richtlinien für bituminöse B r ü c k e n b e l ä g e auf Stahl werden auf das entrostete und saubere Flachblech der Reihe nach aufgebracht: Haftschicht (Bitu-men oder Kunstharz), Dichtungsschicht (Asphaltmastix), Schutzschicht (splittverfe-stigter Asphaltmastix oder Asphaltbeton oder Gußasphalt 30 ⋯ 40 mm dick). Den Abschluß bildet eine 35 ⋯ 40 mm dicke Deckschicht aus Gußasphalt oder Asphalt-beton.

Zur besseren H a f t u n g (Schubsicherung) des Asphalts hat man bei einigen Brücken auf das Flachblech quer zur Fahrtrichtung zickzackförmige Flachstahlstreifen hoch-kant aufgeschweißt und erzielt damit zugleich kleinere Verformungen des Bleches, wodurch der Rippenabstand bei gleicher Blechdicke vergrößert werden kann (**241**.1). Nach einem Haftanstrich wird ein 20 mm dicker Mastixbelag mit $\geq 25\%$ Füller eingebracht und Hartsteinsplitt bis zur Gesamtdicke von 35 mm eingewalzt.

Um Schäden des Fahrbahnbelags, die von Formänderungen der Flachblechfahrbahn verursacht werden können, zu vermeiden, erhält das Blech nach DIN 1079 die in Bild **241**.2 eingetragene Mindestdicke $s$ und es darf der Rippenabstand $e$ nicht überschritten werden. Der Q u e r t r ä g e r a b s t a n d liegt meist zwischen 2000 und 3500 mm. Die Längsrippen werden ungestoßen durch die geschlitzten Querträgerstege geführt und mit ihnen verschweißt. Weist der Rippenquerschnitt einen unteren Flansch auf (b, c, d, f, g), kann zufolge des größeren Widerstandsmoments ein größerer Querträgerabstand gewählt werden, wodurch sich die Zahl der Kreuzungspunkte zwischen Längs- und Querrippen und damit der Fertigungsaufwand verringert. Die Torsionssteifigkeit von Hohlrippen (e, f, g) führt zu besserer Lastverteilung und sparsamerer Bemessung; ferner ist die Zahl der Längsnähte gegenüber einstegigen Rippen halbiert.

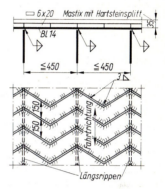

**241.**1
Flachblechfahrbahn mit aufgeschweißten Flachstählen zur Verbesserung der Haftung des Fahrbahnbelags

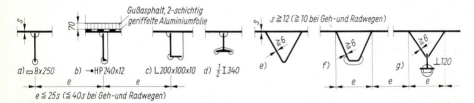

**241.**2 Längsrippen-Querschnitte orthotroper Platten

Die Querschnittswahl für die Rippen ist nicht nur eine statische Angelegenheit, sondern sie wird maßgeblich von der wirtschaftlichen Fertigung der Fahrbahntafel mitbestimmt. So kann z.B. das Einfädeln der geschlitzten Querträgerstege über die mit dem Deckblech in ganzer Länge vorab automatisch verschweißten Längsrippen infolge Schweißverzuges schwierig werden. Der Querschnitt nach Bild **241.**2c ist in dieser Hinsicht günstiger, ebenfalls g, weil hier nur eine untere Flachstahllasche durch den Querträger gesteckt wird.

Wegen der großen Brückenbreite der Straßenbrücken ist die Querträgerstützweite größer als bei Eisenbahnbrücken; die QT stützen die Längsrippen daher nicht starr, sondern elastisch: Längs- und Querrippen werden zum Trägerrost, bei dem sich alle Glieder an der Lastabtragung beteiligen. Wegen der großen Zahl der Rippen erfolgt die Berechnung wie bei einer Platte, die in den sich rechtwinklig (orthogonal) kreuzenden Richtungen verschieden steif (anisotrop) ist. Man nennt die versteifte Flachblechfahrbahn daher auch orthotrope Platte.

Liegen Längsträger oder Hauptträger in engem Abstand, verzichtet man auf Fahrbahnquerträger und spannt die Aussteifungsrippen quer zur Brückenachse (**248.**1).

### Fahrbahnübergänge

Die gleichen Einflüsse, die zur Berechnung des Verschiebewegs am beweglichen Lager dienten (s. Abschn. 10.2.6), verursachen in Höhe der Fahrbahnoberkante in der Fuge zwischen Überbau und Widerlager Längsbewegungen. Auch an der Seite des Festlagers entstehen infolge der Endtangentendrehung $\tau$ der Biegelinie der Brücke und der Trägerhöhe $h$ solche Verschiebungen. Bei sehr kleinen Bewegungen ($< \pm$ 10 mm) kann man die Fuge zwischen Überbau und Widerlager einfach offen lassen. Größeres Bewegungsspiel erfordert Überdeckung der Fuge durch eine Übergangskonstruktion. Für ihre bauliche Durchbildung gelten u. a. folgende Grundsätze:

Geringe Stoßwirkung und keine Schlaggeräusche beim Befahren; lichte Weite von Fugenspalten $\leqq$ 70 mm; gegenseitige Vertikalverschiebungen der Fugenufer, z. B. infolge Durchbiegung des Endquerträgers, $\leqq$ 5 mm; befahrene Stahlkanten mit $R \geqq$ 3 mm ausrunden; Erhöhung der Griffigkeit $\geqq$ 200 mm breiter Bleche durch aufgeschweißte Noppen von 5 mm Höhe und 16 mm Durchmesser in etwa 100 mm Abstand; Futterzwischenlagen bei Befestigung an der Stahlkonstruktion (zum Ausrichten); häufig bewegte Teile müssen zugänglich sowie gegen Verschmutzen und Korrosion geschützt sein; wasserdurchlässige Konstruktionen erhalten Tropfbleche und Entwässerungsrinnen; Dehnungsprofile wasserundurchlässiger Übergänge müssen $\geqq$ 5 mm unter O. K. Fahrbahn liegen; Bremskräfte müssen aufgenommen werden; Verformungswiderstände der Übergangskonstruktion sind zusätzlich zu den übrigen Lasten bei der Berechnung der Brücke zu berücksichtigen.

Der Fahrbahnübergang nach Bild **242**.1 ist für geringe Bewegungen geeignet und durch das von Klemmleisten auf die Unterlage gepreßte Neoprenband wasserdicht. − Für größere Bewegungen ($\leqq$ 400 mm) werden Fahrbahnübergänge mit Schleppblech ausgeführt. Bei dem Übergang für $\Delta l \approx$ 80 mm (**242**.2) ist das Schleppblech auf dem Überbau frei drehbar gelagert und gleitet mit seinem zugeschärften Ende auf dem schrägen Gleitblech. Dadurch wird eine breite Querfuge vermieden, jedoch tritt je nach Dehnweg eine geringe Schräglage des Schleppblechs ein. Mit der kugelig im Schleppblech sitzenden Schraube wird eine Spiralfeder gespannt und damit das Blech auf die Unterlage gepreßt; es kann so ohne zu klappern lotrechten Bewegungen folgen.

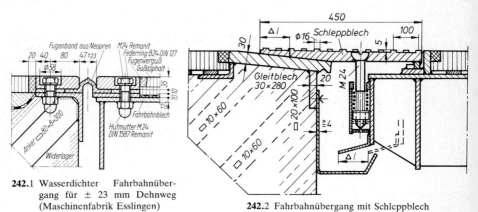

**242**.1 Wasserdichter Fahrbahnübergang für $\pm$ 23 mm Dehnweg (Maschinenfabrik Esslingen)

**242**.2 Fahrbahnübergang mit Schleppblech

Fingerkonstruktionen sind für Dehnwege $\Delta l \leq 200$ mm bestimmt (**243**.1). Die durch Verkehrslast erzeugte Zugkraft $C_2$ (**243**.1b) muß von kräftigen Schrauben aufgenommen werden. Bei Verstopfung der offenen Schlitze besteht Gefahr des Verklemmens und Bruchs der Finger.

Wasserundurchlässige Übergänge für variable Dehnungswege wurden von verschiedenen Firmen unter Verwendung von Dichtungsprofilen entwickelt. Bei dem Übergang n. Bild **243**.2 wird jede tragende Lamelle von einer gleitend gelagerten

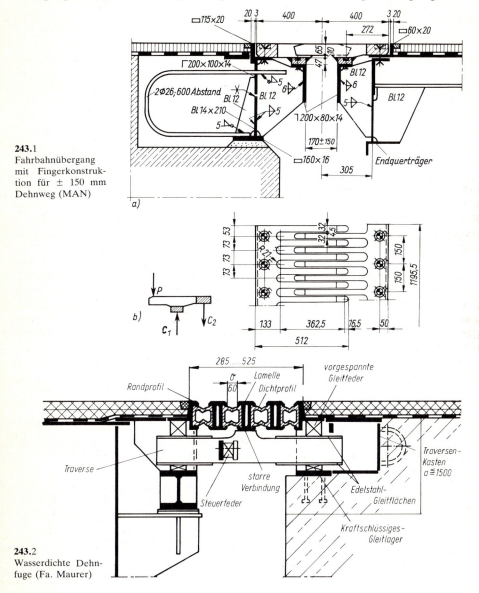

**243**.1
Fahrbahnübergang mit Fingerkonstruktion für ± 150 mm Dehnweg (MAN)

**243**.2
Wasserdichte Dehnfuge (Fa. Maurer)

Traverse gestützt. Die nebeneinanderliegenden Traversen sind zur Regulierung des Lamellenabstandes über Steuerfedern miteinander gekoppelt. Durch Vergrößern der Lamellenzahl kann ein Dehnweg von 600 mm erreicht werden.

Für großes Bewegungsspiel wurden weitere Konstruktionen entwickelt, z. B. der in Art eines Rollverschlusses arbeitende Demag-Übergang und der Fahrbahnübergang nach System Dr. Domke, der aus senkrecht stehenden, vernieteten, gewellten Flachstählen besteht, die sich auf Schleppträgern ziehharmonikaartig dehnen lassen.

### 10.3.3   Tragwerke vollwandiger Straßenbrücken

#### 10.3.3.1   Brücken mit 2 Hauptträgern

In Bild **244.**1 liegt die als Durchlaufplatte quer zur Brückenachse gespannte Fahrbahnplatte auf Längsträgern, die von Querträgern elastisch gestützt werden. Das Haupttragwerk wird von 2 Hauptträgern gebildet, die Balken auf 2 Stützen, Gelenkträger oder Durchlaufträger sein können.

Ruht die Fahrbahntafel ohne schubfeste Verbindung auf den Hauptträgern, werden alle Lasten nach dem Hebelgesetz auf die beiden HT verteilt (**244.**1). Wirkt sie aber als Obergurt der HT mit, wie bei der Flachblechfahrbahn oder bei Verbundbrücken, können die Hauptträger für den verdrehend wirkenden Anteil der Lasten nicht unabhängig voneinander mit den üblichen mitwirkenden Plattenbreiten (s. Teil 1, Abschn. Verbundträger) berechnet werden, sondern der Gesamtquerschnitt ist auf Wölbkrafttorsion zu untersuchen[1]).

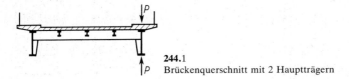

**244.**1
Brückenquerschnitt mit 2 Hauptträgern

Der Längsträgerabstand richtet sich nach der Fahrbahnplatte und ist bei Stahlbeton $\approx 2 \cdots 4$ m. Der Querträgerabstand beträgt $5 \cdots 10$ m, je nach Brückenbreite. Konstruktive Durchbildung der Fahrbahnträger als Durchlaufträger wie bei den Eisenbahnbrücken. Bei genügend engem Querträgerabstand kann die Stahlbetonplatte unter Verzicht auf Längsträger in Brückenlängsrichtung gespannt werden (**245.**1); sie steht in Verbund mit Quer- und Hauptträgern und bildet den Obergurt von zwei Fachwerklängsträgern, die zur Verteilung von Einzellasten auf mehrere Querträger dienen. Dadurch bleibt die Stahlbetonplatte weitgehend frei von größeren Verformungen (**245.**1) und die Beanspruchung der einzelnen Querträger wird reduziert. Der Fachwerkuntergurt wird als Fahrbahn des Brückenbesichtigungswagens benutzt.

---

[1]) Resinger, F.: Ermittlung der Wölbspannungen an einfachsymmetrischen Profilen nach dem Drillträgerverfahren. Der Stahlbau 26 (1957) H. 11

Die Brücke nach Bild **245**.2 hat eine orthotrope Fahrbahnplatte, deren Blechdicke und Rippenabstand sich im Fahrbahn- und Gehwegbereich nach den Vorschriften richten (**241**.2). Der Brückenquerschnitt wird durch 2 Montagestöße in 3 Teile zerlegt; die Transporteinheiten macht man so lang wie möglich, um die Zahl der

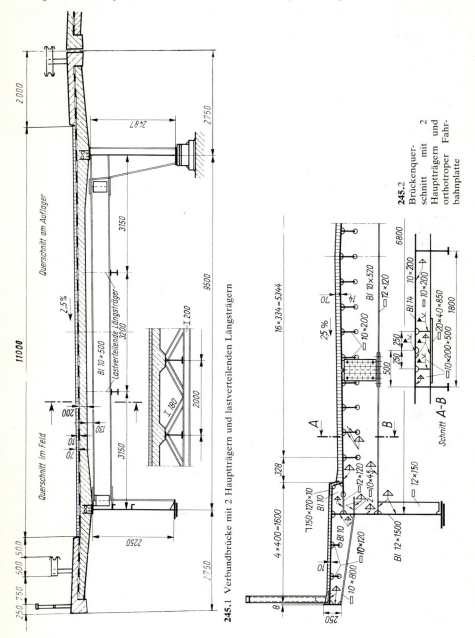

245.1 Verbundbrücke mit 2 Hauptträgern und lastverteilenden Längsträgern

**245**.2 Brückenquerschnitt mit 2 Hauptträgern und orthotroper Fahrbahnplatte

Querstöße zu beschränken. Die Stöße des Fahrbahnblechs werden auf der Baustelle geschweißt, die Querträgerstöße in der Regel HV-verschraubt. Die Längsnaht wird als Plättchennaht ausgeführt, wodurch das Gegenschweißen der Wurzel entfällt. Am Querstoß (s. Längsschnitt) wird die zunächst offengehaltene Lücke in den Längssteifen durch ein eingeschweißtes Paßstück geschlossen; unvermeidbare Ungenauigkeiten der Lage der Längsrippen lassen sich auf diese Weise ausgleichen. Da die Längsrippen gemeinsam mit dem Fahrbahnblech als Obergurt der Hauptträger wirken, wird im Stoßbereich zur Entlastung der Stumpfnähte ein unterer Flansch Fl 20 × 40 zugelegt.

Die Bauweise, das Fahrbahnblech kurz hinter der Bordkante enden zu lassen und den Gehweg aus Stahlbetonfertigteilen herzustellen, hat sich nicht bewährt, weil unter den Plattenauflagern die Korrosion der Stahlkonstruktion nicht zu verhindern ist.

### 10.3.3.2  Trägerrostbrücken

Wenn bei breiten Brücken kleiner und mittlerer Stützweite die Querträger-Stützweite in der Größenordnung der Hauptträger-Stützweite liegt, wird der Aufwand für Fahrbahnträger unwirtschaftlich. Man spart sie ein, indem man eine größere Zahl von Hauptträgern nebeneinanderlegt und sie durch lastverteilende Querträger (Querscheiben QS) zu einem Trägerrost (Kreuzwerk) verbindet (**246.**1). Die Hauptträger des Trägerrostes können auch Durchlaufträger sein.

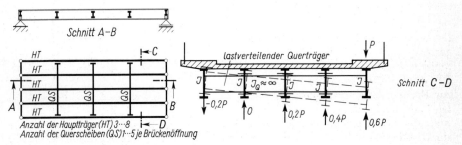

**246.**1  System einer Trägerrostbrücke

Die über die Brückenbreite biegesteif durchlaufenden Querscheiben sind notwendig, um bei Belastung durch Einzellasten die stetige Formänderung aller Träger zu erzwingen. Fehlten sie, würde sich ein direkt belasteter Hauptträger unabhängig von seinen Nachbarträgern durchbiegen; die Fahrbahnplatte erhielte dann durch die Stützensenkung $f$ beträchtliche Mehrbeanspruchungen (**246.**2). Bei Kreuzwerken beteiligen sich alle Träger an der Lastaufnahme. Je steifer die Querscheiben sind, um so besser ist die Querverteilung der Lasten; bei 5 Hauptträgern gleichen Trägheitsmomentes und bei unendlich steifen Querträgern würde z.B. der Randträger nur 60% der über ihm stehenden Last $P$ zu tragen haben (**246.**1, Schnitt C−D).

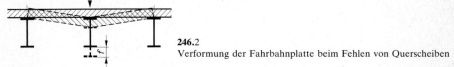

**246.**2
Verformung der Fahrbahnplatte beim Fehlen von Querscheiben

Die Randträger erhalten die größte Belastung und werden dadurch kräftiger. Je mehr QS in jedem Brückenfeld angeordnet werden, um so besser ist die Lastverteilung, doch ist eine über 5 QS hinausgehende Anzahl fast wirkungslos; meist sieht man 2···3 lastverteilende Querträger, mindestens aber einen in Feldmitte vor. Zusätzliche Querverbände werden oft nahe den Innenstützen von Durchlaufträgern notwendig, um das Ausknicken der gedrückten Hauptträgeruntergurte zu verhindern.

Vollwandige Querscheiben macht man fast so hoch wie die Hauptträger, ihre biegesteife Verbindung mit Kontinuitätslaschen durch die Hauptträger hindurch erfolgt wie die Ausbildung der Längsträgeranschlüsse (**227**.2). Lägen bei Verbundbrücken vollwandige QS dicht unter der Fahrbahn, würden sie das Schwinden und Kriechen der Stahlbetonplatte quer zur Brückenachse behindern und zusätzliche risseverhütende Maßnahmen verursachen. Besonders bei Quervorspannung der Platten werden die QS darum besser als Fachwerke ausgeführt, deren Obergurt von der Betonplatte gebildet wird und bei denen solche Zwängungsspannungen nicht auftreten können (**247**.1).

Die 3 Hauptträger der durchlaufenden Trägerrostbrücke nach Bild **248**.1 sind durch rahmenartige Querscheiben verbunden. Die dreieckförmigen Hohlsteifen der quer zur Brückenachse gespannten Flachblechfahrbahn sind wegen ihrer großen Stützweite durch Gurte aus Vierkantstählen verstärkt. Die Fahrbahnplatte ist in 3 m breiten, über die ganze Brückenbreite reichenden Tafeln durch weitgehend automatische Schweißung vorgefertigt; diese Fahrbahnabschnitte werden nach der Montage der Hauptträger aufgelegt, untereinander durch Stumpfnähte verbunden und mittels der Schottbleche auf die Hauptträgerobergurte geschweißt. Für die danach hinzutretenden Lasten wirkt das Fahrbahnblech mit den Hauptträgern statisch zusammen.

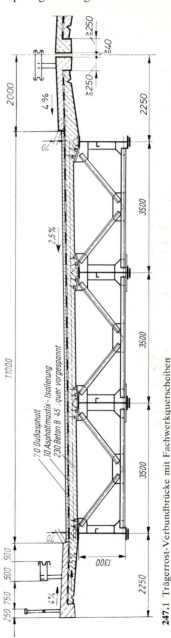

**247**.1 Trägerrost-Verbundbrücke mit Fachwerkquerscheiben

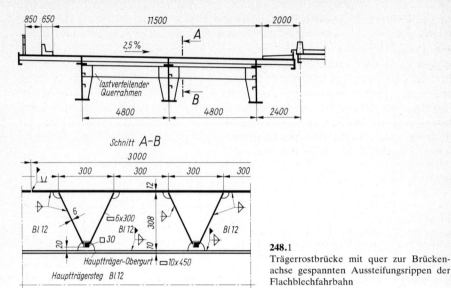

**248.**1
Trägerrostbrücke mit quer zur Brücken-
achse gespannten Aussteifungsrippen der
Flachblechfahrbahn

### 10.3.3.3   Brücken mit geschlossenem Kastenquerschnitt

Verbindet man nicht nur die Obergurte der HT durch die Fahrbahnplatte, sondern auch die Untergurte durch ein B o d e n b l e c h oder einen H o r i z o n t a l v e r b a n d, und steift man den so gebildeten H o h l k a s t e n in engen Abständen durch Q u e r -v e r b ä n d e aus, wird der Querschnitt torsionssteif; beide Hauptträger können sich selbst bei ausmittiger Last nur etwa gleich viel durchbiegen und werden daher ungefähr gleich stark beansprucht (**248.**2). Die unter exzentrischer Laststellung auf-tretenden Torsionsmomente verursachen im wesentlichen Schubspannungen, die der Hauptträgerquerschnitt in der Regel ohne größeren Mehraufwand an Material aufnehmen kann. Die große Verwindungssteifigkeit macht den Kastenträger für im Grundriß gekrümmte Brücken gut geeignet.

Damit der Kastenboden auch bei breiten Brücken für die Aufnahme der Biegemo-mente weitgehend statisch ausgenutzt werden kann, entwirft man oft den Kasten wesentlich schmaler als die Brücke (**248.**3). Hierdurch ergeben sich außerdem kurze

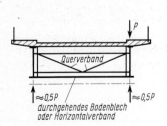

**248.**2 Brückenquerschnitt mit ein-
zelligem Hohlkasten

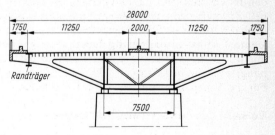

**248.**3 Einzelliger Hohlkasten mit weit ausladenden Fahr-
bahnkonsolen

Brückenpfeiler. Die weit ausladenden Träger der Konsolen ruhen am Fahrbahnrand auf einem Randträger, der in größeren Abständen von Diagonalen gegen die Querträger des Kastenbodens abgestrebt wird.

Verbindet man die äußeren HT eines T r ä g e r r o s t e s durch ein Bodenblech, entstehen 2 Hohlkästen, die durch Fachwerkquerscheiben gekoppelt sind (**249.**1). Die Torsionssteifigkeit verbessert die Querverteilung der Lasten gegenüber einem offenen Trägerrost. Der Kastenboden wird im Zugbereich von Längsrippen in $\approx 1{,}0$ m Abstand und von Querrippen getragen; im Biegedruckbereich liegen die Rippen zur Erhöhung der Beulsicherheit enger, Stromkabel legt man in die Kästen, Gas- und Wasserleitungen in den offenen Brückenteil.

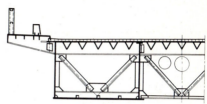

**249.**1
Torsionssteife Trägerrostbrücke mit orthotroper Fahrbahnplatte, 2 Hohlkästen und Fachwerk-Querscheiben

Bei ungleichmäßigen Baugrundsetzungen (Bergsenkungen) können Hohlkästen über Eck aufliegen und zu Schaden kommen. Torsionsweiche, offene Brückenquerschnitte sind dann vorzuziehen.

## 10.3.4   Verbundbrücken

Wirkungsweise, Berechnung und Konstruktion der Verbundträger werden ausführlich in Teil 1, Abschn. „Verbundträger im Hochbau" behandelt. Für den Brückenbau ist zu beachten, daß die im Hochbau zugestandenen Vereinfachungen der Berechnung nicht zugelassen sind und daß weitere statische Nachweise erbracht werden müssen; maßgebend sind die „Richtlinien für die Bemessung und Ausführung von Stahlverbundträgern", dazu DIN 1045 Beton- und Stahlbetonbau, DIN 1075 Massive Brücken, DIN 4227 Spannbeton.

Ist der Verbundträger ein Balken auf 2 Stützen (Querträger, frei aufliegender Hauptträger), dann ist Berechnung und Herstellung des Verbundträgers ohne Probleme. Verbund für Eigengewicht kann durch vorläufige Z w i s c h e n u n t e r s t ü t - z u n g e n hergestellt werden.

Ist der Verbundträger ein D u r c h l a u f t r ä g e r , dann liegt die Stahlbetonplatte über den Innenstützen im Zugbereich des Querschnitts. Da die Annahme einer gerissenen Zugzone nicht statthaft ist, muß die Mitwirkung der Betonplatte auch im Bereich der negativen Stützmomente erzwungen werden. Die zu diesem Zweck eingeleitete L ä n g s v o r s p a n n u n g erzeugt in der Betonplatte Druckspannungen, die mindestens so groß sind wie die Zugspannungen aus Gebrauchslast (volle Vorspannung) oder die in zulässigem Umfang kleiner bleiben (beschränkte Vorspannung). Für das Vorspannen gibt es mehrere Methoden.

**Vorspannung durch Montagemaßnahmen**

Der montierte S t a h l t r ä g e r wird an den Innenstützen a n g e h o b e n ; auf der ganzen Trägerlänge entstehen negative Biegemomente, die nur auf den Stahlträger wirken (**250.**1). In diesem Zustand wird betoniert. Nach dem Erhärten des Betons wird der Verbundträger auf die planmäßige Lagerhöhe abgesenkt; im Verbundquerschnitt entstehen positive Biegemomente mit Druckspannungen in der Betonplatte. Durch Wahl des Überhöhungsmaßes kann das Vorspannmoment $M_V$ auf die erforderliche Größe gebracht werden.

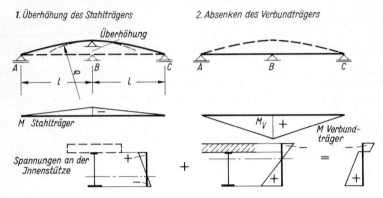

250.1 Vorspannen des durchlaufenden Verbundträgers durch Montagemaßnahmen

Das Moment hängt vom Krümmungsradius $\varrho$ der Biegelinie ab: $M_V = E_{st} \cdot I_i / \varrho$. Je größer die Gesamtlänge des Tragwerks ist, um so größer muß die Überhöhung werden, um die erforderliche Krümmung zu erreichen. Zur Verkleinerung der oft mehrere Meter betragenden Absenkwege hat man bei neueren Brückenbauten den Durchlaufträger zunächst in kurzen, unabhängigen Teilstücken vorgekrümmt und diese nach Herstellen des Verbundes durch weitere Vorspannmaßnahmen vereint. Die Überhöhungen schrumpfen auf wenige dm zusammen.

Da sich in den Feldern positive Vorspannmomente zu positiven Momenten aus Gebrauchslast addieren, führt hier die Vorspannung zu höherem Stahlverbrauch.

**Vorspannung durch Spannglieder**

Spannt man die Betonplatte im Bereich der negativen Stützmomente durch Spannglieder mit der Vorspannkraft $V$ in Längsrichtung vor, wird die Vorspannung auf den Stützenbereich konzentriert, doch treten außerhalb der vorgespannten Abschnitte negative Biegemomente auf, die ggf. nachteilige Betonzugspannungen verursachen können (**250.**2).

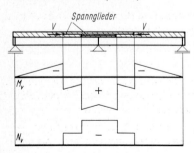

250.2
Vorspannen des Verbundträgers im Bereich negativer Biegemomente durch Spannglieder

Gemeinsame Anwendung der Vorspannung durch Montagemaßnahmen und durch Spannglieder mildert die Nachteile beider Verfahren und ist meist wirtschaftlich, da der erforderliche Spannstahlquerschnitt in tragbaren Grenzen bleibt. Die Überlagerung der Vorspannmomente s. Bild **251**.1.

**251**.1
Vorspannmomente im Durchlaufträger bei kombiniertem Vorspannen durch Montagemaßnahmen (**250**.1) und durch Spannglieder (**250**.2)

Beim Vorspannen des Verbundträgers gemäß Bild **250**.2 fließt ein Teil der von den Spanngliedern eingeleiteten Spannkraft in den Stahlträger ab und geht damit für die eigentliche Druckvorspannung der Betonplatte verloren. Lagert man die Fahrbahnplatte jedoch zunächst mit Rollen oder Gleitschienen längsbeweglich auf dem Stahlträger und stellt den Verbund erst nach dem Vorspannen des Betons her, wird die Vorspannmaßnahme wirkungsvoller. Der nachträgliche Verbund kann durch Verschweißen des Trägerobergurtes mit Stahlteilen bewerkstelligt werden, die in der Betonplatte einbetoniert sind, oder es werden Plattenaussparungen, in die die Verbundmittel eingreifen, nach dem Vorspannen ausbetoniert (**252**.1).

### Seilvorspannung

Legt man entlang den Seitenflächen der Hauptträger girlandenförmig geführte, patentverschlossene Drahtseile und spannt sie an den Brückenenden gegen die Betonplatte vor, so heben die an den Knickpunkten des Seiles entstehenden Umlenkkräfte das Tragwerk an; dadurch verlagert sich das Eigengewicht zum Teil vom Träger auf das Seil (**251**.2). Durch entsprechende Seilführung kann die Momentenfläche aus Vorspannung weitgehend der Momentenverteilung aus ständiger Last angeglichen werden. Lange, über viele Felder durchlaufende Träger können so in einem Arbeitsgang vorgespannt werden. Auch diese Vorspannmethode wird i. allg. mit den beiden anderen Verfahren kombiniert.

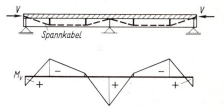

**251**.2
Vorspannen des durchlaufenden Verbundträgers mit hängewerkartig geführten Spannkabeln

Bei allen Vorspannmaßnahmen muß beachtet werden, daß durch Schwinden und Kriechen des Betons ein Teil der Vorspannung verlorengeht.

### Verbundbrücken mit Betonfertigteilen

In ganzer Brückenbreite vorgefertigte Stahlbetonplatten werden im Mörtelbett auf den Stahlträgern verlegt und nachträglich mit ihnen in Verbund gebracht. Diese Bauweise darf nur bei Geh- und Radwegbrücken verwendet werden!
Zur Herstellung des Verbundes greifen gruppenweise auf den Stahlträger geschweißte Kopfbolzendübel in rechteckige Plattenaussparungen ein und wer-

den von oben mit Beton vergossen (**252.**1). Die Schubkraft einer Dübelgruppe wird sowohl über die Stirnseite als auch über die profilierten Seitenflächen der Aussparung in die Fahrbahnplatte eingeleitet. Die Stoßfugen erhalten eine gleichartige Profilierung (Schnitt A—B), damit Querkräfte zwischen benachbarten Platten übertragen werden; sie sind sorgfältig zu schließen, da sie die Druckkraft des Verbundträgerobergurtes weiterleiten müssen. Die Platten werden mit Keilen auf die richtige Höhenlage eingestellt.

Beim Reibungsverbund werden die Betonplatten mit paarweise angeordneten HV-Schrauben und druckverteilenden Stahlplatten so fest auf die Stahlträger gepreßt, daß die Reibung ($\mu$ = 0,5) zwischen Stahl und Beton die Schubkräfte übertragen kann. Zum teilweisen Ausgleich des Betonkriechens und -schwindens werden die Schrauben nach einiger Zeit nachgespannt. Reibungsverbund gilt als „neue Bauart" und bedarf des Nachweises der Brauchbarkeit.

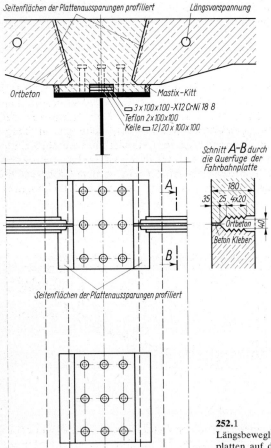

**252.**1
Längsbewegliche Lagerung vorgefertigter Stahlbetonplatten auf dem Stahlträger und Herstellen des Verbundes nach Ausführung der Längsvorspannung

# 10.4    Montage

Bestimmend für den Montagevorgang sind u. a. die Geländeverhältnisse an der Baustelle, Rücksichtnahme auf bestehende Verkehrswege, Bauart der Brücke und verfügbare Bauzeit. Zur Arbeitsersparnis auf der Baustelle werden die Bauteile in möglichst großen, noch transportfähigen Stücken in der Werkstatt gefertigt. Stehen zur Montage Hebezeuge mit großer Tragkraft zur Verfügung, werden die antransportierten Teile auf einem Vormontageplatz zu größeren Einheiten zusammengefügt, bevor sie in die Brücke eingebaut werden.

### Aufstellung auf Gerüsten

In Abständen, die der Länge der Montageeinheiten entsprechen, stellt man Joche aus Holz oder aus stählernem Montagegerät standsicher auf. Die Hauptträgerteile werden unter Zwischenschaltung von Keilen, Spindeln oder Pressen zum Ausrichten darauf abgesetzt und miteinander verbunden. Dieses sichere Montageverfahren ist nur anwendbar, wenn die Gerüste nicht hinderlich sind und nicht zu hoch werden.

### Freier Vorbau

Von einem auf Gerüst montierten Standfeld ausgehend kann die Brücke frei auskragend vorgebaut werden (**253.**1). Bei der Montage des 2. Feldes erhöht man die Standsicherheit durch Ballast auf dem Standfeld oder durch Verankern der Endauflager. Durch den langen Kragarm treten hohe Beanspruchungen im Tragwerk auf; erreichen sie die zulässige Spannung, ist der freie Vorbau vorerst zu Ende und der Kragarm muß durch eine Hilfsstütze oder durch eine Abspannung aus Drahtseilen abgefangen werden. Von den Lagerstellen aus wird mit Pressen die Höhenlage der Vorbauspitze reguliert, damit sie trotz ihrer großen Durchbiegung den nächsten Pfeilerkopf erreicht.

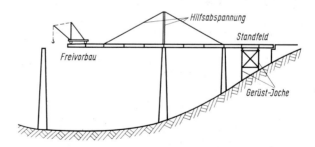

**253.**1
Freivorbau einer Talbrücke

### Längsverschieben

Der Überbau wird auf dem Widerlager und auf der Zufahrtsrampe in Brückenachse fertig zusammengebaut und so weit vorgeschoben, daß ein Schwimmgerüst unter den vorkragenden Teil gefahren werden kann. Hierbei muß ein Überstand *ü* freigehalten werden, um später den Überbau am anderen Ufer absetzen zu können (**254.**1a). Der auf dem Schwimmgerüst und auf einem Verschiebewagen gelagerte Überbau wird mit einer Seilwinde über den Fluß gezogen.

Bei zu geringer Wassertiefe und über Land verlängert man die Überbauspitze durch einen möglichst leichten Vorbauschnabel. Das auf Rollenböcken montierte Tragwerk wird in dem Maße, in dem hinten angebaut wird, nach vorne vorgeschoben, bis der Vorbauschnabel den nächsten Pfeiler erreicht hat (**254.**1b). Die Länge des Vorbauschnabels kann durch Gegengewichte auf dem hinteren Brückenende oder durch Zwischenjoche verringert werden.

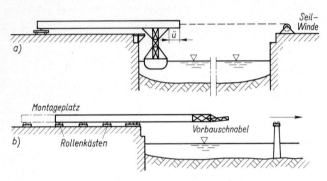

254.1 Längsverschieben des Überbaus
   a) Unterstützen des vorderen Brückenendes durch ein Schwimmgerüst
   b) Verlängern der Brücke durch einen leichten Vorbauschnabel

### Einschwimmen

Der gesamte Überbau, oder bei großen Brücken eine Montageeinheit mit einem Gewicht bis zu mehreren MN, wird von 1 bis 2 Schwimmkränen gefaßt, zur Einbaustelle geschwommen und auf die Lager abgesetzt bzw. in die richtige Montageposition gebracht.

Das Brückenteil kann statt dessen von 2 gekoppelten Kähnen oder Schwimmgerüsten zur Einbaustelle geschwommen werden, wo es von Kränen hochgezogen wird, die auf dem bereits montierten Überbau stehen.

Macht man Hohlkästen durch wasserdichten Abschluß schwimmfähig, kann man die schwimmende Brücke mit Schleppern zur Baustelle ziehen und mit Kränen, die auf den Widerlagern stehen, auf die Lager heben.

### Auswechseln von Brücken

Den Verkehrsanforderungen nicht mehr gewachsene Brücken müssen durch neue Überbauten ersetzt werden. Bei kleinen Abmessungen und Gewichten kann die alte Brücke von Kränen (z.B. Eisenbahnkränen) abgehoben und der fertig antransportierte neue Überbau eingelegt werden. Über schiffbarem Gewässer kann das gleiche durch Aus- und Einschwimmen der Brücken ausgeführt werden.

Bei größeren Abmessungen wird der neue Überbau neben dem alten in gleicher Höhenlage zusammengebaut, beide Brücken werden dann auf Verschiebewagen gesetzt und auf einer Querfahrbahn seitlich so weit verfahren, bis sich die neue Brücke in der Brückenachse befindet (**255**.1). Sie wird auf die Lager abgesetzt, und nach ihrer Inbetriebnahme kann der alte Überbau nebenan ungestört demontiert werden.

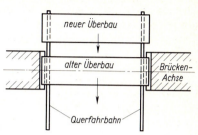

**255**.1
Brückenauswechslung durch Querverschieben

# Literaturverzeichnis

[1] Beratungsstelle für Stahlverwendung: Merkblätter. Düsseldorf

[2] Bongard, W.: Rohbaufertiger Stahlskelettbau. Köln 1959

[3] Brodka: Stahlrohrkonstruktionen. Köln 1968

[4] Deutscher Ausschuß für Stahlbau: DASt-Richtlinie 004 Vorläufige Empfehlungen für die Anwendung der elektrischen Widerstandspunktschweißung im Stahlbau. Köln 1962

[5] —: DASt-Richtlinie 008 Richtlinien zur Anwendung des Traglastverfahrens im Stahlbau. Köln 1973

[6] —: DASt-Richtlinie 009 Empfehlungen zur Wahl der Stahlgütegruppen für geschweißte Stahlbauten. Köln 1973

[7] —: DASt-Richtlinie 012 Beulsicherheitsnachweise für Platten. Köln 1979

[8] —: DASt-Richtlinie 014 Empfehlungen zum Vermeiden von Terrassenbrüchen in geschweißten Konstruktionen aus Baustahl. Köln 1981

[9] —: Typisierte Verbindungen im Stahlhochbau. Köln 1978

[10] Europäische Konvention für Stahlbau (EKS): Steifenlose Stahlskelett-Tragwerke und dünnwandige Vollwandträger. Berlin, München, Düsseldorf 1977

[11] Frick/Knöll/Neumann: Baukonstruktionslehre. Teil 1. 28. Aufl. Stuttgart 1983. Teil 2. 27. Aufl. Stuttgart 1983

[12] Hülsdünker: Kippsicherheitsnachweis bei I-Trägern unter Einbeziehung von Seitenbiegung und Torsion. Düsseldorf 1971

[13] Schaal, R.: Vorhangwände. München 1961

[14] Schweizerische Zentralstelle für Stahlbau (SZS): C 8 Konstruktive Details im Stahlhochbau. Zürich 1973

[15] Stahlbau. Ein Handbuch für Studium und Praxis. Bd. 1, 2 und 3. Köln 1982/64/60

[16] Stahlbau-Kalender 1984. Deutscher Stahlbau-Verband, Köln

[17] Stahl im Hochbau. Taschenbuch für Entwurf, Berechnung und Ausführung von Stahlbauten. 13. Aufl. Düsseldorf und Berlin 1967

[18] Studiengemeinschaft für Fertigbau: Geschoßdecken. Wiesbaden 1972

[19] —: Umsetzbare Innenwände. Wiesbaden 1971

[20] Stüssi, F.: Entwurf und Berechnung von Stahlbauten. Berlin/Göttingen/Heidelberg 1958

[21] VDI-Richtlinie VDI 2388 Krane in Gebäuden, Planungsgrundlagen

[22] Wagner/Erlhof: Praktische Baustatik. Teil 1. 17. Aufl. Stuttgart 1981

[23] —: — Teil 2. 13. Aufl. Stuttgart 1983

[24] —: — Teil 3. 7. Aufl. Stuttgart 1984

[25] Wendehorst/Muth: Bautechnische Zahlentafeln. 21. Aufl. Stuttgart 1983

[26] Zusätzliche Technische Vorschriften für Kunstbauten ZTV-K80. Dortmund 1980

# Sachverzeichnis